高等教育系列教材

Hadoop 大数据技术基础及应用

大讲台大数据研习社　编著

机械工业出版社

本书系统介绍了 Hadoop 生态系统的核心开发技术，内容包括：Hadoop 概述、Hadoop 开发及运行环境搭建、HDFS 分布式文件系统、MapReduce 分布式计算框架、Hadoop 的文件 I/O 以及 YARN 资源管理器、Zookeeper 分布式协调服务、Hadoop 分布式集群搭建与管理、Hive 数据仓库和 HBase 分布式数据库、Hadoop 生态系统常用开发技术、广电收视率数据统计分析和视频网站爬虫系统开发两个项目实践，详细直观地介绍了大数据项目的开发思路及流程。

本书通俗易懂、结构清晰，内容层层递进，理论与实践相结合，通过大量的实战案例，引导读者逐步深入学习，从而全面掌握 Hadoop 生态系统相关技术。

本书既可作为高等院校大数据相关专业的教学用书，也可作为相关技术人员的参考用书。

本书配套授课电子课件，需要的教师可登录 www.cmpedu.com 免费注册，审核通过后下载，或联系编辑索取（微信：15910938545，电话：010-88379739）。

图书在版编目（CIP）数据

Hadoop 大数据技术基础及应用 / 大讲台大数据研习社编著.
—北京：机械工业出版社，2018.12（2025.2 重印）
高等教育系列教材
ISBN 978-7-111-62016-7

Ⅰ. ①H… Ⅱ. ①大… Ⅲ. ①数据处理软件－高等学校－教材
Ⅳ. ①TP274

中国版本图书馆 CIP 数据核字（2019）第 029215 号

机械工业出版社（北京市百万庄大街 22 号　邮政编码 100037）
策划编辑：王　斌　　责任编辑：王　斌
责任校对：张艳霞　　责任印制：邓　博
北京盛通数码印刷有限公司印刷

2025 年 2 月第 1 版·第 9 次印刷
184mm×260mm・22.25 印张・534 千字
标准书号：ISBN 978-7-111-62016-7
定价：69.00 元

电话服务	网络服务
客服电话：010-88361066	机 工 官 网：www.cmpbook.com
010-88379833	机 工 官 博：weibo.com/cmp1952
010-68326294	金 书 网：www.golden-book.com
封底无防伪标均为盗版	机工教育服务网：www.cmpedu.com

前　言

大数据时代已经到来，大数据技术已经应用到各行各业。特别是随着移动互联网的发展，大数据技术已经渗透到了生活的方方面面，应用非常广泛，学习和掌握大数据技术已经成为很迫切的现实需求。

Hadoop 是大数据技术中非常重要的一个组成部分，本书系统全面地介绍了 Hadoop 大数据开发技术的基础及应用，介绍了 Hadoop 核心组件以及 Hadoop 生态系统常用组件，然后再通过完整的项目实战案例整合相关技术组件。内容安排层层递进，逐步引导读者深入学习，掌握 Hadoop 的精髓。

本书主要特色在于有大量的项目实践案例，对基于 Hadoop 的大数据相关技术组件进行整合应用，避免了纯理论学习、孤立的技术组件学习，使读者在学习了大数据相关技术组件之后，能真正应用到实际项目中，从而掌握实际的项目经验。

本书共有 13 章。

第 1 章是 Hadoop 概述，主要讲解了 Hadoop 前世今生、Hadoop 生态系统、Hadoop 的优势及应用领域，以及 Hadoop 技术与其他技术之间的关系，让读者对 Hadoop 有个整体的认识。

第 2 章主要是对 Hadoop 运行环境以及 MyEclipse 开发环境的安装进行详细讲解，让读者了解环境搭建的整个过程。

第 3 章详细讲解了 HDFS 分布式文件系统，包括 HDFS 体系结构、访问方式以及新特性，让读者对 HDFS 有一个全面的了解。HDFS 是 Hadoop 核心组件之一，任何基于 Hadoop 应用的组件都要用到 HDFS。

第 4 章主要介绍了 MapReduce 编程模型、系统架构和运行原理，讲解了 MapReduce 数据本地性、容错性以及资源组织方式。另外，还介绍了计数器、二次排序、Join 算法等 MapReduce 高级特性。

第 5 章主要讲解了 Hadoop 的文件 I/O，让读者了解 Hadoop 底层的一些原理。学完本章之后，读者可对 Hadoop 的输入和输出、数据完整性、文件的序列化、数据的压缩以及文件的数据结构等有进一步的理解。

第 6 章主要介绍了第二代 MapReduce 即 YARN，讲解了 YARN 与第一代 MapReduce 的关系、YARN 的架构及工作原理。另外，还讲解了 MapReduce On YARN 的工作流程以及 YARN 的容错性和 YARN 的高可用（HA）。

第 7 章介绍了 Zookeeper 分布式协调服务的基本架构、工作原理、安装配置以及相关服务。另外，还讲解了 Zookeeper 常见应用场景以及具体项目案例。Zookeeper 是一个分布式协调服务，Hadoop 生态系统中大部分组件都需要用到 Zookeeper，Zookeeper 在实际项目中应用广泛，必须熟练掌握。

第 8 章详细讲解了 Hadoop 分布式集群的搭建过程以及 Hadoop 集群的管理。

第 9 章对 Hive 数据仓库的架构原理、安装部署以及相关操作进行了详细介绍。Hive 是基于 Hadoop 的一个数据仓库，支持类似 SQL 语句来代替 MapReduce，这样使得编程零基础

III

的用户也能利用 Hadoop 平台对海量数据进行分析。

第 10 章主要介绍了 HBase 分布式数据仓库的数据模型核心概念、安装部署、Shell 工具的操作以及 Java 客户端的操作。HBase 是一个基于列存储的 NoSQL 数据库，不同于一般的 NoSQL 数据库，HBase 是一个适合于非结构化数据存储的数据库。

第 11 章总体介绍了 Hadoop 生态系统中其他常用的技术组件，比如 Flume 日志采集系统，Kafka 分布式消息系统，ElasticSearch 全文检索工具，Storm 流式计算框架和 Spark 实时计算框架等，在实际项目中应用都非常广泛。

第 12 章介绍了广电收视率数据统计分析项目的背景、需求分析，详细讲解了大数据离线项目的开发流程，并完成数据的可视化，让读者掌握的大数据相关技术组件能应用到企业实际项目中。

第 13 章介绍了视频网站爬虫系统开发项目的整个系统开发流程，并重点讲解了爬虫开发过程中的难点以及解决方案，同时还详细讲解了对项目的优化以及可视化，让读者全方位掌握大数据爬虫技术。

本书内容非常丰富，除了介绍 Hadoop 的核心技术之外，还围绕 Hadoop 生态系统扩展介绍了大量的大数据实用技术，涵盖面相当广泛。除了可以满足课堂教学需求之外，书中众多的扩展学习内容和实践案例，对于学有余力的同学和从事大数据技术开发的从业者也非常有价值。

学习本书首先需要具备一定的 Java 语言基础，在学习过程中，第 1 章~第 4 章、第 6 章、第 9 章、第 10 章、第 12 章的内容是要求必须掌握的，第 5 章、第 7 章、第 8 章、第 11 章的部分内容可以不要求一定掌握（在目录中标有星号的章节），第 13 章的项目实践难度较大，扩展知识点较多，不要求全部掌握，可作为扩展学习内容结合配套学习视频供读者朋友自学。

本书配有大量的扩展阅读视频，这些视频对学习本书内容可以起到非常好的辅助效果，本书内容涉及的源代码也随书提供给读者，方便读者学习实践。

本书由北京大讲台科技有限公司（简称大讲台科技）下的大讲台大数据研习社组织编写，杨俊、雷迪具体负责，雷迪编写第 1~7 章，杨俊编写 8~13 章。其他参与的人员有：蓝黄蓉、周亚楠、张华、王少杰、冯雪然、戈启业。全书由孙斌统稿，黄炳全主审。书中部分内容参考了网上资料，由于参考内容来源广泛，因篇幅有限，恕不一一列出，在此一并表示感谢。

由于大数据开发技术发展迅速，而且相关技术组件繁多，书中难免有不足之处，恳请各位同仁及读者提出宝贵意见和建议。

编者
2018-12

目 录

前言

第1章 Hadoop 概述 ··· 1
  1.1 Hadoop 的前世今生 ··· 1
    1.1.1 Hadoop 是什么 ··· 1
    1.1.2 项目起源 ·· 1
    1.1.3 发展历程 ·· 2
    1.1.4 名字起源 ·· 2
  1.2 Hadoop 生态系统简介 ·· 2
  1.3 Hadoop 的优势及应用领域 ·· 4
    1.3.1 Hadoop 的优势 ·· 4
    1.3.2 Hadoop 的应用领域 ·· 4
  1.4 Hadoop 与云计算 ·· 5
    1.4.1 云计算的概念及特点 ·· 5
    1.4.2 Hadoop 与云计算之间的关系 ··· 6
  1.5 Hadoop 与 Spark ·· 6
    1.5.1 Spark 的概念及特点 ·· 6
    1.5.2 Hadoop 与 Spark 之间的关系 ··· 7
  1.6 Hadoop 与传统关系型数据库 ·· 8
    1.6.1 传统关系型数据库的概念及特点 ·· 8
    1.6.2 Hadoop 与传统数据库之间的关系 ·· 8
  本章小结 ··· 9
  本章习题 ··· 9

第2章 Hadoop 开发及运行环境搭建 ·· 10
  2.1 Hadoop 集群环境搭建概述 ··· 10
    2.1.1 虚拟机的安装部署 ··· 10
    2.1.2 Linux 操作系统的安装部署 ··· 11
    2.1.3 Hadoop 的运行模式 ··· 11
  2.2 Hadoop 伪分布式集群环境搭建 ··· 12
    2.2.1 关闭防火墙和禁用 SELINUX ·· 12
    2.2.2 配置 hostname 与 IP 地址之间的对应关系 ······························ 13
    2.2.3 创建用户和用户组 ··· 14
    2.2.4 配置 SSH 免密码登录 ··· 15
    2.2.5 JDK 安装 ·· 17
    2.2.6 Hadoop 伪分布式集群的安装配置 ··· 19

  2.2.7 测试运行 Hadoop 集群 ························· 24
 2.3 搭建 MyEclipse 开发环境 ····························· 26
  2.3.1 JDK 的安装配置 ································· 26
  2.3.2 安装 MyEclipse ·································· 28
  2.3.3 在 MyEclipse 上安装 Hadoop 插件 ········· 28
  2.3.4 Hadoop 环境配置 ································ 31
  2.3.5 构建 MapReduce 项目 ························· 32
 本章小结 ··· 38
 本章习题 ··· 38

第 3 章 HDFS 分布式文件系统 ························· 39
 3.1 HDFS 体系结构详解 ································· 39
  3.1.1 什么是文件系统 ································· 39
  3.1.2 什么是分布式文件系统 ························ 39
  3.1.3 HDFS 分布式文件系统概述 ·················· 40
 3.2 HDFS 的 Shell 操作 ································· 50
  3.2.1 HDFS 基本 Shell 操作命令 ··················· 50
  3.2.2 Hadoop 管理员常用的 Shell 操作命令 ····· 52
 3.3 HDFS 的 Java API 操作 ···························· 53
  3.3.1 获取 HDFS 文件系统 ·························· 53
  3.3.2 文件/目录的创建与删除 ······················· 53
  3.3.3 获取文件 ·· 54
  3.3.4 上传/下载文件 ··································· 55
  3.3.5 获取 HDFS 集群节点信息 ···················· 55
 3.4 HDFS 的新特性——HA ····························· 56
  3.4.1 HA 机制产生背景 ······························· 56
  3.4.2 HDFS 的 HA 机制 ······························ 56
  3.4.3 HDFS 的 HA 架构 ······························ 57
 3.5 实战：小文件合并程序的编写及运行 ·············· 58
 本章小结 ··· 62
 本章习题 ··· 62

第 4 章 MapReduce 分布式计算框架 ····················· 63
 4.1 初识 MapReduce ······································ 63
  4.1.1 MapReduce 概述 ································ 63
  4.1.2 MapReduce 的基本设计思想 ················· 64
  4.1.3 MapReduce 的优缺点 ·························· 65
 4.2 MapReduce 编程模型 ································ 66
  4.2.1 MapReduce 编程模型简介 ···················· 66
  4.2.2 深入剖析 MapReduce 编程模型——以 WordCount 为例 ··· 68
 4.3 MapReduce 运行框架 ································ 72

4.3.1 MapReduce 架构	72
4.3.2 MapReduce 的运行机制	75
4.3.3 MapReduce 内部逻辑	77
4.3.4 MapReduce 数据本地性	78
4.3.5 MapReduce 框架的容错性	80
4.3.6 MapReduce 资源组织方式	81
4.3.7 MapReduce 的高级特性及应用	81
4.4 实战：统计相同字母组成的不同单词	81
本章小结	83
本章习题	83

第 5 章 Hadoop 的文件 I/O

5.1 Hadoop 文件 I/O 概述	84
5.2* Hadoop 文件 I/O 的数据完整性	85
5.2.1 Hadoop 文件 I/O 的数据完整性的概念	85
5.2.2 Hadoop 的数据校验方式	86
5.3 Hadoop 文件的序列化	90
5.3.1 什么是序列化	90
5.3.2 为什么要序列化	90
5.3.3 为什么不用 Java 的序列化	90
5.3.4 Hadoop 对序列化机制的要求	90
5.3.5 Hadoop 中定义的序列化相关接口	91
5.4 Hadoop 数据的解压缩	94
5.4.1 解压缩简介	94
5.4.2 Hadoop 常见压缩格式及特点	94
5.4.3 常见压缩的使用方式	95
5.5* 基于文件的数据结构	96
5.6* 实战：Hadoop 源码编译及 Snappy 压缩的配置使用	101
本章小结	103
本章习题	104

第 6 章 YARN 资源管理器

6.1 初识 YARN	105
6.1.1 YARN 是什么	105
6.1.2 YARN 的作用	106
6.2 YARN 基本架构	106
6.3 YARN 的工作原理	107
6.3.1 YARN 上运行的应用程序	107
6.3.2 YARN 的工作流程	108
6.3.3 MapReduce On YARN 的工作流程	109
6.4 YARN 的容错性	110

6.5　YARN HA ··· 110
本章小结 ·· 111
本章习题 ·· 112

第 7 章* Zookeeper 分布式协调服务 ································ 113
7.1　Zookeeper 概述 ··· 113
　　7.1.1　ZooKeeper 是什么 ·· 113
　　7.1.2　Zookeeper 的特点 ··· 114
　　7.1.3　Zookeeper 的基本架构 ······································ 114
　　7.1.4　Zookeeper 的工作原理 ······································ 115
7.2　Zookeeper 安装配置 ·· 115
7.3　Zookeeper 服务 ··· 116
　　7.3.1　数据模型 ·· 116
　　7.3.2　基本操作 ·· 118
　　7.3.3　实现方式 ·· 118
7.4　Zookeeper 的应用 ·· 119
　　7.4.1　数据发布与订阅 ··· 119
　　7.4.2　负载均衡 ·· 119
　　7.4.3　命名服务 ·· 120
　　7.4.4　分布式通知/协调 ·· 120
　　7.4.5　配置管理 ·· 120
　　7.4.6　集群管理 ·· 120
　　7.4.7　分布式锁 ·· 121
　　7.4.8　分布式队列 ·· 121
7.5　实战：模拟实现集群配置信息的订阅与发布 ············ 122
本章小结 ·· 127
本章习题 ·· 127

第 8 章　Hadoop 分布式集群搭建与管理 ·························· 128
8.1　准备物理集群 ··· 128
　　8.1.1　物理集群搭建方式 ··· 128
　　8.1.2　虚拟机的准备 ··· 128
8.2　集群规划 ·· 132
　　8.2.1　主机规划 ·· 132
　　8.2.2　软件规划 ·· 132
　　8.2.3　用户规划 ·· 133
　　8.2.4　目录规划 ·· 133
8.3　集群安装前的准备 ··· 133
　　8.3.1　时钟同步 ·· 133
　　8.3.2　hosts 文件检查 ·· 134
　　8.3.3　禁用防火墙 ·· 134

8.3.4　配置 SSH 免密码通信	134
8.3.5　脚本工具的使用	135
8.4　Hadoop 相关软件安装	138
8.4.1　JDK 的安装	138
8.4.2　Zookeeper 的安装	139
8.5　Hadoop 集群环境的搭建	140
8.5.1　Hadoop 软件的安装	140
8.5.2　Hadoop 配置及使用 HDFS	141
8.5.3　Hadoop 配置及使用 YARN	146
8.6　集群启停	149
8.6.1　启动集群	149
8.6.2　关闭集群	150
8.7*　主机的维护操作	151
8.7.1　Active NameNode 维护操作	151
8.7.2　Standby NameNode 维护操作	151
8.7.3　DataNode 维护操作	151
8.7.4　Active ResourceManager 维护操作	151
8.7.5　Standby ResourceManager 维护操作	152
8.7.6　NodeManager 维护操作	152
8.8*　集群节点动态增加与删除	152
8.8.1　增加 DataNode	152
8.8.2　删除 DataNode	153
8.8.3　增删 NodeManager	153
8.9*　集群运维技巧	153
8.9.1　查看日志	153
8.9.2　清理临时文件	154
本章小结	154
本章习题	154

第 9 章　Hive 数据仓库　155

9.1　初识 Hive	155
9.1.1　Hive 是什么	155
9.1.2　Hive 产生的背景	155
9.1.3　什么是数据仓库	156
9.1.4　Hive 在 Hadoop 生态系统中的位置	156
9.1.5　Hive 和 Hadoop 的关系	157
9.1.6　Hive 和普通关系数据库的异同	157
9.2　Hive 的原理及架构	158
9.2.1　Hive 的设计原理	158
9.2.2　Hive 的体系架构	159

IX

9.2.3 Hive 的运行机制 ·160
9.2.4 Hive 编译器的运行机制 ·161
9.2.5 Hive 的优缺点 ·161
9.2.6 Hive 的数据类型 ·161
9.2.7 Hive 的数据存储 ·162
9.3 Hive 的安装部署 ·163
9.3.1 安装 MySQL ·163
9.3.2 安装 Hive ·164
9.4 Hive 数据库的相关操作 ·165
9.5 Hive 数据表的相关操作 ·171
9.5.1 常见数据表类型 ·171
9.5.2 操作内部表 ·172
9.5.3 操作外部表 ·177
9.5.4 操作分区表 ·177
9.5.5 操作桶表 ·180
9.6 Hive 的数据操作语言 DML ·182
9.6.1 通过 LOAD 语句向表中装载数据 ·182
9.6.2 通过 INSERT 语句向表中插入数据 ·183
9.6.3 利用动态分区向表中插入数据 ·184
9.6.4 通过 CTAS 加载数据 ·186
9.6.5 导出数据 ·186
9.7 Hive 的数据查询语言 DQL ·187
9.7.1 SELECT…FROM 语句 ·188
9.7.2 WHERE 语句 ·189
9.7.3 数据的递归查询 ·189
9.7.4 GROUP BY 语句和 HAVING 语句 ·191
9.7.5 ORDER BY 语句和 SORT BY 语句 ·192
9.7.6 DISTRIBUTE BY 语句 ·194
9.7.7 CLUSTER BY 语句 ·195
9.8 实战：通过 Hive 分析股票走势规律 ·195
本章小结 ·199
本章习题 ·199

第 10 章 HBase 分布式数据库

10.1 HBase 概述 ·200
10.1.1 HBase 是什么 ·200
10.1.2 Hbase 的特点 ·200
10.2 HBase 数据模型 ·201
10.2.1 Hbase 逻辑模型 ·201
10.2.2 HBase 数据模型的核心概念 ·202

10.2.3	Hbase 的物理模型	203
10.2.4	Hbase 的基本架构	204

10.3 HBase 的核心概念 ... 206

10.3.1	预写日志	206
10.3.2	Region 定位	206
10.3.3	写入流程	208
10.3.4	查询流程	209
10.3.5	容错性	211

10.4 HBase 集群安装部署 ... 211

10.4.1	集群规划	211
10.4.2	HBase 集群安装	212

10.5 HBase Shell 工具 ... 217

10.5.1	命令分类	217
10.5.2	基本操作	218

10.6 HBase Java 客户端 ... 220

10.6.1	客户端配置	220
10.6.2	创建表	221
10.6.3	删除表	222
10.6.4	插入数据	223
10.6.5	查询数据	223
10.6.6	删除数据	225
10.6.7	过滤查询	225

10.7 实战：MapReduce 批量操作 HBase ... 226
本章小结 ... 230
本章习题 ... 230

第 11 章 Hadoop 生态系统常用开发技术 ... 231

11.1 Sqoop 数据导入导出工具 ... 231

11.1.1	Sqoop 概述	231
11.1.2	Sqoop 的优势	232
11.1.3	Sqoop 的架构与工作机制	232
11.1.4	Sqoop Import 流程	232
11.1.5	Sqoop Export 流程	233
11.1.6	Sqoop 的安装配置	234
11.1.7	Sqoop 实战	236

11.2 Flume 日志采集系统 ... 238

11.2.1	Flume 概述	238
11.2.2	Flume NG 的架构及工作机制	238
11.2.3	Flume NG 的核心功能模块	239
11.2.4	Flume NG 的数据可靠性	242

XI

11.2.5	Flume NG 的应用场景	242
11.2.6	Flume NG 的安装配置	244
11.2.7	Flume NG 实战	246

11.3 Kafka 分布式消息系统 248

11.3.1	Kafka 概述	248
11.3.2	Kafka 的特点	248
11.3.3	Kafka 的架构	248
11.3.4	Kafka 的相关服务	249
11.3.5	Kafka 的安装配置	251
11.3.6	Kafka Shell 操作	254
11.3.7	Kafka 客户端操作	256

11.4* ElasticSearch 全文检索工具 259

11.4.1	ElasticSearch 概述	259
11.4.2	ElasticSearch 的特点	259
11.4.3	ElasticSearch 的架构	260
11.4.4	ElasticSearch 的相关服务	261
11.4.5	ElasticSearch 的索引模块	262
11.4.6	ElasticSearch 的安装配置	266
11.4.7	ElasticSearch RESTful API	271
11.4.8	ElasticSearch Java API	280

11.5* Storm 流式计算框架 285

11.5.1	Storm 概述	285
11.5.2	Storm 的特点	285
11.5.3	Storm 的架构	285
11.5.4	Storm 工作流	286
11.5.5	Storm 数据流	287
11.5.6	Storm 集群的安装配置	288
11.5.7	实战：统计网站 PV 和 UV	292

11.6 Spark 内存计算框架 299

11.6.1	Spark 概述	299
11.6.2	Spark 的特点	299
11.6.3	弹性分布式数据集 RDD	300
11.6.4	Spark 架构原理	301
11.6.5	算子功能及分类	303
11.6.6	Spark 集群的安装配置	304
11.6.7	实战：搜狗搜索数据统计	308

本章小结 310

本章习题 310

第 12 章 项目实践：广电收视率数据统计分析 312

12.1 项目背景	312
12.2 项目需求	312
12.3 项目分析	313
12.3.1 认识数据源	313
12.3.2 项目各个收视指标的定义及计算方法	313
12.4 项目开发流程	315
12.4.1 Flume 数据收集	316
12.4.2 MapReduce 数据清洗及分析	317
12.4.3 Hive 数据统计分析	319
12.4.4 Sqoop 数据导出	321
12.4.5 项目数据可视化展示	323
本章小结	327

第 13 章* 项目实践：视频网站爬虫系统开发 328

13.1 项目背景	328
13.2 项目需求	328
13.3 项目分析	328
13.4 项目环境准备	329
13.5 项目开发流程	329
13.5.1 数据采集	329
13.5.2 数据存储	334
13.5.3 数据处理	335
13.5.4 数据展示	337
本章小结	338

参考文献 339

第 1 章　Hadoop 概述

学习目标
- 了解 Hadoop 发展历程
- 了解 Hadoop 生态系统
- 熟悉 Hadoop 优势和应用场景
- 熟悉 Hadoop 与其他技术的区别与联系

随着互联网的发展、移动互联网的广泛应用以及人工智能的兴起，Hadoop 技术的应用变得越来越普遍。本章将从 Hadoop 的前世今生、Hadoop 生态系统、Hadoop 优势及应用领域以及 Hadoop 与云计算、Spark、传统关系型数据库的关系等方面对 Hadoop 大数据技术进行概述。

1.1　Hadoop 的前世今生

1.1.1　Hadoop 是什么

Hadoop 是一个由 Apache 基金会开发的分布式系统基础架构。用户可以用其在不了解分布式底层细节的情况下开发分布式程序，充分利用集群的威力进行高速运算和存储。

Hadoop 实现了一个分布式文件系统（Hadoop Distributed File System，HDFS）。HDFS 有高容错性的特点，并且被设计用来部署在价格低廉的硬件上；而且它提供高吞吐量来访问应用程序的数据，适合那些有着超大数据集的应用程序。HDFS 放宽了可移植操作系统接口的要求，可以以流的形式访问文件系统中的数据。

Hadoop 还实现了一个分布式计算框架 MapReduce，让用户不用考虑分布式系统底层的细节，只需要参照 MapReduce 编程模型就可以快速编写出分布式计算程序，实现对海量数据的分布式计算。Hadoop 的框架最核心的设计就是：HDFS 和 MapReduce。HDFS 为海量的数据提供存储，而 MapReduce 为海量的数据提供计算。

1.1.2　项目起源

Hadoop 由 Apache Software Foundation 于 2005 年秋天作为 Lucene 的子项目 Nutch 的一部分正式引入。它最先是受到 Google Lab 开发的 Map/Reduce 和 Google File System(GFS)的启发而设计的。

2006 年 3 月份，MapReduce 和 Nutch Distributed File System (NDFS)分别被纳入名为

Hadoop 的项目中。

Hadoop 是在 Internet 上对搜索关键字进行内容分类最受欢迎的工具，它还可以解决许多具有极大伸缩性要求的问题。例如，如果要查找一个 10TB 的巨型文件，会出现什么情况呢？在传统的系统上，这将需要很长的时间。但是 Hadoop 在设计时就考虑到这些问题，采用并行执行机制，因此能大大提高效率，耗时极短。

1.1.3 发展历程

Hadoop 原本来自于谷歌一款名为 MapReduce 的编程模型包。谷歌的 MapReduce 框架可以把一个应用程序分解为许多并行计算指令，跨大量的计算节点运行非常巨大的数据集。Hadoop 最初只与网页索引有关，后来迅速发展成为分析大数据的领先平台。

目前有很多企业提供基于 Hadoop 的商业软件、支持、服务以及培训。Cloudera 是一家美国的企业软件公司，该公司在 2008 年开始提供基于 Hadoop 的软件和服务。GoGrid 是一家云计算基础设施公司，在 2012 年，该公司与 Cloudera 合作加速了企业采纳基于 Hadoop 应用的步伐。

1.1.4 名字起源

Hadoop 这个名字不是一个缩写，而是一个虚构的名字。该项目的创建者 Doug Cutting 这样解释 Hadoop 的得名："Hadoop 是我孩子给一个棕黄色的大象玩具起的名字。我的命名标准就是简短、容易发音和拼写、没有太多的意义、不会被用于别处。"

1.2 Hadoop 生态系统简介

Hadoop 版本可以大致划分为两代：第一代 Hadoop 1.0 和第二代 Hadoop 2.0。Hadoop 1.0 是由分布式存储系统 HDFS 和分布式计算框架 MapReduce 组成的。Hadoop 2.0 的主要变化是引入了资源管理框架 YARN。Hadoop 2.0 不仅解决了 Hadoop 1.0 中的 HDFS 的单点故障（HDFS 是一个主从的架构，通常只有一个主节点和多个从节点，一个主节点挂掉，就无法再对外提供服务）问题和横向扩展问题，还解决了 MapReduce 单点故障、系统扩展和多计算框架不支持的问题。本书基于 Hadoop 2.0 来进行讲解。

上面所讲的 Hadoop 属于狭义上的 Hadoop。但开源世界的力量是非常强大的，围绕Hadoop 而产生的软件大量出现，构成了一个生机勃勃的 Hadoop 生态系统。一般工作中所说的 Hadoop 技术指的是 Hadoop 生态系统，Hadoop 2.0 生态系统的组成如图 1-1 所示。Hadoop 2.0 生态系统包含以下组件。

1) HDFS：HDFS 是 Hadoop 的基石，是具有高容错性的文件系统，适合部署在廉价的机器上，同时能提供高吞吐量的数据访问，非常适合大规模数据集的应用。

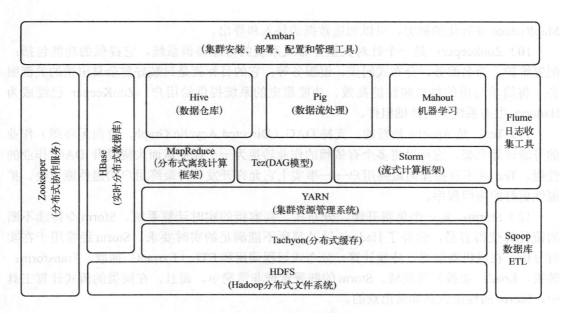

图 1-1 Hadoop 2.0 生态系统

2) MapReduce：是一种编程模型，利用函数式编程的思想，将数据集处理的过程分为 Map 和 Reduce 两个阶段，MapReduce 这种编程模型非常适合分布式计算。

3) YARN：是 Hadoop 2.0 中的资源管理系统，它的基本设计思想是将 MRv1（Hadoop 1.0 中的 MapReduce）中的 JobTracker 拆分成了两个独立的服务：一个全局的资源管理器 ResourceManager 和每个应用程序特有的 ApplicationMaster。其中 ResourceManager 负责整个系统的资源管理和分配，而 ApplicationMaster 负责单个应用程序的管理。

4) HBase：源于谷歌的 BigTable 论文，HBase 是一个分布式的、面向列的开源数据库，擅长大规模数据的随机、实时读写访问。

5) Hive：由 Facebook 开发，是基于 Hadoop 的一个数据仓库工具，可以将结构化的数据文件映射为一张表，提供简单的 SQL 查询功能，并能够将 SQL 语句转换为 MapReduce 作业运行。Hive 学习成本低，大大降低了 Hadoop 的使用门槛，非常适合大规模数据统计分析。

6) Pig：Pig 和 Hive 类似，也是对大型数据集进行分析和评估的工具，但它提供了一种高层的、面向领域的抽象语言：Pig Latin，Pig 也可以将 Pig Latin 脚本转化为 MapReduce 作业。与 SQL 相比，Pig Latin 更加灵活，但学习成本稍高。

7) Mahout：是一个集群学习和数据挖掘库，它利用 MapReduce 编程模型实现了 K-Means、Collaborative Filtering 等经典的机器学习算法，并且具有良好的扩展性。

8) Flume：是 Cloudera 提供的一个高可用、高可靠、分布式的海量日志采集、聚合和传输系统，它支持在日志系统中定制各类数据发送方采集数据，同时提供对数据进行简单处理，并写到各种数据接收方（也可定制）的能力。

9) Sqoop：是连接传统数据库和 Hadoop 的桥梁，可以把关系型数据库中的数据导入到 HDFS、Hive 中，也可以将 HDFS、Hive 中的数据导出到传统数据库中。Sqoop 利用

3

MapReduce 并行化的能力，可以加速数据的导入和导出。

10）Zookeeper：是一个针对大型分布式系统的可靠协调系统，它提供的功能包括：配置维护、命名服务、分布式同步、组服务等；它的目标就是封装好复杂易出错的关键服务，将简单易用的接口和性能高效、功能稳定的系统提供给用户。ZooKeeper 已经成为 Hadoop 生态系统中的基础组件。

11）Tez：是 Apache 最新的、支持 DAG（Directed Acyclic Graph，有向无环图）作业的开源计算框架，它可以将多个有依赖的作业转换为一个作业从而大幅提升 DAG 作业的性能。Tez 并不直接面向最终用户——事实上它允许开发者为最终用户构建性能更快、扩展性更好的应用程序。

12）Storm：是一个免费开源、分布式、高容错的实时计算系统。Storm 令持续不断的流计算变得容易，弥补了 Hadoop 批处理所不能满足的实时要求。Storm 经常用于在实时分析、在线机器学习、持续计算、分布式远程调用和 ETL（Extract：抽取，Transform：转换，Load：加载）等领域。Storm 的部署管理非常简单，而且，在同类的流式计算工具中，Storm 的性能也是非常出众的。

13）Apache Ambari：是一种基于 Web 的工具，支持 Apache Hadoop 集群的供应、管理和监控。Ambari 目前已支持大多数 Hadoop 组件，包括 HDFS、MapReduce、Hive、Pig、HBase、Zookeeper、Sqoop 和 Hcatalog 等。

1.3 Hadoop 的优势及应用领域

1.3.1 Hadoop 的优势

Hadoop 是一个能够让用户轻松驾驭和使用的分布式计算平台。用户可以轻松地在 Hadoop 上开发和运行处理海量数据的应用程序，Hadoop 主要有如下几个优势：

1）方便：Hadoop 可以运行在一般商业机器构成的大型集群上，或者是亚马逊弹性计算云（Amazon EC2），或者阿里云等云计算服务上。

2）弹性：Hadoop 通过增加集群节点，可以线性地扩展以处理更大的数据集。同时，在集群负载下降时，也可以减少节点以提高资源使用效率。

3）健壮：Hadoop 在设计之初，就将故障检测和自动恢复作为一个设计目标，它可以从容处理通用计算平台上出现的硬件失效的情况。

4）简单：Hadoop 允许用户快速编写出高效的并行分布式代码。

由于 Hadoop 具有以上优势，使得它非常受欢迎。目前，Hadoop 已经成为许多公司和大学基础计算平台的一部分，而且 Hadoop 已经成为许多互联网公司基础计算平台的一个核心部分，比如百度、阿里、腾讯等大型互联网公司。

1.3.2 Hadoop 的应用领域

Hadoop 作为大数据存储及计算领域的一颗明星，目前已经得到越来越广泛的应用。

下面是 Hadoop 的一些典型应用领域。

1）移动数据：Cloudera 运营总监称，美国有 70%的智能手机数据服务背后都是由 Hadoop 来支撑的，也就是说，包括数据的存储以及无线运营商的数据处理等，都是在利用 Hadoop 技术。

2）电子商务：Hadoop 在这一领域应用非常广泛，eBay 就是最大的实践者之一。国内的电商在 Hadoop 技术上也是储备颇为雄厚的。

3）在线旅游：目前全球范围内 80%的在线旅游网站都是在使用 Cloudera 公司提供的 Hadoop 发行版，其中 SearchBI 网站曾经报道过的 Expedia 也在其中。

4）诈骗检测：这个领域一般用户接触得比较少，一般金融服务或者政府机构会用到。利用 Hadoop 来存储所有的客户交易数据，包括一些非结构化的数据，能够帮助机构发现客户的异常活动，预防欺诈行为。

5）医疗保健：医疗行业也会用到 Hadoop，像 IBM 的 Watson 就会使用 Hadoop 集群作为其服务的基础，包括语义分析等高级分析技术等。医疗机构可以利用语义分析为患者提供医护人员，并协助医生更好地为患者进行诊断。

6）能源开采：美国 Chevron 公司是全美第二大石油公司，它们的 IT 部门主管介绍了 Chevron 使用 Hadoop 的经验，利用 Hadoop 进行数据的收集和处理，其中这些数据是海洋的地震数据，以便于找到油矿的位置。

1.4 Hadoop 与云计算

1.4.1 云计算的概念及特点

云计算自从诞生之日起，短短几年的时间就在各个行业产生了巨大的影响。那什么是云计算呢？

云计算是一种可以通过网络方便地接入共享资源池，按需获取计算资源（包括网络、服务器、存储、应用、服务等）的服务模型。共享资源池中的资源可以通过较少的管理代价和简单业务交互过程而快速部署和发布。

云计算主要有以下几个特点。

1）按需提供服务：以服务的形式为用户提供应用程序、数据存储、基础设施等资源，并可以根据用户需求自动分配资源，而不需要管理员的干预。比如亚马逊弹性计算云（Amazon EC2），用户可以通过 Web 表单提交自己需要的配置给亚马逊，从而动态获得计算能力，这些配置包括 CPU 核数、内存大小、磁盘大小等。

2）宽带网络访问：用户可以通过各种终端设备，比如智能手机、笔记本电脑、PC 等，随时随地通过互联网访问云计算服务。

3）资源池化：资源以共享池的方式统一管理。通过虚拟化技术，将资源分享给不同的用户，而资源的存放、管理以及分配策略对用户是透明的。

4）高可伸缩性：服务的规模可以快速伸缩，来自动适应业务负载的变化。这样就保证了用户使用的资源与业务所需要的资源的一致性，从而避免了因为服务器过载或者冗余造成服务质量下降或者资源的浪费。

5）可量化服务：云计算服务中心可以通过监控软件监控用户的使用情况，从而根据资源的使用情况对提供的服务进行计费。

6）大规模：承载云计算的集群规模非常巨大，一般达到数万台服务器以上。从集群规模来看，云计算赋予了用户前所未有的计算能力。

7）服务非常廉价：云服务可以采用非常廉价的 PC Server 来构建，而不需要非常昂贵的小型机。另外云服务的公用性和通用性，极大地提升了资源利用率，从而大幅降低使用成本。

1.4.2 Hadoop 与云计算之间的关系

通过前面的学习，已经分别了解了 Hadoop 和云计算是什么，那么 Hadoop 和云计算到底是什么关系呢？

其实，如果从云计算具体运营模式上来分析，就很容易理解它们之间的关系，云计算包含以下 3 种模式。

1）IaaS(Infrastructure as a Service)：它的含义是基础设施即服务。比如，阿里云主机提供的就是基础设施服务，可以直接购买阿里云主机服务。

2）PaaS(Platform as a Service)：它的含义是平台即服务。比如，阿里云主机上已经部署好 Hadoop 集群，可以提供大数据平台服务，用户直接购买平台的计算能力跑自己的应用即可。

3）SaaS(Software as a Service)：它的含义是软件即服务，比如阿里云平台已经部署好具体项目应用，直接购买账号使用它们提供的软件服务即可。

总的来说，云计算是一种运营模式，而 Hadoop 是一种技术手段，对云计算提供支撑。

1.5 Hadoop 与 Spark

1.5.1 Spark 的概念及特点

Spark 是基于内存计算的大数据并行计算框架。Spark 基于内存计算，提高了在大数据环境下数据处理的实时性，同时保证了高容错性和高可伸缩性，允许用户将 Spark 部署在大量的廉价硬件之上，形成集群提高并行计算能力。

Spark 于 2009 年诞生于加州大学伯克利分校 AMP Lab，在开发以 Spark 为核心的 BDAS 时，AMP Lab 提出的目标是：one stack to rule them all，也就是说在一套软件栈内完成各种大数据分析任务。目前，Spark 已经成为 Apache 软件基金会旗下的顶级开源项目。

Spark 主要有以下几个特点。

1. 运行速度快

Spark 1.0 核心代码只有 4 万行，这是由于用于开发 Spark 的 Scala 语言非常简洁，并具有丰富的表达力，以及 Spark 充分利用和集成了 Hadoop 等其他第三方组件。Spark 着眼于大数据处理，数据处理速度是至关重要的，Spark 通过将中间结果缓存在内存减少磁盘 I/O 来达到性能的提升。

2．易用性

Spark 支持 Java、Python 和 Scala 的 API，还支持超过 80 种高级算法，使用户可以快速构建不同的应用。而且 Spark 支持交互式的 Python 和 Scala 的 Shell，可以非常方便地在这些 Shell 中使用 Spark 集群来验证解决问题的方法。

3．支持复杂查询

Spark 支持复杂查询。在简单的 Map 及 Reduce 操作之外，Spark 还支持 SQL 查询、流式计算、机器学习和图算法。同时，用户可以在同一个工作流中无缝地搭配这些计算范式。

4．实时的流处理

对比 MapReduce 只能处理离线数据，Spark 还能支持实时流计算。Spark Streaming 主要用来对数据进行实时处理，而 Hadoop 在拥有了 YARN 之后，也可以借助其他工具进行流式计算。

5．容错性

Spark 引进了弹性分布式数据集 RDD（Resilient Distributed Dataset）的抽象，它是分布在一组节点中的只读对象集合，这些集合是弹性的，如果数据集一部分丢失，则可以根据"血统"对它们进行重建。另外在 RDD 计算时可以通过 CheckPoint 来实现容错。

1.5.2 Hadoop 与 Spark 之间的关系

在实际工作中，到底需要使用 Hadoop 技术还是使用 Spark 技术，需要结合具体的应用场景来确定。那么首先得清楚 Hadoop 与 Spark 区别与联系，才能在具体的项目中进行技术选型。

从 Hadoop、Spark 的定义来看，它们都是开源的、分布式的、高容错的并行计算框架，但是它们却适用于不同的应用场景，二者的区别与联系如表 1-1 所示。

表 1-1 Hadoop、Spark 的比较

	Spark	Hadoop
流式计算	Streaming	无
批计算	Core	MapReduce
图计算	GraphX	无
集群学习	MLib	Mahout
SQL	DataFrame	Hive

Hadoop 和 Spark 对比分析如下。

1）流式计算：Spark Streaming 支持流式计算，即实时计算，而 Hadoop 则没有流式计算。

2）批计算：Spark Core、MapReduce 都支持批计算，即离线计算。

3）图计算：Spark 中的 GraphX 支持图计算，而 Hadoop 中却没有相应的组件支持图计算。

7

4）机器学习：Spark 中的 Mlib 支持机器学习，Hadoop 中的 Mahout 也支持机器学习。

5）SQL：对于 SQL 语句的支持，Spark 中由 DataFrame 组件实现，Hadoop 中由 Hive 组件实现。

总的来说，Hadoop 适合离线计算，Spark 适合实时计算。但无论是 Hadoop 还是 Spark，数据存储都依赖于 HDFS，统一的资源管理调度框架依赖于 YARN。

1.6 Hadoop 与传统关系型数据库

1.6.1 传统关系型数据库的概念及特点

传统关系型数据库（Relational Database Management System，RDBMS）是指对应于一个关系模型的所有关系的集合。关系型数据库系统实现了关系模型，并用它来处理数据。关系模型在表中将信息与字段关联起来（也就是 Schemas），从而存储数据。

这种数据库管理系统需要结构（例如表）在存储数据之前被定义出来。有了表，每一列（字段）都存储一个不同类型（数据类型）的信息。数据库中的每个记录，都有自己唯一的 key，作为属于某一表的一行，行中的每一个信息都对应了表中的一列——所有的关系一起构成了关系模型。

RDBMS 的特点如下所示。

1）容易理解：二维表结构是非常贴近逻辑世界的一个概念，关系模型相对网状、层次等其他模型来说更容易理解。

2）使用方便：通用的 SQL 语言使得操作关系型数据库非常方便。

3）易于维护：丰富的完整性（实体完整性、参照完整性和用户定义的完整性）大大降低了数据冗余和数据不一致的概率。

4）支持 SQL，可用于复杂的查询。

1.6.2 Hadoop 与传统数据库之间的关系

企业迅速增长的结构化和非结构化数据的管理需求，是推动企业使用 Hadoop 技术的重要因素。但是 Hadoop 还不能取代现有的所有技术，现在越来越多的状况是 Hadoop 与 RDBMS 一起工作。Hadoop 与 RDBMS 的比较，其实也就是 MapReduce 与 RDBMS 的比较，具体如表 1-2 所示。

表 1-2 RDBMS 与 MapReduce 的对比

	传统关系型数据库	MapReduce
数据规模	GB 级	PB 级
访问	交互型和批处理	批处理
更新	多次读写	一次写、多次读
收缩性	非线性	线性

RDBMS 与 MapReduce 对比分析如下。

1）数据大小：RDBMS 适合处理 GB 级别的数据，数据量超过这个范围就会出现性能急剧下降，而 MapReduce 可以处理 PB 级别的数据，没有数据量的限制。

2）访问方式：RDBMS 支持交互处理和批处理，而 MapReduce 仅支持批处理。

3）更新：RDBMS 支持多次读写，而 MapReduce 支持一次写、多次读。

4）收缩性：RDBMS 是非线性扩展的，而 MapReduce 支持线性扩展。

总的来说，MapReduce 适合海量数据的批处理，可以利用其并行计算的能力，而 RDBMS 适合少量数据实时的复杂查询。在实际工作中，MapReduce 一般与 RDBMS 结合来使用，比如利用 MapReduce 对海量日志进行统计分析，最后统计结果的数据量一般比较小，一般会放入 RDBMS 做实时查询。

本章小结

本章主要从大体上介绍了 Hadoop 的概念、特点、生态系统、优势、应用场景以及 Hadoop 与其他技术之间的区别与联系，让大家对 Hadoop 有个整体上的印象。后续章节将开始深入学习 Hadoop 的相关知识，以及 Hadoop 的安装、使用和开发。

本章习题

1. Hadoop 的由来？
2. Hadoop 包含哪些核心组件？
3. Hadoop 的优势是什么？

第 2 章 Hadoop 开发及运行环境搭建

学习目标
- 掌握 Hadoop 伪分布集群环境的搭建方法
- 掌握 MyEclipse 开发环境的搭建方法
- 熟练使用 Hadoop 集群启停命令
- 了解 WordCount 程序的运行流程

"工欲善其事,必先利其器",为了让大家尽早地体会到 Hadoop 对大数据存储和处理的魅力,快速入门大数据的开发和运行,本章将首先介绍大数据运行环境(即 Hadoop 集群)及大数据开发环境(即 MyEclipse 开发工具)的安装部署。

2.1 Hadoop 集群环境搭建概述

集群,就是一组通过网络互联的计算机,集群中的每一台计算机又称作一个节点。所谓搭建 Hadoop 集群,就是在一组通过网络互联的计算机组成的物理集群上安装部署 Hadoop 相关的软件,然后整体对外提供大数据存储和分析等相关服务。

所以,Hadoop 集群环境的搭建首先要解决物理集群的搭建,然后再考虑 Hadoop 相关软件的安装。

首先要做一个说明,Hadoop 是为了在 Linux 操作系统上使用而开发的,但是在其他主流的操作系统(比如 UNIX、Windows、Mac 等操作系统)上也能够运行良好。但是,在 Windows 操作系统上运行 Hadoop 稍显复杂——需要首先安装 Cygwin 来模拟 Linux 环境,然后才能安装 Hadoop。在 Mac 系统上也需要首先安装一种软件包管理器 Homebrew,然后利用它自动下载和安装相关的 Hadoop 安装包。

实际上,除了安装使用复杂之外,这两种方式非常消耗资源且不稳定,所以不管是实验环境还是生产环境都不推荐使用。本书采用的方式是通过搭建一台虚拟机,然后再在这台虚拟机上直接安装部署 Linux 操作系统,进而在这个虚拟机上搭建 Hadoop 集群环境。所以接下来首先要解决的任务就是虚拟机的安装部署。

2.1.1 虚拟机的安装部署

1. 虚拟机是什么

简单地说,可以把虚拟机理解为虚拟的机器,这个虚拟的机器和真实的机器在功能实现上几乎完全一样,只是虚拟机的硬盘是在一个文件中虚拟出来的。

2. 如何搭建虚拟机

虚拟机的搭建实际上就是安装虚拟化的软件。即在计算机上通过安装一个虚拟化软件就可以实现虚拟机的搭建。

3. 虚拟化软件有哪些以及该如何选择

常见的虚拟化软件有 VMware Workstation 和 Virtualbox。简单使用的话，两者其实差不多，只是在某些功能的支持上 Virtualbox 比 VMware Workstation 要差一点，所以建议选择使用 VMware Workstation（下载地址为：https://www.vmware.com/products/workstation-pro.html/VMWare- workstation-full-9.0.2-1031769.exe）。

具体选择哪个版本的 VMware 软件呢？其实版本 9 到版本 12 都可以，除了版本名称不一样之外，具体的安装步骤都是一样的。

Linux 虚拟机的安装部署可参考扩展阅读视频 1。

> 扩展阅读视频1：Linux 虚拟机的安装部署
>
> 扫描二维码可通过视频学习 Linux 虚拟机的安装部署相关内容。

2.1.2 Linux 操作系统的安装部署

虚拟机安装完成之后，搭建集群的机器就有了，接下来的工作就是在这台虚拟机上安装部署 Linux 运行环境。实际上也很简单，下载一个 Linux 操作系统的镜像文件，然后把它加载到虚拟机上就可以了。这里选择的是 CentOS 6.5 的版本。CentOS 是 Linux 发行版中的一种，企业实际开发用得比较多，所以这里选择使用 CentOS 这种 Linux 发行版（下载地址为：http://archive.kernel.org/centos-vault/6.5/isos/x86 64/cent-6.5-x86 64-bin-DVD1 iso）。

在 CentOS 版本选择上，由于 CentOS7 之后的版本和 CentOS7 之前的版本在某些命令的使用上有一些变化，所以选择软件时也一定要注意版本问题。当然选择其他 Linux 发行版（比如 Ubuntu、RedHat）等也可以，但是建议先严格按照本书提供的软件及版本进行学习。

Linux 操作系统安装部署可参考扩展阅读视频 2。

> 扩展阅读视频2：Linux 操作系统安装部署
>
> 扫描二维码可通过视频学习 Linux 操作系统安装部署的相关内容。

Linux 虚拟机安装成功之后，因为需要在虚拟机上通过网络进行一些文件的下载和传输，所以首先要保证虚拟机是可以联网的，所以还要进行 Linux 虚拟机的网络配置。

Linux 虚拟机的网络配置可参考扩展阅读视频 3。

2.1.3 Hadoop 的运行模式

到目前为止，我们已经准备好了安装有 Linux 操作系统的虚拟机，接下来就可以在该虚拟机上安装部署 Hadoop 集群了。但是在 Hadoop 集群部署之前，首先要选择 Hadoop 的运行模式。

Hadoop 有 3 种常见的运行模式，分别是单机模式、伪分布式模式和完全分布式模式。

> 扩展阅读视频3：Linux 虚拟机的网络配置
>
> 扫描二维码可通过视频学习 Linux 虚拟机的网络配置相关内容。

11

单机模式：这是 Hadoop 的默认模式，这种模式在使用时只需要下载解压 Hadoop 安装包并配置环境变量即可，而不需要进行其他 Hadoop 相关配置文件的配置。一般情况下，单机模式不被选择使用，只需要知道默认运行模式是单机模式就行。

伪分布式模式：在这种模式下，所有的守护进程都运行在一个节点上（也就是运行在一台计算机上），由于是在一个节点上模拟一个具有 Hadoop 完整功能的微型集群，所以被称为伪分布式集群，由于是在一个节点上部署所以也叫做单节点集群。接下来要搭建的就是伪分布式模式的 Hadoop 集群。

完全分布式模式：在这种模式下，Hadoop 守护进程会运行在多个节点上，形成一个真正意义上的分布式集群。

由于完全分布式集群的安装部署涉及的问题更多，对于初学者还是有些难度的，本书将在第 8 章为大家详细讲解。由易到难，一步一步来实现。前期先把 Hadoop 伪分布式集群环境搭建起来，把 MapReduce 编程模型好好学习一下，就能够实现简单的大数据开发了。

2.2　Hadoop 伪分布式集群环境搭建

2.2.1　关闭防火墙和禁用 SELINUX

1. 关闭防火墙

防火墙是对服务器进行保护的一种服务，但是有时候这种服务会带来很大的麻烦。比如它会妨碍 Hadoop 集群间的相互通信，所以就需要关闭防火墙。为了方便学习，选择永久关闭防火墙。

具体操作如图 2-1 所示，在控制台中输入 chkconfig iptables off 命令，按〈Enter〉键执行命令即可实现防火墙的永久性关闭。

上述命令执行完成之后，在控制台输入 reboot 命令重启 Linux 系统，即可关闭防火墙，具体操作如图 2-2 所示。

图 2-1　关闭防火墙

图 2-2　重启 Linux

2. 禁用 SELINUX

SELINUX 全称为 Security Enhanced Linux（安全强化 Linux），是对系统安全级别更细粒度的设置。由于 SELINUX 配置设置太严格，可能会与其他服务的功能相冲突，所以这里选择直接关掉。

在控制台输入 vi /etc/selinux/config 命令，即编辑 config 文件，然后修改 SELINUX 的相关配置，将 SELINUX 的参数值修改为 disabled（disabled 代表 SELINUX 被禁用）即可，具体操作如图 2-3 所示。

```
# This file controls the state of SELinux on the system.
# SELINUX= can take one of these three values:
#     enforcing - SELinux security policy is enforced.
#     permissive - SELinux prints warnings instead of enforcing.
#     disabled - No SELinux policy is loaded.
SELINUX=disabled
# SELINUXTYPE= can take one of these two values:
#     targeted - Targeted processes are protected,
#     mls - Multi Level Security protection.
SELINUXTYPE=targeted
```

图 2-3　SELINUX 配置

然后输入 reboot 命令重启系统让配置生效。

最后在控制台中输入 service iptables status 命令查看防火墙状态，如图 2-4 所示。如果防火墙没有运行，说明防火墙已经关闭成功。

```
[root@djt ~]#
[root@djt ~]#
[root@djt ~]# service iptables status
iptables: Firewall is not running.
[root@djt ~]#
```

图 2-4　查看防火墙状态

2.2.2　配置 hostname 与 IP 地址之间的对应关系

实际上不论是 IP 地址还是主机名都是为了标识一台主机或者服务器。IP 地址就是一台主机上网时 IP 协议分配给它的一个逻辑地址，主机名就相当于又给这台机器取了一个名字，可以为主机取各种各样的名字。如果要用这个名字去访问这台主机，系统怎么通过这个名字去识别一台主机呢？那么就需要配置 hostname 与 IP 地址之间的对应关系。

在控制台输入命令 vi /etc/hosts 即可进行相应配置。

具体配置方法为：在 hosts 文件的末尾按照对应格式添加 IP 地址和主机名之间的对应关系。此时 CentOS 系统的 IP 地址为 192.168.80.138，对应的 hostname 为 djt，注意它们之间要有空格。具体配置结果如图 2-5 所示。

```
[root@djt ~]# vi /etc/hosts
127.0.0.1    localhost localhost.localdomain localhost4 localhost4.localdomain4
::1          localhost localhost.localdomain localhost6 localhost6.localdomain6
192.168.80.138 djt
~
```

图 2-5　修改 hosts 文件

13

2.2.3 创建用户和用户组

在 Hadoop 的安装过程中，为了系统安全考虑，一般不直接使用超级用户 root，而是需要创建一个新的用户。在 CentOS 系统中，可以直接使用 useradd 命令创建新用户。useradd 的使用方法如图 2-6 所示。

```
[root@djt ~]# useradd
Usage: useradd [options] LOGIN

Options:
  -b, --base-dir BASE_DIR       base directory for the home directory of the
                                new account
  -c, --comment COMMENT         GECOS field of the new account
  -d, --home-dir HOME_DIR       home directory of the new account
  -D, --defaults                print or change default useradd configuration
  -e, --expiredate EXPIRE_DATE  expiration date of the new account
  -f, --inactive INACTIVE       password inactivity period of the new account
  -g, --gid GROUP               name or ID of the primary group of the new
                                account
  -G, --groups GROUPS           list of supplementary groups of the new
                                account
  -h, --help                    display this help message and exit
  -k, --skel SKEL_DIR           use this alternative skeleton directory
  -K, --key KEY=VALUE           override /etc/login.defs defaults
  -l, --no-log-init             do not add the user to the lastlog and
```

图 2-6 useradd 用法

接下来在控制台使用 useradd 命令新建一个普通用户 hadoop，具体命令及执行结果如图 2-7 所示。

```
[root@djt ~]#
[root@djt ~]#
[root@djt ~]# useradd -m hadoop
[root@djt ~]# cd /home/
[root@djt home]# ls
hadoop
[root@djt home]#
```

图 2-7 新建用户

由于在创建用户时指定了 -m 参数（-m 参数指在用户的 /home 目录下创建指定的用户），所以进入 home 目录后，就可以看到多了一个名为 hadoop 的目录，它就是刚刚创建的普通用户 hadoop 的目录。实际上不指定 -m 参数，默认也是在用户的 /home 目录下创建指定的用户目录。如果创建用户时没有明确指定用户组，用户组名称默认跟用户一致。

然后在控制台可以使用 su 命令进行用户之间的切换。比如使用 su 命令从 root 用户切换到 hadoop 用户。具体命令及执行结果如图 2-8 所示。

```
[root@djt home]#
[root@djt home]#
[root@djt home]# su hadoop
[hadoop@djt home]$ cd
[hadoop@djt ~]$ pwd
/home/hadoop
[hadoop@djt ~]$
```

图 2-8 切换到新用户

如果想删除已经创建的用户，可以在控制台使用 userdel 命令来删除。userdel 的使用方法如图 2-9 所示。

图 2-9　userdel 的用法

从图 2-9 中可以看出，使用 userdel - rf 命令可以强制删除用户和对应的 home 目录。由于需要使用刚刚创建的 hadoop 用户来安装 Hadoop 环境，所以这里就暂不删除 hadoop 用户了。

另外可以在 root 用户下使用 passwd 命令为刚刚创建的 hadoop 用户设置密码，密码可以自行设置。具体操作如图 2-10 所示。

图 2-10　设置新用户密码

到这里，Hadoop 的用户和用户组就已经创建成功了。

2.2.4　配置 SSH 免密码登录

1. SSH 的概念及配置 SSH 免密码登录的作用

SSH（Secure Shell）是可以在应用程序中提供安全通信的一个协议，通过 SSH 可以安全地进行网络数据传输，它的主要原理就是利用非对称加密体系，对所有待传输的数据进行加密，保证数据在传输时不被恶意破坏、泄露或者篡改。但是 Hadoop 使用 SSH 主要不是用来进行数据传输的，Hadoop 主要是在启动和停止的时候需要主节点通过 SSH 协议将从节点上面的进程启动或停止。也就是说如果不配置 SSH 免密码登录对 Hadoop 的正常使用也没有任何影响，只是在启动和停止 Hadoop 的时候需要输入每个从节点的用户名的密码，但是可以想象一下，当集群规模比较大的时候，比如成百上千台，如果每次都要输入每个连接节点的密码，相当麻烦，这种方法肯定是不可取的，所以要进行 SSH 免密码登录的配置，而且目前远程管理环境中最常使用的也是 SSH。

因为 SSH 免密码登录的功能是跟用户密切相关的，为哪个用户配置 SSH 免密码登录，那么哪个用户就具有 SSH 免密码登录的功能，没有配置的用户则没有该功能。这里选择为 hadoop 用户配置 SSH 免密码登录。当然对其他用户配置的方法也是一样的。

2．为 hadoop 用户配置 SSH 免密码登录功能

在控制台使用 su 命令切换到 hadoop 用户的根目录，具体操作如图 2-11 所示。

```
[root@djt ~]#
[root@djt ~]#
[root@djt ~]# su hadoop
[hadoop@djt root]$ cd
[hadoop@djt ~]$ 
```

图 2-11　切换到 hadoop 用户

在控制台使用命令 mkdir 创建.ssh 目录，使用命令 ssh-keygen -t rsa（ssh-keygen 是秘钥生成器，-t 是一个参数，rsa 是一种加密算法）生成秘钥对（即公钥文件 id_rsa.pub 和私钥文件 id_rsa），具体操作如图 2-12 所示。

```
[hadoop@djt ~]$ mkdir .ssh
[hadoop@djt ~]$ ssh-keygen -t rsa
Generating public/private rsa key pair.
Enter file in which to save the key (/home/hadoop/.ssh/id_rsa):
Enter passphrase (empty for no passphrase):
Enter same passphrase again:
Your identification has been saved in /home/hadoop/.ssh/id_rsa.
Your public key has been saved in /home/hadoop/.ssh/id_rsa.pub.
The key fingerprint is:
e4:84:8d:51:2c:2a:df:9c:5f:51:7d:ee:9c:18:36:81 hadoop@djt
The key's randomart image is:
+--[ RSA 2048]----+
|      .o.   ..   |
|      .=.  E... .|
|     .o.+  .  .o |
|  . .  +  .  + . |
|   o o .S  .. +o.|
|    . +   .  . .o|
|        . .      |
|         .       |
|                 |
+-----------------+
```

图 2-12　生成公钥私钥

将公钥文件 id_rsa.pub 中的内容复制到相同目录下的 authorized_keys 文件中，具体操作如图 2-13 所示。

```
[hadoop@djt ~]$
[hadoop@djt ~]$
[hadoop@djt ~]$ cd .ssh/
[hadoop@djt .ssh]$ ls
id_rsa  id_rsa.pub
[hadoop@djt .ssh]$ cat id_rsa.pub >> authorized_keys
[hadoop@djt .ssh]$ cat authorized_keys
ssh-rsa AAAAB3NzaC1yc2EAAAABIwAAAQEAss0vrKPybCgNPVGyFTqXlE/d1
zDuFO7MqLAD+pbe4IkLdiZb/v2KAAdOypR9zOl/3V/pcrp539Uo/cTdpKFy8f
kczQHFvwhzGJ0DiKSq7QJyz6LGVxidIXV90ScWbtWmzgqhf3lrsvKUGUsUhm1
hadoop@djt
[hadoop@djt .ssh]$ 
```

图 2-13　生成授权文件

切换到 hadoop 用户的根目录为.ssh 目录及文件赋予相应的权限，具体操作如图 2-14 所示。

```
[hadoop@djt .ssh]$
[hadoop@djt .ssh]$
[hadoop@djt .ssh]$ cd ..
[hadoop@djt ~]$ chmod 700 .ssh
[hadoop@djt ~]$ chmod 600 .ssh/*
[hadoop@djt ~]$
```

图 2-14 修改 ssh 文件权限

使用 ssh 命令登录 djt，第一次登录需要输入 yes 进行确认，第二次以后登录则不需要，此时表明设置成功，具体操作如图 2-15 所示。

```
[hadoop@djt ~]$
[hadoop@djt ~]$
[hadoop@djt ~]$ ssh djt
The authenticity of host 'djt (192.168.80.138)' can't be established.
RSA key fingerprint is b1:65:ef:8f:c2:77:31:0e:f2:a7:1d:89:ba:be:a7:a2.
Are you sure you want to continue connecting (yes/no)? yes
Warning: Permanently added 'djt,192.168.80.138' (RSA) to the list of known hosts.
[hadoop@djt ~]$ exit
logout
Connection to djt closed.
[hadoop@djt ~]$ ssh djt
Last login: Fri Jun 16 01:23:33 2017 from djt
[hadoop@djt ~]$
```

图 2-15 测试 ssh 免密码登录

2.2.5 JDK 安装

运行 Hadoop 需要 Java 6 或者更新的版本，本书将选择 Java 7 版本安装 Hadoop 环境。另外目前大多数 CentOS 系统都会选择 64 位的版本，所以 JDK 也需要选择与之相匹配的 64 位的版本。

首先规划并创建 JDK 安装目录/home/hadoop/app，具体操作如图 2-16 所示。

```
[hadoop@djt ~]$
[hadoop@djt ~]$
[hadoop@djt ~]$ ls
[hadoop@djt ~]$ pwd
/home/hadoop
[hadoop@djt ~]$ mkdir app
[hadoop@djt ~]$
```

图 2-16 创建 app 目录

可以到官网下载对应版本 JDK（下载地址：https://www.oracle.com/technetwork/java/javase/down loads/jdk8-downloads-2133151.html，下载文件名为：jdk-7u79-linux-x64. tar.gz），并用 rz 命令上传至/home/hadoop/app 目录下，执行结果如图 2-17 所示。

注意：rz 命令是一个上传命令，使用之前需要先安装 lrzsz 工具包，这个工具包主要用来提供文件上传下载的功能。可使用命令"yun -y install lrzsz"下载安装 lrzsz 工具包。

```
[hadoop@djt ~]$
[hadoop@djt ~]$
[hadoop@djt ~]$ cd app/
[hadoop@djt app]$ ls
jdk-7u79-linux-x64.tar.gz
[hadoop@djt app]$
```

图 2-17 上传 JDK

使用命令"tar -zxvf jdk-7u79-linux-x64.tar.gz"解压 JDK 安装包并使用命令"ln -s jdk1.7.0-79 jdk"对解压后的 jdk1.7.0-79 文件夹创建软连接，这样文件名会更加简短，配置会更加方便。解压和创建软连接之后的结果如图 2-18、图 2-19 所示。

```
[hadoop@djt app]$
[hadoop@djt app]$
[hadoop@djt app]$ ls
jdk-7u79-linux-x64.tar.gz
[hadoop@djt app]$ tar -zxvf jdk-7u79-linux-x64.tar.gz
```

图 2-18 解压 JDK

```
[hadoop@djt app]$
[hadoop@djt app]$
[hadoop@djt app]$ ls
jdk1.7.0_79  jdk-7u79-linux-x64.tar.gz
[hadoop@djt app]$ ln -s jdk1.7.0_79 jdk
[hadoop@djt app]$ ls
jdk  jdk1.7.0_79  jdk-7u79-linux-x64.tar.gz
[hadoop@djt app]$
```

图 2-19 创建 JDK 软链接

接下来用 vi ~/.bashrc 命令修改 hadoop 用户目录下的 bashrc 配置文件，配置 JDK 环境变量。在.bashrc 文件中配置 JAVA_HOME=/home/hadoop/app/jdk，然后在 export 后边加上 JAVA_HOME，表示声明 JAVA_HOME 变量，否则系统无法知道这个变量。具体的 JDK 环境变量配置如图 2-20 所示。

```
[hadoop@djt app]$ vi ~/.bashrc

# .bashrc

# Source global definitions
if [ -f /etc/bashrc ]; then
    . /etc/bashrc
fi

# User specific aliases and functions
JAVA_HOME=/home/hadoop/app/jdk
CLASSPATH=.:$JAVA_HOME/lib/dt.jar:$JAVA_HOME/lib/tools.jar
PATH=$JAVA_HOME/bin:$PATH
export JAVA_HOME CLASSPATH PATH
~
```

图 2-20 配置 JDK 环境变量

保存并退出配置文件，通过 source 命令使~/.bashrc 配置文件生效，具体操作如图 2-21 所示。

```
[hadoop@djt app]$
[hadoop@djt app]$
[hadoop@djt app]$ source ~/.bashrc
[hadoop@djt app]$
```

图 2-21　使配置文件生效

如果能查询到 JDK 版本号，说明 JDK 安装成功，具体操作如图 2-22 所示。

```
[hadoop@djt app]$
[hadoop@djt app]$
[hadoop@djt app]$ java -version
java version "1.7.0_79"
Java(TM) SE Runtime Environment (build 1.7.0_79-b15)
Java HotSpot(TM) 64-Bit Server VM (build 24.79-b02, mixed mode)
[hadoop@djt app]$
```

图 2-22　查看 JDK 版本

2.2.6　Hadoop 伪分布式集群的安装配置

前面的基本环境准备完毕之后，接下来就开始安装 Hadoop 伪分布式环境，本书选择安装 Hadoop 2.6.0 的稳定版本。大家可以提前到 Hadoop 官方网站下载对应版本的安装包（下载地址：https://archive apache.org/dist/hadoop/common，下载文件为：hadoop-2.6.0.tar.gz），然后使用 rz 命令或其他文件传输工具（比如 Filezilla）将 Hadoop 安装包上传至 /home/hadoop/app 软件安装目录下，具体操作如图 2-23 所示。

```
[hadoop@djt app]$
[hadoop@djt app]$
[hadoop@djt app]$ rz
[hadoop@djt app]$ ls
hadoop-2.6.0.tar.gz    jdk    jdk1.7.0_79
[hadoop@djt app]$
```

图 2-23　上传 Hadoop 安装包

使用命令 tar -zxvf hadoop-2.6.0.tar.gz 解压 Hadoop 安装包，具体操作如图 2-24 所示。

```
[hadoop@djt app]$
[hadoop@djt app]$
[hadoop@djt app]$ ls
hadoop-2.6.0.tar.gz    jdk    jdk1.7.0_79    jdk-7u79-linux-x64.tar.gz
[hadoop@djt app]$ tar -zxvf hadoop-2.6.0.tar.gz
```

图 2-24　解压 Hadoop 安装包

使用命令 cd 切换到 Hadoop 配置文件目录（即 hadoop 安装目录下的 etc/hadoop 子目录）（资源路径：第 2 章/2.2/配置文件/Hadoop 配置文件.rar），具体操作如图 2-25 所示。

```
[hadoop@djt app]$ cd hadoop-2.6.0/
[hadoop@djt hadoop-2.6.0]$ ls
bin  etc  include  lib  libexec  LICENSE.txt  NOTICE.txt  README.txt  sbin  share
[hadoop@djt hadoop-2.6.0]$ cd etc/
[hadoop@djt etc]$ ls
hadoop
[hadoop@djt etc]$ cd hadoop/
[hadoop@djt hadoop]$ ls
capacity-scheduler.xml      hadoop-policy.xml          kms-log4j.properties
configuration.xsl           hdfs-site.xml              kms-site.xml
container-executor.cfg      httpfs-env.sh              log4j.properties
core-site.xml               httpfs-log4j.properties    mapred-env.cmd
hadoop-env.cmd              httpfs-signature.secret    mapred-env.sh
hadoop-env.sh               httpfs-site.xml            mapred-queues.xml.template
hadoop-metrics2.properties  kms-acls.xml               mapred-site.xml.template
hadoop-metrics.properties   kms-env.sh                 slaves
[hadoop@djt hadoop]$
```

图 2-25　进入 Hadoop 配置文件目录

在控制台输入 vi core-site.xml 命令，修改 core-site.xml 配置文件，修改的内容包括默认的文件系统、hadoop 的临时（tmp）目录、hadoop 的相关权限，具体配置如图 2-26 所示。

```
<configuration>
<property>
        <name>fs.defaultFS</name>
        <value>hdfs://djt:9000</value>
</property>
<property>
        <name>hadoop.tmp.dir</name>
        <value>file:/home/hadoop/data/tmp</value>
</property>
<property>
        <name>hadoop.proxyuser.hadoop.hosts</name>
        <value>*</value>
</property>
<property>
        <name>hadoop.proxyuser.hadoop.groups</name>
        <value>*</value>
</property>
</configuration>
```

图 2-26　修改 core-site.xml 配置文件

在控制台输入 vi hdfs-site.xml 命令，修改 hdfs-site.xml 配置文件，修改的内容包括元数据存储目录、数据存储目录、副本个数、HDFS 权限，具体配置如图 2-27 所示。

```
<configuration>
<property>
        <name>dfs.namenode.name.dir</name>
        <value>/home/hadoop/data/dfs/name</value>
        <final>true</final>
</property>
<property>
        <name>dfs.datanode.data.dir</name>
        <value>/home/hadoop/data/dfs/data</value>
        <final>true</final>
</property>
<property>
        <name>dfs.replication</name>
        <value>1</value>
</property>
<property>
        <name>dfs.permissions</name>
        <value>false</value>
</property>
</configuration>
```

图 2-27　修改 hdfs-site.xml 配置文件

在控制台输入 vi hadoop-env.sh 命令，修改 hadoop-env.sh 配置文件，配置 JAVA_HOME（即 JDK 的安装目录），具体操作如图 2-28 所示。

```
# The java implementation to use.
export JAVA_HOME=/usr/java/jdk
```

图 2-28　修改 hadoop-env.sh 配置文件

在控制台输入 vi mapred-site.xml 命令，修改 mapred-site.xml 配置文件，配置 mapreduce 的运行框架，具体操作如图 2-29 所示。

```
<configuration>
    <property>
        <name>mapreduce.framework.name</name>
        <value>yarn</value>
    </property>
</configuration>
```

图 2-29　修改 mapred-site.xml 配置文件

在控制台输入 vi yarn-site.xml 命令，修改 yarn-site.xml 配置文件，配置 mapreduce 在 YARN 上运行的辅助服务，具体操作如图 2-30 所示。

```
<configuration>
<!-- Site specific YARN configuration properties -->
    <property>
        <name>yarn.nodemanager.aux-services</name>
        <value>mapreduce_shuffle</value>
    </property>
</configuration>
```

图 2-30　修改 yarn-site.xml 配置文件

在控制台输入 vi slaves 命令，修改 slaves 配置文件，配置 DataNode 所在节点的主机名，具体操作如图 2-31 所示。

```
[hadoop@djt hadoop]$ vi slaves
djt
~
```

图 2-31　修改 slaves 配置文件

创建 Hadoop 2.6.0 软链接（相当于别名，类似于 Windows 的快捷方式），具体操作如图 2-32 所示。

```
[hadoop@djt app]$ ls
hadoop-2.6.0  hadoop-2.6.0.tar.gz  jdk  jdk1.7.0_79  jdk
[hadoop@djt app]$ ln -s hadoop-2.6.0 hadoop
[hadoop@djt app]$ ls
hadoop  hadoop-2.6.0  hadoop-2.6.0.tar.gz  jdk  jdk1.7.0
[hadoop@djt app]$
```

图 2-32　创建软链接

在控制台输入 vi ~/.bashrc 命令，配置 Hadoop 环境变量，具体配置如图 2-33 所示。

```
# User specific aliases and functions
JAVA_HOME=/home/hadoop/app/jdk
HADOOP_HOME=/home/hadoop/app/hadoop
CLASSPATH=.:$JAVA_HOME/lib/dt.jar:$JAVA_HOME/lib/tools.jar
PATH=$JAVA_HOME/bin:HADOOP_HOME/bin:$PATH
export JAVA_HOME CLASSPATH PATH HADOOP_HOME
```

图 2-33　配置环境变量

通过 source 命令使得配置文件生效，具体操作如图 2-34 所示。

```
[hadoop@djt hadoop]$ source ~/.bashrc
[hadoop@djt hadoop]$
```

图 2-34　使配置文件生效

创建 Hadoop 相关数据目录，具体操作如图 2-35 所示。

```
[hadoop@djt ~]$ ls
app
[hadoop@djt ~]$ mkdir -p data/tmp
[hadoop@djt ~]$ mkdir -p data/dfs/name
[hadoop@djt ~]$ mkdir -p data/dfs/data
[hadoop@djt ~]$ ls
app  data
[hadoop@djt ~]$
```

图 2-35　创建数据目录

在控制台输入 bin/hadoop namenode –format 命令格式化 NameNode（HDFS 文件系统中用于存储和管理元数据信息的组件），具体操作如图 2-36，图 2-37 所示。

```
[hadoop@djt hadoop]$ bin/hadoop namenode -format
DEPRECATED: Use of this script to execute hdfs command is deprecated.
Instead use the hdfs command for it.

17/06/16 04:20:30 INFO namenode.NameNode: STARTUP_MSG:
/************************************************************
STARTUP_MSG: Starting NameNode
STARTUP_MSG:   host = djt/192.168.80.138
STARTUP_MSG:   args = [-format]
STARTUP_MSG:   version = 2.6.0
```

图 2-36　开始格式化 namenode

```
17/06/16 04:20:35 INFO namenode.NNConf: ACLs enabled? false
17/06/16 04:20:35 INFO namenode.NNConf: XAttrs enabled? true
17/06/16 04:20:35 INFO namenode.NNConf: Maximum size of an xattr: 16384
17/06/16 04:20:35 INFO namenode.FSImage: Allocated new BlockPoolId: BP-378
17/06/16 04:20:35 INFO common.Storage: Storage directory /home/hadoop/data
17/06/16 04:20:35 INFO namenode.NNStorageRetentionManager: Going to retain
17/06/16 04:20:35 INFO util.ExitUtil: Exiting with status 0
17/06/16 04:20:35 INFO namenode.NameNode: SHUTDOWN_MSG:
/************************************************************
SHUTDOWN_MSG: Shutting down NameNode at djt/192.168.80.138
************************************************************/
```

图 2-37　格式化 namenode 完成

在控制台输入启动命令：sbin/start-all.sh，启动 Hadoop 伪分布式集群，如图 2-38 所示。

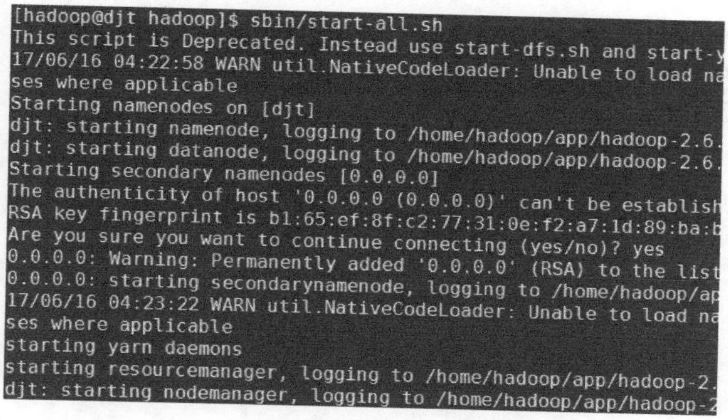

图 2-38　启动 Hadoop 伪分布式集群

通过 jps 命令查看 Hadoop 的启动进程，具体操作如图 2-39 所示。

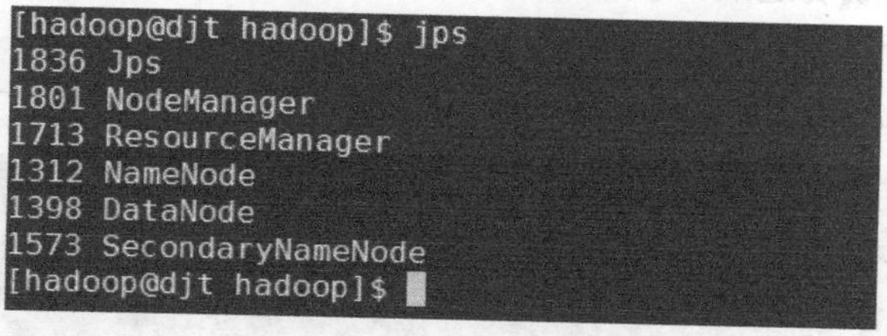

图 2-39　查看 Hadoop 启动进程

通过图 2-39 可以看出，Hadoop 伪分布式集群的进程都正常启动，如果需要关闭 Hadoop 伪分布集群可以使用 stop-all.sh 脚本。

在浏览器中输入 192.168.80.138（或者 djt）:50070 地址可以查看 HDFS 的 Web 界面，如图 2-40 所示。可以查看 HDFS 文件系统上存储的目录和文件等信息。

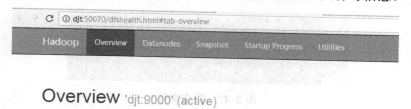

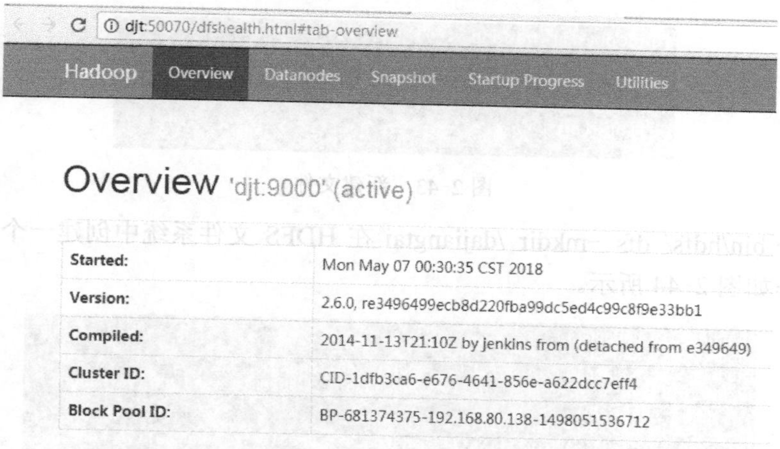

图 2-40　HDFS Web 界面

在浏览器中输入 192.168.80.138:8088 地址可以查看 YARN Web 界面，如图 2-41 所示。用户可以查看作业执行的状态和进度等信息。

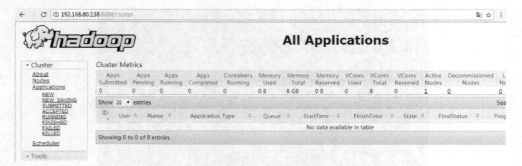

图 2-41　YARN Web 界面

2.2.7　测试运行 Hadoop 集群

Hadoop 环境安装成功之后，接下来可以运行 Hadoop 自带的 WordCount 程序，来检测一下 Hadoop 集群是否正常运行。

首先使用命令 bin/hdfs dfs -ls / 查看 HDFS 目录，具体操作如图 2-42 所示。

图 2-42　查看 HDFS 文件目录

第一次使用 HDFS，HDFS 目录里面没有任何目录和文件，接下来先在本地创建一个 djt.txt（资源路径：第 2 章/2.2/数据集/djt.txt）文件并输入以下内容（文件名可以任意输入，文件内容也可以输入任何字符，也可以直接使用随书提供的数据集），具体操作如图 2-43 所示。

图 2-43　新建文件

使用命令 bin/hdfs/ dfs -mkdir /dajiangtai 在 HDFS 文件系统中创建一个 dajiangtai 目录，具体操作如图 2-44 所示。

图 2-44　创建 HDFS 文件目录

使用命令 bin/hdfs dfs –put djt.txt /dajiangtai 将 djt.txt 文件上传至 dajiangtai 目录，具体操作如图 2-45 所示。

图 2-45　上传文件

运行 Hadoop 自带的 WordCount 程序，具体操作如图 2-46 所示。

图 2-46　运行 WordCount

通过命令"bin/hdfs dfs –cat /dajiangtai/output/*"查看 WordCount 运行结果，如图 2-47 所示。

图 2-47　Shell 命令查看运行结果

从显示结果可以看到已经统计出输入文件 djt.txt 中 dajiangtai 这个单词出现了 3 次。

也可以通过 Web 界面查看运行结果，如图 2-48 所示。在输出目录/dajiangtai/output 下可以看到两个文件，_SUCCESS 文件为空，只是 MapReduce 作业（即 WordCount 代码）运行成功的一个标志，part-r-00000 文件才是 MapReduce 作业最终的运行结果，单击下载 part-r-00000 即可查看，结果和图 2-47 相同。

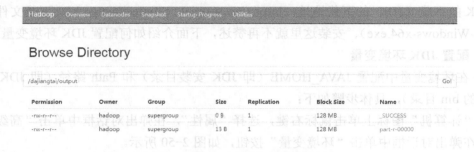

图 2-48　Web 界面查看运行结果

通过 Web 界面也可以查看到 MapReduce 作业运行情况，如图 2-49 所示。从图中可以看到当前作业的 State（状态）标记为 FINISHED（已完成），FinalStatus（最终状态）标记为 SUCCEEDED（已成功），表示该 MapReduce 作业已经运行成功。

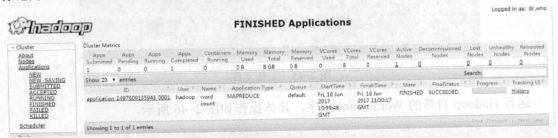

图 2-49　Web 界面查看 MapReduce 运行结果

如果 WordCount 测试运行没有问题，说明 Hadoop 伪分布式集群已经搭建成功！

2.3 搭建 MyEclipse 开发环境

前面已经搭建了一个伪分布模式的 Hadoop 运行环境，接下来还要搭建一个基于 MyEclipse IDE 的 Hadoop 开发环境。由于大家习惯选择在 Windows 上开发代码，所以下面选择在 Windows 操作系统上安装 MyEclipse。

2.3.1 JDK 的安装配置

由于 Java 代码的开发需要 Java 相关开发工具及 Java 运行环境，所以首先需要安装 JDK 并配置 JDK 环境变量。

1. JDK 的安装

如果 JDK 已经安装成功，这里可以直接跳过 JDK 安装。

注意：搭建运行环境时使用的是 64 位 Windows 系统，所以需要对应下载安装 64 位的 JDK。如果使用 32 位 Windows 系统，那么就需要下载安装 32 位的 JDK。

JDK 的下载（JDK 的下载地址：https://www.oracle.com/technetwork/，下载文件为：jdk-7u3-Windows-x64.exe）、安装这里就不再赘述，下面介绍如何配置 JDK 环境变量。

2. 配置 JDK 环境变量

1）在环境变量中配置 JAVA_HOME（即 JDK 安装目录）和 Path 路径（即 JDK 安装目录下的 bin 目录），具体步骤如下：

在"计算机"图标上单击鼠标右键，选择"属性"，在弹出对话框中单击"高级"选项卡，在弹出对话框中单击"环境变量"按钮，如图 2-50 所示。

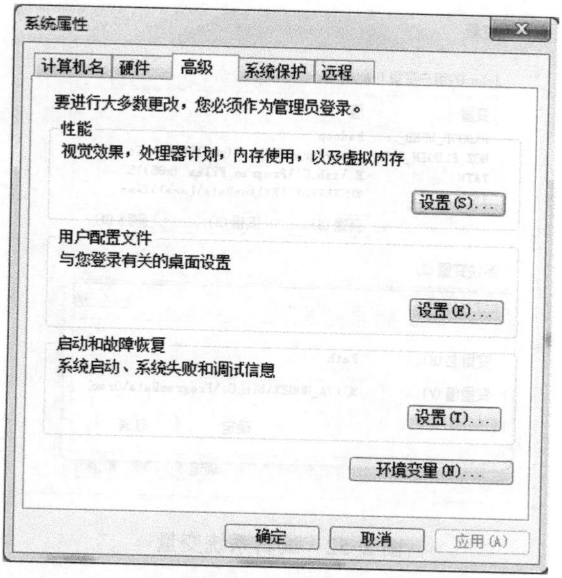

图 2-50 系统属性

在"环境变量"对话框中选择 JAVA_HOME 系统变量(如果没有,就单击"新建"按钮在弹出的"新建系统变量"对话框中的"变量名"框中输入"JAVA_HOME"创建该系统变量),然后单击"编辑"按钮,在弹出的"编辑系统变量"对话框中修改"变量值"和自己 JDK 的安装目录一致,如图 2-51 所示。

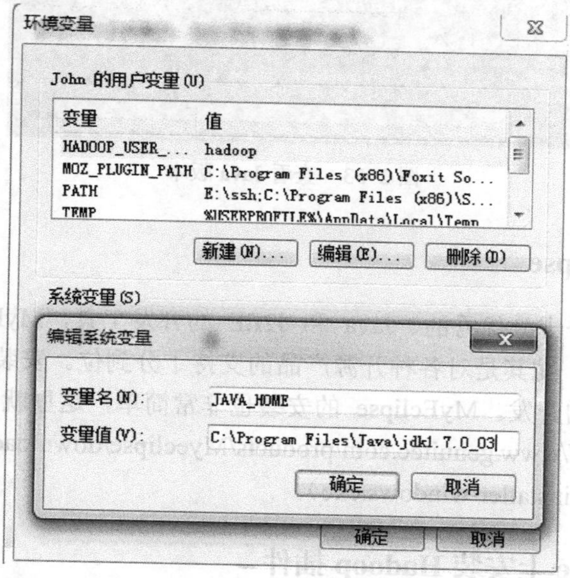

图 2-51 系统变量

修改 Path 系统变量,在变量值中添加 JDK 安装目录的 bin 目录,如图 2-52 所示。

图 2-52 编辑系统变量

2）验证 JDK 是否安装成功。

执行完上述操作后，查看 Java 版本，如果出现如图 2-53 所示的结果说明 JDK 配置成功。如果查看不到 Java 版本，则要再次检查一下 Java 环境变量的配置，一定要保证 Java 环境变量配置正确。

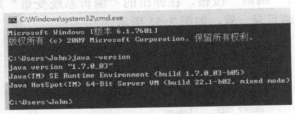

图 2-53 查看 Java 版本

2.3.2 安装 MyEclipse

MyEclipse 是一个十分优秀的、Java 和 J2EE 的开发工具，MyEclipse 的功能非常强大，支持也十分广泛，尤其是对各种开源产品的支持十分到位。安装 MyEclipse 主要目的也是为了 Java 代码的开发。MyEclipse 的安装也非常简单，这里就不再赘述（MyEclipse 下载地址为：http://www.genuitec.com/products/Myeclipse/download/，下载文件为：myeclipse-10.0-offline-installer-windows.exe）。

2.3.3 在 MyEclipse 上安装 Hadoop 插件

安装完成 MyEclipse 之后，需要在 MyEclipse 上安装 Hadoop 插件。这样在创建 MapReduce 项目时可以自动导入 Hadoop 相关的依赖包，还可以在 MyEclipse 上查看 HDFS 文件系统的列表。本书以 Hadoop 2.6.0 版本的插件为例（实际上，用其他版本和 2.6.0 版本方法一样，注意版本一致就行）进行介绍。

1. 下载 Hadoop 插件

下载 Hadoop 2.6.0 版本的插件hadoop-eclipse-plugin-2.6.0.jar（资源路径：第 2 章/2.3/安装包/Hadoop 插件），然后将插件存放到 MyEclipse/dropins 目录下，如图 2-54 所示。

图 2-54　MyEclipse/dropins 目录

2. 重启 MyEclipse
3. 配置 Hadoop 安装路径

如果插件安装成功，打开 Windows—Preferences 后，在窗口左侧会有 Hadoop Map/Reduce 选项，单击此选项，在窗口右侧设置 Hadoop 安装路径，如图 2-55 所示。

Hadoop 不同版本在 Windows 下需要安装相应补丁文件：

对于 Hadoop 2.6.0 版本：如果 Windows 下安装的是 64 位 JDK，需下载 Hadoop 2.6.0 64 位版 Windows 运行包（资源路径：第 2 章/2.3/安装包/hadoop 2.6.0 64 位版 Windows 运行包）。

解压下载的补丁，将里面 hadoop.dll 和 winutils.exe 两个文件放到 Hadoop 安装目录下，比如：D:\hadoop-2.6.0\bin，安装包的名称不一定要和课程一样（Hadoop 安装包需要提前下载到 Windows 系统下）。

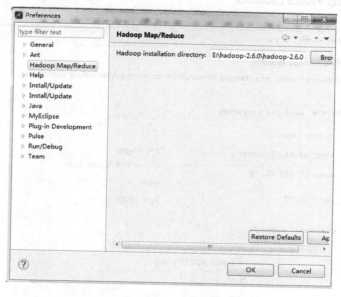

图 2-55　配置 Hadoop 安装路径

与此同时，还需要将 hadoop.dll 和 winutils.exe 这两个文件放入到 C:\Windows\System32

目录下。

4. 配置 Map/Reduce Locations

1）打开 Windows—Show View—Other。

2）选择 Map/Reduce Locations，单击"OK"按钮，如图 2-56 所示。

3）单击 Map/Reduce Location 选项卡，单击右边"小象图标"，如图 2-57 所示，打开 Hadoop Location 配置窗口；在此配置窗口中，输入 Location Name，任意名称即可，本处输入名称为 djt。配置 Map/Reduce Master 和 DFS Master，Host 和 Port 配置成与 core-site.xml 的设置一致即可，如图 2-58 所示。

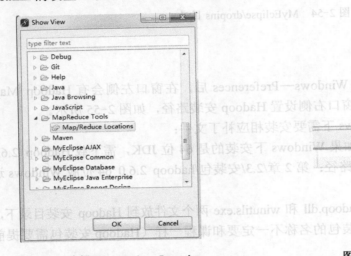

图 2-56 选择 Map/Reduce Locations

图 2-57 单击右边小象图标

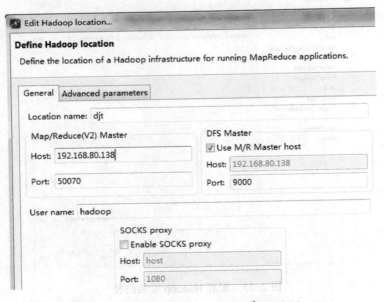

图 2-58 配置 Map/Reduce Master 和 DFS Master

4）在上面配置 Host 的时候，需要添加一条 hostname 的解析。在 Windows 下，以管理员的身份打开 C:\Windows\System32\drivers\etc\hosts 文件，如图 2-59 所示。

图 2-59　打开 HOSTS 文件

在文件中末尾添加"192.168.80.138　djt"，即 IP 地址和对应的主机名，设置 IP 地址和主机名之间的映射关系，这就意味着接下来的操作就可以用主机名来替代 IP 地址，避免记录 IP 地址的麻烦，如图 2-60 所示。

5）单击"Finish"按钮，关闭配置窗口。

6）单击左侧的 DFS Locations_djt（上一步配置的 Location Name），如果连接成功，在 Project Explorer 的 DFS Locations 下会展现 HDFS 集群中的文件，如图 2-61 所示。

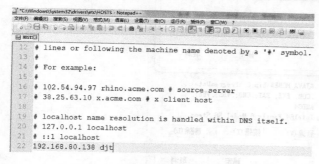

图 2-60　HOSTS 文件配置

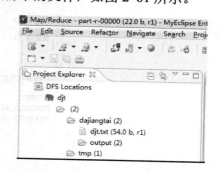

图 2-61　HDFS 集群中的文件

2.3.4　Hadoop 环境配置

接下来，在 Windows 下配置 Hadoop 环境变量。

在"计算机"图标上右击鼠标，选择"属性"，在弹出对话框中单击"高级系统设置",在弹出对话框中单击"环境变量"按钮,如图 2-62 所示。

在弹出的对话框中选择 HADOOP_HOME 系统变量(如果没有,就单击"新建"按钮,在弹出的对话框中的"变量名"框中输入"HADOOP_HOME"创建该系统变量),然后单击"编辑"按钮,在弹出的对话框中修改"变量值"和自己 Hadoop 的安装目录一致,如图 2-63 所示。

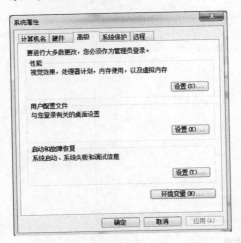 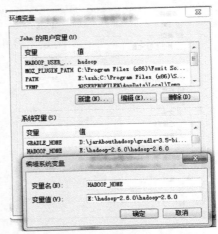

图 2-62 Hadoop 环境变量-系统属性　　图 2-63 Hadoop 环境变量-(编辑 HADOOP_HOME)系统变量

修改 Path 系统变量,变量值和变量名如图 2-64 所示。

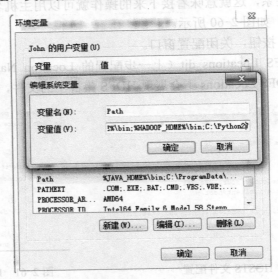

图 2-64 Hadoop 环境变量-编辑 Path 系统变量

2.3.5 构建 MapReduce 项目

通过以下几个步骤就可以轻松构建 MapReduce 项目。

1)首先打开 MyEclipse,选择 File-New-Other 命令,之后出现如图 2-65 所示的"New_Select a wizard"对话框。

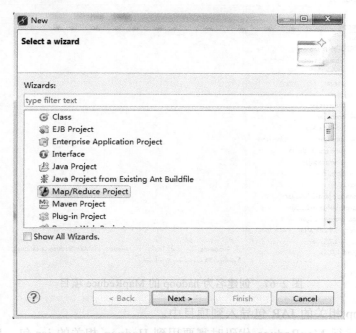

图 2-65 打开"Select a Wizard"对话框

2)选中"Map/Reduce Project"选项,单击"Next"按钮,打开如图 2-66 所示的"New MapReduce Project Wizard"对话框。

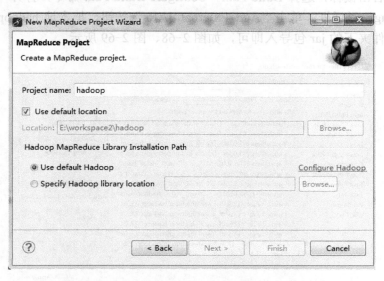

图 2-66 "New MapReduce Project Wizard"对话框

3)在 Project name 后面输入项目名称,比如 hadoop,单击"Finish"按钮完成

MapReduce 项目的创建，如图 2-67 所示。

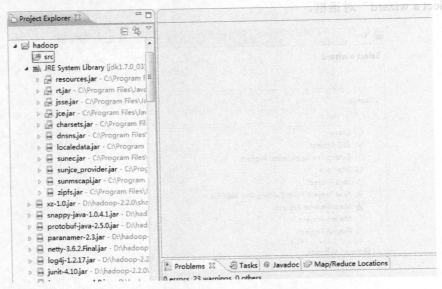

图 2-67　创建名为 hadoop 的 MapReduce 项目

4）把 Hadoop 相关的 JAR 包导入到项目中。

由于在开发运行 MapReduce 代码时需要用到 Hadoop 相关的 jar 包，所以需要首先导入 Hadoop 相关的 jar 包。

那么怎么导入 JAR 包？导入哪些 JAR 包呢？如下所示。

选中项目右击鼠标，选择 Build Path—Configure Build Path 命令，打开"Properties for HadoopTeaching"对话框；单击"Add External JARs"按钮，把本地 hadoop/share/hadoop 目录下相应文件夹下的 jar 包导入即可，如图 2-68、图 2-69 所示。

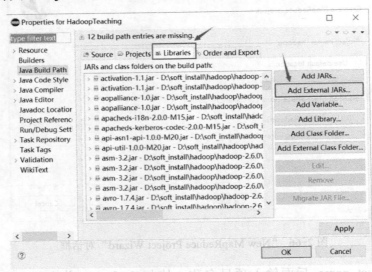

图 2-68　导入 jar 包

34

图 2-69 hadoop/share/hadoop 目录

5）开发 MapReduce 程序。

在 src 目录下创建一个名为 com.hadoop.test 的包，然后编写一个 MapReduce 示例程序 WordCount（该程序主要作用是统计数据文件中每个单词出现的次数），也可以直接从 Hadoop 官网下载完整的 WordCount 代码（资源路径：第 2 章/2.3/代码/WordCount-java），如图 2-70 所示。

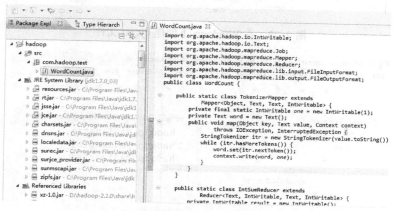

图 2-70 MapReduce 示例程序 WordCount

这里需要下载 log4j.properties 文件（资源路径：第 2 章/2.3/配置文件/log4j.properties）并放到 src 目录下，这样程序运行时可以打印日志，便于调试程序。

6）上传创建的文件。

将自己创建的 djt.txt 文件（资源路径：第 2 章/2.3/数据集/djt.txt）上传至 HDFS 文件系统的 /dajiangtai 目录下。

将 djt.txt 文件上传至 HDFS 有两种方式：

第一种方式：在 Hadoop 集群下创建一个 djt.txt 文件，然后通过命令行将 djt.txt 文件上传至 HDFS 的 /dajiangtai 目录下，如图 2-71 所示。

图 2-71 通过命令行将 djt.txt 文件上传至 HDFS

第二种方式：在 Windows 下创建 djt.txt 文件，通过 MyEclipse 连接 HDFS，然后选中 dajiangtai 目录右击鼠标，会出现 Upload files to HDFS 选项，最后选中本地的 djt.txt 文件上传至/dajiangtai 目录下，如图 2-72、图 2-73 所示。

图 2-72　在 Windows 下创建 djt.txt 文件

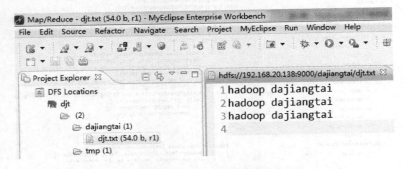

图 2-73　将本地的 djt.txt 文件上传至/dajiangtai 目录

7）选中 MyEclipse 中的 WordCount 程序右击鼠标，选择"Run as"，接着选择"Run Configurations"，然后配置 WordCount 主类，如图 2-74 所示。配置输入路径和输出路径，如图 2-75 所示。

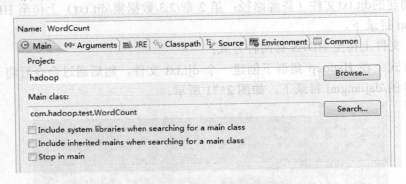

图 2-74　Run Configurations

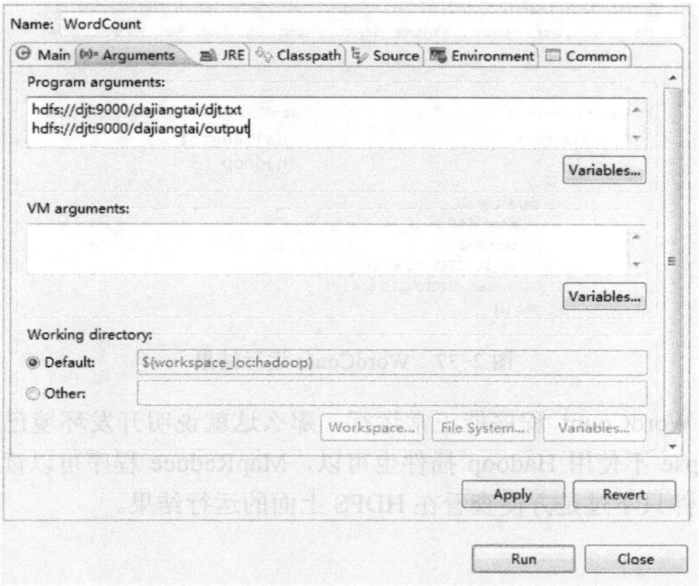

图 2-75　Run Configurations Arguments

8）在 MyEclipse 的输出控制台中可以看到计数器显示结果，如图 2-76 所示。从图中可以看到文件输入格式计数器统计读取字节个数为 54 个，文件输出格式计数器写入的字节个数为 22 个。

```
                Reduce input records=0
                Reduce output records=2
                Spilled Records=12
                Shuffled Maps =1
                Failed Shuffles=0
                Merged Map outputs=1
                GC time elapsed (ms)=0
                CPU time spent (ms)=0
                Physical memory (bytes) snapshot=0
                Virtual memory (bytes) snapshot=0
                Total committed heap usage (bytes)=500957184
        Shuffle Errors
                BAD_ID=0
                CONNECTION=0
                IO_ERROR=0
                WRONG_LENGTH=0
                WRONG_MAP=0
                WRONG_REDUCE=0
        File Input Format Counters
                Bytes Read=54
        File Output Format Counters
                Bytes Written=22
```

图 2-76　计数器记录信息

9）在 MyEclipse 的 DFS 文件系统中，找到代码运行时指定的输出目录，打开 part-r-00000 输出文件，即可查看到 WordCount 运行结果，如图 2-77 所示。

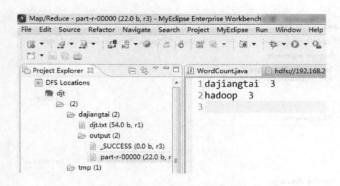

图 2-77　WordCount 运行结果

如果上面的 WordCount 程序能正常运行，那么这就说明开发环境已经搭建成功。当然大家的 MyEclipse 不使用 Hadoop 插件也可以，MapReduce 程序可以读取本地文件直接运行。Hadoop 插件只不过是方便查看在 HDFS 上面的运行结果。

本章小结

本章主要介绍了 Hadoop 伪分布集群的搭建以及 Hadoop 开发环境的搭建，主要包括防火墙配置、主机名配置、用户组创建、SSH 免密码登录以及 Hadoop 安装、配置与测试，以及 MyEclipse 软件的安装和配置，接下来就可以利用开发工具，根据不同的业务场景构建开发不同的 MapReduce 项目并在 Hadoop 伪分布式集群上运行了。

本章习题

1. Hadoop 的运行模式有哪些？分别有什么特点？
2. 永久关闭防火墙的方法是什么？
3. Hadoop 伪分布式集群的搭建需要配置哪些 Hadoop 配置文件？
4. Hadoop 伪分布式集群启动成功之后有哪些守护进程？

第 3 章　HDFS 分布式文件系统

学习目标
- 理解 HDFS 架构原理及核心概念
- 熟练掌握 HDFS Shell 和 API 操作
- 理解 HDFS 新特性 HA

Hadoop 是一个由 Apache 基金会所开发的分布式系统基础架构。用户可以在不了解分布式底层细节的情况下，轻松实现大规模数据的分布式存储和分布式程序的快速开发，充分利用集群的威力进行大数据的高速存储和运算。其中 Hadoop 分布式文件系统（HDFS）扮演着非常重要的大数据存储作用，它以文件的形式为上层应用提供海量数据存储服务，并实现了高可靠性、高容错性、高可扩展性等特点。本章将具体介绍 HDFS 分布式文件系统，让读者对 HDFS 有一个全面深入的认识。

3.1　HDFS 体系结构详解

3.1.1　什么是文件系统

文件系统是操作系统提供的、用于解决"如何在磁盘上组织文件"的一系列方法和数据结构。用户不用关心文件具体在磁盘上是如何存放的，只需要能够熟练掌握类似于指定文件的存储路径、往哪个路径下的文件写数据、从哪个路径下读取文件数据等基本的文件系统操作就可以了。

3.1.2　什么是分布式文件系统

当文件比较大，即文件中数据存储所需空间大于本机磁盘空间时，该如何处理呢？

一是增加本机的磁盘空间，但是加到一定程度就有限制了。

二是增加机器数量，用共享目录的方式提供远程网络化的存储，这种方式就可以理解为分布式文件系统的雏形，就是把同一文件切分之后放入不同的机器中，空间不足了还可继续增加机器，这就能够突破本机存储空间的限制。但是这种方式还是有以下很多问题的。

1. 单机负载可能极高

例如某个文件用来存储热门数据，很多用户需要经常读取这个文件，那么就使得此文件所在机器的访问压力极高。这就涉及数据文件该如何切分和存储的问题。

2. 数据不安全

如果某个文件所在机器出现故障，那么这个文件就不能被访问，所以可靠性很差。这就涉及如何保证数据安全性或可靠性的问题。

3. 文件整理困难

例如用户想把一些文件的存储位置进行调整，那么就需要查看目标机器的存储空间是否够用，并且需要用户自己维护文件的存储位置。如果机器非常多，还需要考虑多台机器组成的分布式环境的底层通信问题，那么操作就极为复杂。这就涉及如何保证数据文件的高效管理和高可用性的问题。

为了解决上述问题，分布式文件系统应运而生，分布式文件系统是指利用多台计算机协同作用解决单台计算机所不能解决的存储问题的文件系统。

总之，要想设计一个高可用的、高可靠的、高容错的、高可扩展的分布式文件系统还是有很大难度的。恰好，HDFS 就是这么一种专门用来解决大数据存储的、具有高可用性、高可靠性、高容错性、高可扩展性等特点的分布式文件系统。那么，接下来就深入介绍 HDFS 分布式文件系统，了解 HDFS 到底是如何巧妙地解决分布式文件系统的相关问题，从而轻松实现大规模数据的分布式存储的。

3.1.3 HDFS 分布式文件系统概述

1. HDFS 的概念

HDFS（Hadoop Distributed File System）是 Hadoop 项目的核心子项目，是分布式计算中数据存储管理的基础，是基于流式数据访问和处理超大文件的需求而开发的分布式文件系统。整个系统可以运行在由廉价的商用服务器组成的集群之上，它所具有的高容错性、高可靠性、高可扩展性、高获得性、高吞吐率等特征为海量数据提供了不怕故障的存储，给超大数据集的应用处理带来了很多便利。

2. HDFS 产生的背景

随着数据量的不断增大，导致数据在一个操作系统管辖的范围内存储不下，那么为了存储这些大规模数据，就需要将数据分配到更多操作系统管理的磁盘中存储，但是这样处理会导致数据的管理和维护很不方便，所以就迫切需要一种系统来管理和维护多台机器上的数据文件，实际上这种系统就是分布式文件管理系统。而 HDFS 只是分布式文件管理系统中的一种。那么 HDFS 是如何解决大规模数据存储中的各种问题呢？首先来看一下 HDFS 的设计理念。

3. HDFS 的设计理念

HDFS 的设计理念来源于非常朴素的思想：即当数据文件的大小超过单台计算机的存储能力时，就有必要将数据文件切分并存储到由若干台计算机组成的集群中，这些计算机通过网络进行连接，而 HDFS 作为一个抽象层架构在集群网络之上，对外提供统一的文件管理功能，对于用户来说就感觉像在操作一台计算机一样，根本感受不到 HDFS 底层的多台计算机。而且 HDFS 还能够很好地容忍节点故障且不丢失任何数据。

下面来看一下 HDFS 的核心设计目标：

(1) 支持超大文件存储

支持超大文件存储是 HDFS 最基本的职责所在。

这里的"超大文件"指：根据目前的技术水平，数据文件的大小可以达到 TB（1TB=1024GB）、PB（1PB=1024TB）级别。随着未来技术水平的发展，数据文件的规模还可以更大。

(2) 流式数据访问

流式数据访问是 HDFS 选择的最高效的数据访问方式。

流式数据访问可以简单理解为：读取数据文件就像打开水龙头一样，可以不停地读取。因为 HDFS 上存储的数据集通常是由数据源生成或者从数据源收集而来，接着会长时间地在此数据集上进行各种分析，而且每次分析都会涉及该数据集的大部分甚至全部数据，所以每次读写的数据量都很大，因此对整个系统来说读取整个数据集所需要的时间要比读取第一条记录所需时间更重要，即 HDFS 更重视数据的吞吐量，而不是数据的访问时间。所以 HDFS 选择采用一次写入、多次读取的流式数据访问模式，而不是随机访问模式。

(3) 简单的一致性模型

在 HDFS 中，一个文件一旦经过创建、写入、关闭之后，一般就不需要再进行修改。这样就可以简单地保证数据的一致性。

(4) 硬件故障的检测和快速应对

通过大量普通硬件构成的集群平台中，硬件出现故障是常见的问题。一般的 HDFS 系统是由数十台甚至成百上千台存储着数据文件的服务器组成，这么多的服务器就意味着高故障率，但是 HDFS 在设计之初已经充分考虑到这些问题，认为硬件故障是常态而不是异常，所以如何进行故障的检测和快速自动恢复也是 HDFS 的重要设计目标之一。

总之，HDFS 能够很好地运行在廉价的硬件集群之上，以流式数据访问模式来存储管理超大数据文件。这也是 HDFS 成为大数据领域使用最多的分布式存储系统的主要原因。

4．HDFS 系统架构

一个完整的 HDFS 文件系统通常运行在由网络连接在一起的一组计算机（或者叫节点）组成的集群之上，在这些节点上运行着不同类型的守护进程，比如 NameNode、DataNode、SecondaryNameNode，多个节点上不同类型的守护进程相互配合，互相协作，共同为用户提供高效的分布式存储服务。HDFS 的系统架构如图 3-1 所示。

整个 HDFS 系统架构是一个主从的架构。一个典型的 HDFS 集群中，通常会有一个 NameNode，一个 SecondaryNameNode 和至少一个 DataNode，而且 HDFS 客户端的数量也没有限制。

HDFS 主要是为了解决大规模数据的分布式存储问题，那么这些数据到底是存储在哪里呢？实际上是把数据文件切分成数据块（Block）然后均匀地存放在运行 DataNode 守护进程的节点中。那么怎么来管理这些 DataNode 节点统一对外提供服务呢？实际上是由 NameNode 来集中管理的，SecondaryNameNode 又起到什么作用呢？它们又是如何协同服务呢？接下来详细地来了解一下 HDFS 架构的核心概念。

（1）NameNode

NameNode 也被称为名字节点或管理节点或元数据节点，是 HDFS 主从架构中的主节点，相当于 HDFS 的大脑，它管理文件系统的命名空间，维护着整个文件系统的目录树以及目录树中的所有子目录和文件。

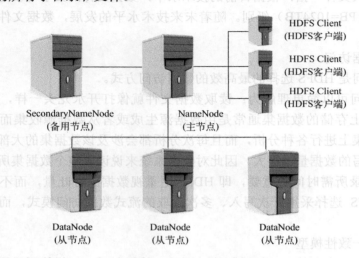

图 3-1 HDFS 系统架构

这些信息还以两个文件的形式持久化保存在本地磁盘上，一个是命名空间镜像 FSImage（File System Image），也称为文件系统镜像，主要用来存储 HDFS 的元数据信息，是 HDFS 元数据的完整快照。每次 NameNode 启动的时候，默认都会加载最新的命名空间镜像文件到内存中。

还有一个文件是命名空间镜像的编辑日志（Edit Log），该文件保存用户对命名空间镜像的修改信息。

（2）SecondaryNameNode

SecondaryNameNode 也被称为从元数据节点，是 HDFS 主从架构中的备用节点，主要用于定期合并命名空间镜像（FSImage）和命名空间镜像的编辑日志（Edit Log），是一个辅助 NameNode 的守护进程。在生产环境下，SecondaryNameNode 一般会单独地部署到一台服务器上，因为 SecondaryNameNode 节点在进行两个文件合并时需要消耗大量资源。

那么为什么 SecondaryNameNode 要辅助 NameNode 定期地合并 FSImage 文件和 Edit Log 文件呢？

FSImage 文件实际上是 HDFS 文件系统元数据的一个永久性检查点（CheckPoint），但也并不是每一个写操作都会更新到这个文件中，因为 FSImage 是一个大型文件，如果频繁地执行写操作，会导致系统运行极其缓慢。那么该如何解决呢？解决方案就是 NameNode 将命名空间的改动信息写入命名空间的编辑日志（Edit Log），但是随着时间的推移，Edit Log 文件会越来越大，一旦发生故障，那么将需要花费很长的时间进行回滚操作，所以可以像传统的关系型数据库一样，定期地合并 FSImage 和 Edit Log，但是如果由

NameNode 来做合并操作，由于 NameNode 在为集群提供服务的同时可能无法提供足够的资源，所以为了彻底解决这一问题，SecondaryNameNode 就应运而生了。SecondaryNameNode 和 NameNode 的交互过程如图 3-2 所示。

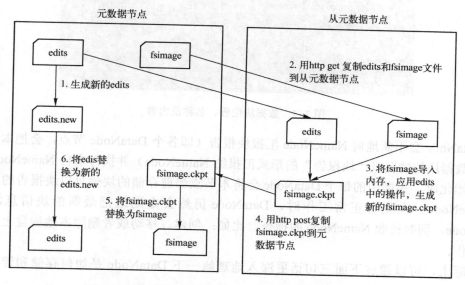

图 3-2　SecondaryNameNode 和 NameNode 的交互过程

1）SecondaryNameNode（即从元数据节点）引导 NameNode（即元数据节点）滚动更新编辑日志，并开始将新的编辑日志写进 edits.new。

2）SecondaryNameNode 将 NameNode 的 fsimage 文件和编辑日志 edits 文件复制到本地的检查点目录。

3）SecondaryNameNode 将 fsimage 文件导入内存，回放编辑日志 edits 文件，将其合并到 fsimage.ckpt 文件，并将新的 fsimage.ckpt 文件压缩后写入磁盘。

4）SecondaryNameNode 将新的 fsimage.ckpt 文件传回 NameNode。

5）NameNode 在接收新的 fsimage.ckpt 文件后，将 fsimage.ckpt 替换为 fsimage，然后直接加载和启用该文件。

6）NameNode 将 edits.new 更名为 edits。默认情况下，该过程一小时发生一次，或者当编辑日志达到默认值（如 64MB）也会触发。具体触发该操作的值是可以通过配置文件配置的。

（3）DataNode

DataNode 也被称为数据节点，它是 HDFS 主从架构中的从节点，它在 NameNode 的指导下完成数据的 I/O 操作。前面说过，存放在 HDFS 上的文件是由数据块组成的，所有这些块都存储在 DataNode 节点上。实际上，在 DataNode 节点上，数据块就是一个普通文件，可以在 DataNode 存储块的对应目录下看到（默认在$(dfs.data.dir)/current 的子目录下），块的名称是 blk_blkID，如图 3-3 所示。

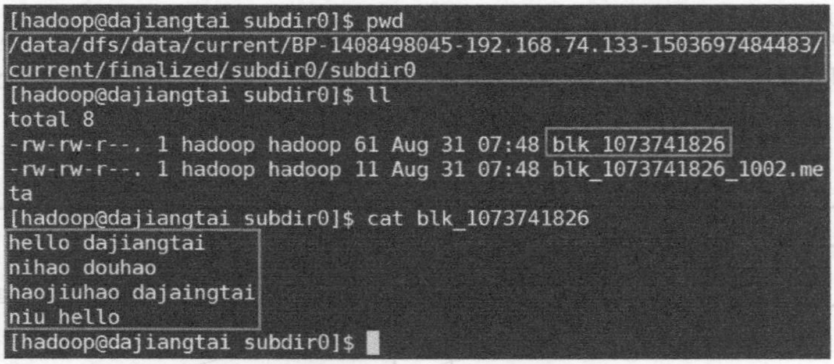

图 3-3　数据块位置、名称及内容

DataNode 会不断地向 NameNode 汇报块报告（即各个 DataNode 节点，会把本节点上存储的数据块的情况以"块报告"的形式汇报给 NameNode）并执行来自 NameNode 的指令。初始化时，集群中的每个 DataNode 会将本节点当前存储的块信息以块报告的形式告诉 NameNode。在集群正常工作时，DataNode 仍然会定期地把最新的块信息汇报给 NameNode，同时接收 NameNode 的指令，比如：创建、移动或者删除本地磁盘上的数据块等操作。

实际上，可以通过下面三句话更深入地理解一下 DataNode 是如何存储和管理数据块的。

- DataNode 节点是以数据块的形式在本地 Linux 文件系统上保存 HDFS 文件的内容，并对外提供文件数据访问功能。
- DataNode 节点的一个基本功能就是管理这些保存在 Linux 文件系统中的数据。
- DataNode 节点是将数据块以 Linux 文件的形式保存在本节点的存储系统上。

（4）HDFS 客户端

HDFS 客户端指用户和 HDFS 文件系统交互的手段，HDFS 提供了非常多的客户端，包括命令行接口、Java API、Thrift 接口、Web 界面等。

（5）数据块

磁盘也有数据块（也叫磁盘块）的概念，比如每个磁盘都有默认的磁盘块容量，磁盘块容量一般为 512 字节，这是磁盘进行数据读写的最小单位。文件系统也有数据块的概念，但是文件系统中的块的容量只能是磁盘块容量的整数倍，一般为几千字节。然而用户在使用文件系统时，比如对文件进行读写操作时，可以完全不需要知道数据块的细节，只需要知道相关的操作即可，因为这些底层细节对用户都是透明的。

HDFS 也有数据块（Block）的概念，但是 HDFS 的数据块比一般文件系统的数据块要大得多，它也是 HDFS 存储处理数据的最小单元。默认为 64MB 或 128MB（不同版本的 Hadoop 默认的块的大小不一样，Hadoop 2.x 版本以后默认数据块大小为 128MB，而且可以根据实际的需求通过配置 hdfs-site.xml 文件中的 dfs.block.size 属性来改变块的大小）。这里需要特别指出的是，和其他文件系统不同，HDFS 中小于一个块大小的文件并不会占据整个块的空间。

那么为什么 HDFS 中的数据块这么大？

之所以 HDFS 的数据块这么大是为了最小化寻址开销。因为如果块设置得足够大，从磁盘传输数据的时间可以明显大于定位到这个块开始位置所需要的时间。所以要将这个块设置得尽可能大一点，但是也不能太大，因为这些数据块最终是要供上层的计算框架处理的，如果数据块太大，那么处理整个数据块所花的时间就比较长，从而影响整体数据处理的时间，那么数据块的大小到底应该设置多少合适呢？下面举例说明。

比如寻址时间为 10ms，磁盘传输速度为 100M/s，假如寻址时间占传输时间 1%计算，那么块的大小可以设置为 100MB，如果随着磁盘驱动器传输速度的不断提升，实际上数据块的大小还可以设置的更大。

5. HDFS 的优缺点

（1）HDFS 的优点（HDFS 适合的场景）

1）高容错性。数据自动保存多个副本，HDFS 通过增加多个副本的形式，提高 HDFS 文件系统的容错性；某一个副本丢失以后可以自动恢复。

2）适合大数据处理。能够处理 GB、TB、甚至 PB 级别的数据规模；能够处理百万规模以上的文件数量；能够处理 10000 个以上节点的集群规模。

3）流式文件访问。数据文件只能一次写入，多次读取，只能追加，不能修改；HDFS 能保证数据的简单一致性。

4）可构建在廉价的机器上。HDFS 通过多副本机制，提高了整体系统的可靠性；HDFS 提供了容错和恢复机制。比如某一个副本丢失，可以通过其他副本来恢复。保证了数据的安全性和系统的可靠性。

（2）HDFS 的缺点（HDFS 不适合的场景）

1）不适合低延时数据访问。比如毫秒级别的数据响应时间，这种场景 HDFS 是很难做到的。HDFS 更适合高吞吐率的场景，就是在某一时间内写入大量的数据。

2）不适合大量小文件的存储。

如果有大量小文件需要存储，这些小文件的元数据信息的存储会占用 NameNode 大量的内存空间。这样是不可取的，因为 NameNode 的内存总是有限的；如果小文件存储的寻道时间超过文件数据的读取时间，这样也是不行的，它违反了 HDFS 大数据块的设计目标。

3）不适合并发写入、文件随机修改。一个文件只能有一个写操作，不允许多个线程同时进行写操作；仅支持数据的 append（追加）操作，不支持文件的随机修改。

6. HDFS 读数据流程

前面我们从多个角度介绍了 HDFS 分布式文件系统，相信大家应该会有一个大概的了解，接下来我们继续从 HDFS 读写数据流程的角度进一步分析 HDFS 文件读写的原理。HDFS 的文件读取流程如图 3-4 所示，主要包括以下几个步骤。

1）首先调用 FileSystem 对象的 open()方法，其实获取的是一个分布式文件系统（DistributedFileSystem）实例。

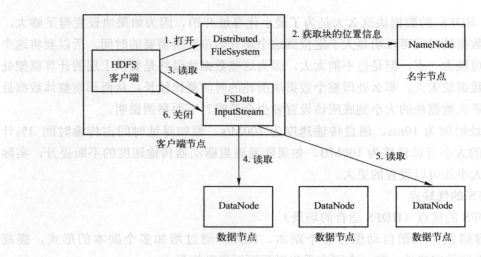

图 3-4　HDFS 的文件读取流程

2）分布式文件系统（DistributedFileSystem）通过 RPC 获得文件的第一批块（Block）的位置信息（Locations），同一个块按照重复数会返回多个位置信息，这些位置信息按照 Hadoop 拓扑结构排序，距离客户端近的排在前面。

3）前两步会返回一个文件系统数据输入流（FSDataInputStream）对象，该对象会被封装为分布式文件系统输入流（DFSInputStream）对象，DFSInputStream 可以方便地管理 DataNode 和 NameNode 数据流。客户端调用 read 方法，DFSInputStream 会找出离客户端最近的 DataNode 并连接。

4）数据从 DataNode 源源不断地流向客户端。

5）如果第一个块的数据读完了，就会关闭指向第一个块的 DataNode 的连接，接着读取下一个块。这些操作对客户端来说是透明的，从客户端的角度看来只是在读一个持续不断的数据流。

6）如果第一批块都读完了，DFSInputStream 就会去 NameNode 拿下一批块的位置信息，然后继续读，如果所有的块都读完，这时就会关闭掉所有的流。

如果在读数据的时候，DFSInputStream 和 DataNode 的通讯发生异常，就会尝试连接正在读的块的排序第二近的 DataNode，并且会记录哪个 DataNode 发生错误，剩余的块读的时候就会直接跳过该 DataNode。DFSInputStream 也会检查块数据校验和，如果发现一个坏的块，就会先报告到 NameNode，然后 DFSInputStream 在其他的 DataNode 上读该块的数据。

HDFS 读数据流程的设计就是客户端直接连接 DataNode 来检索数据，并且 NameNode 来负责为每一个块提供最优的 DataNode，NameNode 仅仅处理块的位置请求，这些信息都加载在 NameNode 的内存中，HDFS 通过 DataNode 集群可以承受大量客户端的并发访问。

7. HDFS 写数据流程

HDFS 的写数据流程如图 3-5 所示，HDFS 的写数据流程主要包括以下几个步骤。

1）客户端通过调用分布式文件系统（DistributedFileSystem）的 create()方法创建新文件。

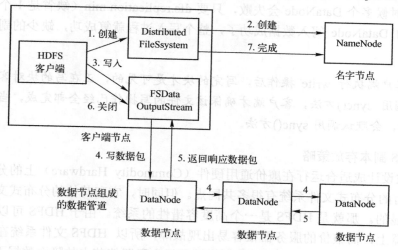

图 3-5　HDFS 的写数据流程

2）DistributedFileSystem 通过 RPC 调用 NameNode 去创建一个没有块关联的新文件，创建前，NameNode 会做各种校验，比如文件是否存在，客户端有无权限去创建等。如果校验通过，NameNode 就会记录下新文件，否则就会抛出 I/O 异常。

3）前两步结束后，会返回文件系统数据输出流（FSDataOutputStream）的对象，与读文件的时候相似，FSDataOutputStream 被封装成分布式文件系统数据输出流（DFSOutputStream）。DFSOutputStream 可以协调 NameNode 和 DataNode。客户端开始写数据到 DFSOutputStream，DFSOutputStream 会把数据切成一个个小的数据包（packet），然后排成数据队列（data quene）。

4）接下来，数据队列中的数据包首先输出到数据管道（多个数据节点组成数据管道）中的第一个 DataNode 中（写数据包），第一个 DataNode 又把数据包输出到第二个 DataNode 中，依次类推。

5）DFSOutputStream 还维护着一个队列叫响应队列（ack quene），这个队列也是由数据包组成，用于等待 DataNode 收到数据后返回响应数据包，当数据管道中的所有 DataNode 都表示已经收到响应信息的时候，这时 akc quene 才会把对应的数据包移除掉。

6）客户端完成写数据后，调用 close()方法关闭写入流。

7）客户端通知 NameNode 把文件标记为已完成。然后 NameNode 把文件写成功的结果反馈给客户端。此时就表示客户端已完成了整个 HDFS 的写数据流程。

如果在写的过程中某个 DataNode 发生错误，会采取以下步骤处理。

1）管道关闭。

2）正常的 DataNode 上正在写的块会有一个新 ID（需要和 NameNode 通信），而失败的 DataNode 上的那个不完整的块在上报心跳的时候会被删掉。

3）失败的 DataNode 会被移出数据管道，块中剩余的数据包继续写入管道中的其他两个 DataNode。

4）NameNode 会标记这个块的副本个数少于指定值，块的副本会稍后在另一个

DataNode 创建。

5) 有些时候多个 DataNode 会失败，只要 dfs.replication.min（缺省是 1 个）属性定义的指定个数的 DataNode 写入数据成功了，整个写入过程就算成功，缺少的副本会进行异步的恢复。

注意：客户端执行 write 操作后，写完的块才是可见的，正在写的块对客户端是不可见的，只有调用 sync()方法，客户端才确保该文件的写操作已经全部完成，当客户端调用 close()方法时，会默认调用 sync()方法。

8. HDFS 副本存放策略

HDFS 被设计成适合运行在廉价通用硬件（Commodity Hardware）上的分布式文件系统。它和现有的分布式文件系统有很多共同点。但同时，它和其他的分布式文件系统的区别也是很明显的。那就是 HDFS 是一个高度容错性的系统。由于 HDFS 可以部署在廉价的商用服务器上，而廉价的服务器很容易出现故障，所以 HDFS 文件系统在设计之初就充分考虑到了这个问题，它的容错性机制能够很好实现即使节点故障而数据不会丢失。这就是副本技术。

（1）副本技术概述

副本技术即分布式数据复制技术，是分布式计算的一个重要组成部分。该技术允许数据在多个服务器端共享，而且一个本地服务器可以存取不同物理地点的远程服务器上的数据，也可以使所有的服务器均持有数据的副本。

通过副本技术可以有以下优点：

1) 提高系统可靠性：系统不可避免地会产生故障和错误，拥有多个副本的文件系统不会导致无法访问的情况，从而提高了系统的可用性。另外，系统可以通过其他完好的副本对发生错误的副本进行修复，从而提高了系统的容错性。

2) 负载均衡：副本可以对系统的负载量进行扩展。多个副本存放在不同的服务器上，可有效地分担工作量，从而将较大的工作量有效地分布在不同的站点上。

3) 提高访问效率：将副本创建在访问频度较大的区域，即副本在访问节点的附近，相应减小了其通信开销，从而提高了整体的访问效率。

（2）HDFS 副本存放策略

HDFS 的副本策略实际上就是 NameNode 如何选择在哪个 DataNode 存储副本（Replication）的问题。这里需要对可靠性、写入带宽和读取带宽进行权衡。Hadoop 对 DataNode 存储副本有自己的副本策略，块副本存放位置的选择严重影响 HDFS 的可靠性和性能。HDFS 采用机架感知（Rack Awareness）的副本存放策略来提高数据的可靠性、可用性和网络带宽的利用率。

在其发展过程中，HDFS 一共有两个版本的副本策略，详情如图 3-6 所示，具体分析如下。

HDFS 运行在跨越大量机架的集群之上。两个不同机架上的节点是通过交换机实现通信的，在大多数情况下，相同机架上机器间的网络带宽优于在不同机架上的机器。

在开始的时候，每一个数据节点自检它所属的机架 ID，然后在向 NameNode 注册的时候告知它的机架 ID。HDFS 提供接口以便很容易地挂载检测机架标识的模块。一个简单但不是最优的方式就是将副本放置在不同的机架上，这就防止了机架故障时数据的丢失，并且在读数据的时候可以充分利用不同机架的带宽。这个方式均匀地将复本数据分散在集群中，这就简单地实现了组件故障时的负载均衡。然而这种方式增加了写的成本，因为写的时候需要跨越多个机架传输文件块。

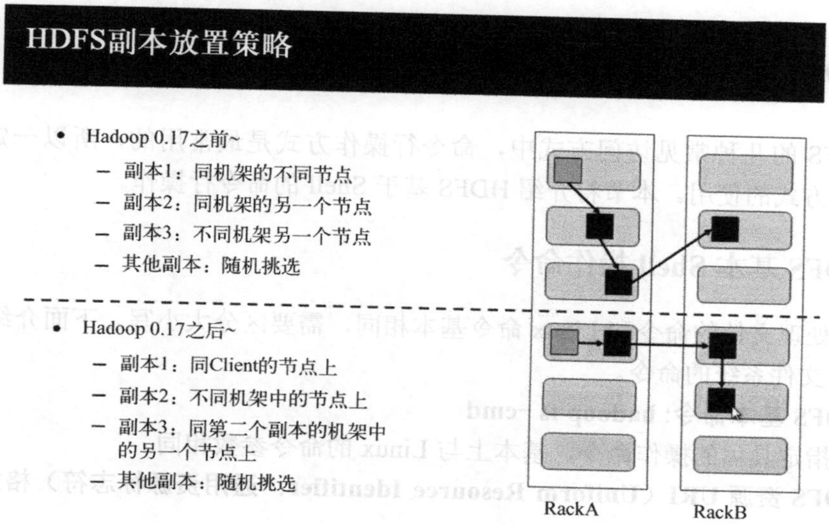

HDFS副本放置策略

- Hadoop 0.17之前~
  - 副本1：同机架的不同节点
  - 副本2：同机架的另一个节点
  - 副本3：不同机架另一个节点
  - 其他副本：随机挑选

- Hadoop 0.17之后~
  - 副本1：同Client的节点上
  - 副本2：不同机架中的节点上
  - 副本3：同第二个副本的机架中的另一个节点上
  - 其他副本：随机挑选

RackA　　RackB

图 3-6　HDFS 的副本策略

新版本的副本存放策略的基本思想是：

第一个副本存放在 Client 所在的节点上（假设 Client 不在集群的范围内，则第一个副本存储节点是随机选取的。当然系统会尝试不选择那些太满或者太忙的节点）。

第二个副本存放在与第一个节点不同机架中的一个节点中（随机选择）。

第三个副本和第二个在同一个机架，随机放在不同的节点中。

假设还有很多其他的副本就随机放在集群中的各个节点上。

具体副本数据复制流程如下：

1）当 Client 向 HDFS 文件写入数据的时候，一开始是写到本地临时文件里。

2）假设文件的副本个数设置为 3，那么当 Client 本地临时文件累积到一个数据块的大小时，Client 会从 NameNode 获取一个 DataNode 列表用于存放副本。然后 Client 开始向第一个 DataNode 中传输副本数据，第一个 DataNode 一小部分一小部分（4KB）地接收数据，将每一部分写入本地存储。并同一时间传输该部分到列表中第二个 DataNode 节点。第二个 DataNode 也是这样，一小部分一小部分地接收数据，写入本地存储。并同一时间传给第三个 DataNode 节点。最后，第三个 DataNode 接收数据并存储在本地。因此，DataNode 能流水线式地从前一个节点接收数据，并同一时间转发给下一个节点，数据以流水线的方式从前一个 DataNode 复制到下一个 DataNode。

9. HDFS 的访问方式

HDFS 提供给 HDFS 客户端多种多样的访问方式，比如命令行方式、API 方式、Web

方式等，用户可以根据不同的情况选择不同的方式。Hadoop 自带了一组命令行工具，其中有关 HDFS 的命令只是这组命令行工具集的一个子集，这和前面我们提过的 HDFS 只是 Hadoop 文件系统中的一种也是一致的，这种命令行的方式虽然是最基础的文件操作方式，但却是最常用的。尤其是对于 Hadoop 开发人员和运维人员。所以说熟练地掌握这种方式还是很有必要的。

3.2 HDFS 的 Shell 操作

在 HDFS 的几种常见访问方式中，命令行操作方式是最常用的，所以一定要熟练掌握这种访问方式的使用。本节将介绍 HDFS 基于 Shell 的命令行操作。

3.2.1 HDFS 基本 Shell 操作命令

HDFS 处理文件的命令和 Linux 命令基本相同，需要区分大小写。下面介绍 HDFS 操作分布式文件系统的命令。

1. HDFS 基本命令：hadoop fs -cmd

cmd：指定具体的操作命令，基本上与 Linux 的命令参数相同。

2. HDFS 资源 URI（Uniform Resource Identifier：通用资源标志符）格式：scheme://authority/path

HDFS 的 URI 主要用来指定 HDFS 文件系统的命名空间（相当于文件系统的目录层次结构）。单节点的 HDFS 文件系统命名空间的配置，就是指定部署 HDFS 文件系统的主机名和端口号。

scheme：指定协议名称，比如 file 或 hdfs，类似于 http。
authority：指定 NameNode 主机名和端口号。
path：指定具体文件路径。
示例：hdfs://djt:9000/middle/test.txt

注意：假设已经在 core-site.xml 里配置了 fs.default.name=hdfs://djt:9000，则直接输入 /middle/test.txt 即可。

3. 使用 Shell 操作单个 HDFS 集群

（1）创建文件夹命令：mkdir

HDFS 上的文件目录结构类似 Linux，根目录使用"/"表示。下面的命令将在/middle 目录下建立目录 weibo。

[Hadoop@djt Hadoop]$ hadoop fs -mkdir　/middle/weibo

（2）上传文件命令：put 或 copyFromLocal

使用上传文件命令上传文件 weibo.txt（资源路径：第 3 章/3.2/数据集/weibo.txt）到 weibo 目录下的命令行如下所示。

[Hadoop@djt Hadoop]$ hadoop fs -put weibo.txt /middle/weibo/

或：

[Hadoop@djt Hadoop]$ hadoop fs –copyFromLocal weibo.txt /middle/weibo/

（3）查看文件内容命令：cat 或 tail 或 text

使用查看文件内容命令查看文件 weibo.txt 的内容，命令行如下所示。

[Hadoop@djt Hadoop]$ hadoop fs –text /middle/weibo/weibo.txt
[Hadoop@djt Hadoop]$ hadoop fs –cat /middle/weibo/weibo.txt
[Hadoop@djt Hadoop]$ hadoop fs –tail /middle/weibo/weibo.txt

注意：对于压缩的结果文件只能用 –text 参数来查看，否则是乱码。

（4）文件复制命令：get 或 copyToLocal

使用文件复制命令把文件 weibo.txt 复制到本地的命令行如下所示。

[Hadoop@djt Hadoop]$ hadoop fs –get /middle/weibo/weibo.txt /home/Hadoop/data

注意：后一个目录为本地目标路径,该目录要提前存在。

[Hadoop@djt Hadoop]$ hadoop fs –copyToLocal /middle/weibo/weibo.txt /home/Hadoop/data

注意：后一个目录为本地目标路径,该目录要提前存在。

（5）删除文件命令：rm

使用 rm 命令删除文件 weibo.txt 的命令行如下所示。

[Hadoop@djt Hadoop]$ hadoop fs –rm /middle/weibo/weibo.txt

（6）删除文件夹命令：rmr

使用 rmr 命令删除文件夹/middle/weibo 的命令行如下所示。

[Hadoop@djt Hadoop]$ hadoop fs –rmr /middle/weibo

（7）显示目录下文件命令：ls。

使用 ls 命令显示/middle 目录下的文件的命令行如下所示。

[Hadoop@djt Hadoop]$ hadoop fs –ls /middle

4．使用 Shell 操作多个 HDFS 集群

上面我们介绍的是单线程访问的 HDFS 访问模型，但是多个 Hadoop 集群需要复制数据该怎么办呢？Hadoop 有一个 distcp 分布式复制命令，该命令是由 MapReduce 作业来实现的，它通过在集群中并行运行 Map 任务来完成集群之间大量数据的复制。下面我们将介绍 distcp 在不同场景下该如何使用。

（1）两个集群运行相同版本的 Hadoop

1）两个 HDFS 集群之间传输数据，默认情况下 distcp 会跳过目标路径下已经存在的文件，命令行如下所示。

[Hadoop@djt Hadoop]$ hadoop distcp hdfs://djt:9000/weather hdfs://dajiangtai:9000/middle

这条指令把第一个集群/weather 目录及其内容复制到第二个集群的/middle 目录下，

所以第二个集群最后的目录结构为/middle/weather。如果/middle 不存在，则新建一个。也可以指定多个源路径，并把所有路径都复制到目标路径下。这里的源路径必须是绝对路径。

2）两个 HDFS 集群之间传输数据，覆盖现有的文件使用 overwrite 命令，命令行如下所示。

[Hadoop@djt Hadoop]$ hadoop distcp -overwrite hdfs://djt:9000/weather hdfs://dajiangtai:9000/middle

3）两个 HDFS 集群之间传输数据，更新有改动过的文件使用 update 命令，命令行如下所示。

[Hadoop@djt Hadoop]$ hadoop distcp -update hdfs://djt:9000/weather hdfs://dajiangtai:9000/middle

（2）两个集群运行不同版本的 Hadoop

不同版本 Hadoop 集群的 RPC 是不兼容的，使用 distcp 命令复制数据并使用 hdfs 协议，会导致复制作业失败。想要弥补这种情况，可以使用基于只读 http 的 hftp 文件系统并从源文件系统中读取数据。这个作业必须运行在目标集群上，从而实现 HDFS RPC 版本的兼容。

以两个 HDFS 集群之间传输数据为例，命令行如下所示。

[Hadoop@djt Hadoop]$ hadoop distcp hftp://djt:9000/weather hdfs://dajiangtai:9000/ middle

注意：这里需要在 URI 源中指定 NameNode 的 Web 端口。这是由 dfs.http.address 属性决定的，其默认值为 50070。

如果使用新出的 webhdfs 协议（替代 hftp）后，对源集群和目标集群均可以使用 http 进行通信，且不会造成任何不兼容的问题。

[Hadoop@djt Hadoop]$ hadoop distcp webhdfs://djt:9000/weather webhdfs://dajiangtai:9000/middle

3.2.2 Hadoop 管理员常用的 Shell 操作命令

前面介绍了 Shell 如何访问 HDFS 的基本 Shell 命令，但是作为 Hadoop 管理员，还需要掌握如下常见命令：

1）查看正在运行的 Job。

[Hadoop@djt Hadoop]$ hadoop job -list

2）关闭正在运行的 Job。

[Hadoop@djt Hadoop]$ hadoop job -kill job_1432108212572_0001

3）检查 HDFS 块状态，查看是否损坏。

[Hadoop@djt Hadoop]$ hadoop fsck /

4）检查 HDFS 块状态，并删除损坏的块。

[Hadoop@djt Hadoop]$ hadoop fsck / -delete

5）检查 HDFS 状态，包括 DataNode 信息。
[Hadoop@djt Hadoop]$ hadoop dfsadmin –report
6）Hadoop 进入安全模式。
[Hadoop@djt Hadoop]$ hadoop dfsadmin –safemode enter
7）Hadoop 离开安全模式。
[Hadoop@djt Hadoop]$ hadoop dfsadmin –safemode leave
8）平衡集群中的文件。
[Hadoop@djt Hadoop]$ sbin/start-balancer.sh

3.3　HDFS 的 Java API 操作

HDFS 还提供了 Java API 接口对 HDFS 进行操作。要注意的是：如果程序在 Hadoop 集群上运行，Path 中的路径可以写为相对路径，比如"/middle/weibo"；如果程序在本地 Eclipse 或 MyEclipse 上面测试运行，Path 中的路径需要写为绝对路径，比如"hdfs://djt:9000/middle/weibo"。常见的 HDFS 的 Java API 操作代码如下。

3.3.1　获取 HDFS 文件系统

```
//获取文件系统
public static FileSystem getFileSystem() throws IOException {

    //读取配置文件
    Configuration conf = new Configuration();

    //返回默认文件系统    如果在 Hadoop 集群下运行，使用此种方法可直接获取默认文件系统
    //FileSystem fs = FileSystem.get(conf);

    //指定的文件系统地址
    URI uri = new URI("hdfs://djt:9000");
    //返回指定的文件系统    如果在本地测试，需要使用此种方法获取文件系统
    FileSystem fs = FileSystem.get(uri,conf);
    return fs;
}
```

3.3.2　文件/目录的创建与删除

1. 创建文件/目录

```
//创建文件目录
public static void mkdir() throws Exception {

    //获取文件系统
```

```
    FileSystem fs = getFileSystem();

    //创建文件目录
    fs.mkdirs(new Path("hdfs://djt:9000/middle/weibo"));

    //释放资源
    fs.close();
}
```

2. 删除文件/目录

```
    //删除文件或者文件目录
    public static void rmdir() throws Exception {

    //返回 FileSystem 对象
    FileSystem fs = getFileSystem();

    //删除文件或者文件目录   delete(Path f) 此方法已经弃用
    fs.delete(new Path("hdfs://djt:9000/middle/weibo"),true);

    //释放资源
    fs.close();
}
```

3.3.3 获取文件

```
    //获取目录下的所有文件
    public static void ListAllFile() throws IOException{

    //返回 FileSystem 对象
    FileSystem fs = getFileSystem();

    //列出目录内容
    FileStatus[] status = fs.listStatus(new Path("hdfs://djt:9000/middle/weibo/"));

    //获取目录下的所有文件路径
    Path[] listedPaths = FileUtil.stat2Paths(status);

    //循环读取每个文件
    for(Path p : listedPaths){

        System.out.println(p);

    }
    //释放资源
    fs.close();
}
```

3.3.4 上传/下载文件

1. 上传文件至 HDFS

```
//文件上传至 HDFS
public static void copyToHDFS() throws IOException{

    //返回 FileSystem 对象
    FileSystem fs = getFileSystem();

    //源文件路径是 Linux 下的路径，如果在 Windows 下测试，需要改写为 Windows 下的路径，
    比如 D://Hadoop/djt/weibo.txt
    Path srcPath = new Path("/home/Hadoop/djt/weibo.txt");

    //目的路径
    Path dstPath = new Path("hdfs://djt:9000/middle/weibo");

    //实现文件上传
    fs.copyFromLocalFile(srcPath, dstPath);

    //释放资源
    fs.close();
}
```

2. 从 HDFS 下载文件

```
//从 HDFS 下载文件
public static void getFile() throws IOException{

    //返回 FileSystem 对象
    FileSystem fs = getFileSystem();

    //源文件路径
    Path srcPath = new Path("hdfs://djt:9000/middle/weibo/weibo.txt");

    //目的路径是 Linux 下的路径，如果在 Windows 下测试，需要改写为 Windows 下的路径，比
    如 D://Hadoop/djt/
    Path dstPath = new Path("/home/Hadoop/djt/");

    //下载 hdfs 上的文件
    fs.copyToLocalFile(srcPath, dstPath);

    //释放资源
    fs.close();
}
```

3.3.5 获取 HDFS 集群节点信息

```
//获取 HDFS 集群节点信息
```

```
public static void getHDFSNodes() throws IOException{

    //返回 FileSystem 对象
    FileSystem fs = getFileSystem();

    //获取分布式文件系统
    DistributedFileSystem hdfs = (DistributedFileSystem)fs;

    //获取所有节点
    DataNodeInfo[] DataNodeStats = hdfs.getDataNodeStats();
    //循环打印所有节点
    for(int i=0;i< DataNodeStats.length;i++){
        System.out.println("DataNode_"+i+"_Name:"+DataNodeStats[i].getHostName());
    }
}
```

3.4 HDFS 的新特性——HA

3.4.1 HA 机制产生背景

HA 是 High Availability 的首字母缩写，一般我们称之为高可用。简而言之，为了整个系统的可靠性，我们通常会在系统中部署两台或多台主节点，多台主节点形成主备的关系，但是某一时刻只有一个主节点能够对外提供服务，当某一时刻检测到对外提供服务的主节点"挂"掉之后，备用主节点能够立刻接替已挂掉的主节点对外提供服务，而用户感觉不到明显的系统中断。这样对用户来说整个系统就更加的可靠和高效。

影响 HDFS 集群不可用主要包括以下两种情况：一是 NameNode 机器宕机，将导致集群不可用，重启 NameNode 之后才可使用；二是计划内的 NameNode 节点软件或硬件升级，导致集群在短时间内不可用。

在 Hadoop 1.0 的时代，HDFS 集群中 NameNode 存在单点故障（SPOF）时，由于 NameNode 保存了整个 HDFS 的元数据信息，对于只有一个 NameNode 的集群，如果 NameNode 所在的机器出现意外情况，将导致整个 HDFS 系统无法使用。同时 Hadoop 生态系统中依赖于 HDFS 的各个组件，包括 MapReduce、Hive、Pig 以及 HBase 等也都无法正常工作，直到 NameNode 重新启动。并且重新启动 NameNode 和其进行数据恢复的过程也会比较耗时。这些问题在给 Hadoop 的使用者带来困扰的同时，也极大地限制了 Hadoop 的使用场景，使得 Hadoop 在很长的时间内仅能用作离线存储和离线计算，无法应用到对可用性和数据一致性要求很高的在线应用场景中。

为了解决上述问题，在 Hadoop2.0 中给出了 HDFS 的高可用（HA）解决方案。

3.4.2 HDFS 的 HA 机制

HDFS 的 HA 通常由两个 NameNode 组成，一个处于 Active 状态，另一个处于 Standby 状态。Active 状态的 NameNode 对外提供服务，比如处理来自客户端的 RPC 请求；而 Standby 状态的 NameNode 则不对外提供服务，仅同步 Active 状态 NameNode 的状态，以便能够在它失败时快速进行切换。

3.4.3 HDFS 的 HA 架构

NameNode 的高可用架构如图 3-7 所示。

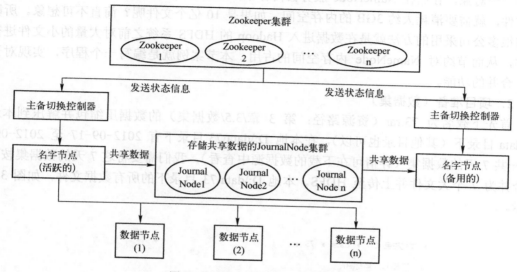

图 3-7 NameNode 的高可用架构

从上图中我们可以看出，NameNode 的高可用架构主要分为下面几个部分：

活跃的名字节点（Active NameNode）和备用的名字节点（Standby NameNode）：两个名字节点形成互备，一个处于 Active 状态，为主 NameNode，另外一个处于 Standby 状态，为备用 NameNode，只有主 NameNode 才能对外提供读写服务。

主备切换控制器（ZKFailoverController）：主备切换控制器作为独立的进程运行，对 NameNode 的主备切换进行总体控制。主备切换控制器能及时检测到 NameNode 的健康状况，在主 NameNode 故障时借助 Zookeeper 实现自动的主备选举和切换，当然 NameNode 目前也支持不依赖于 Zookeeper 的手动主备切换。

Zookeeper 集群：为主备切换控制器提供主备选举支持。

共享存储系统：共享存储系统即为图中的存储数据的 JournalNode 集群（JournalNode 为存储管理 Editlog 的守护进程）。共享存储系统是实现 NameNode 的高可用最为关键的部分，共享存储系统保存了 NameNode 在运行过程中所产生的 HDFS 的元数据。主 NameNode 和备 NameNode 通过共享存储系统实现元数据同步。在进行主备切换的时候，新的主 NameNode 在确认元数据完全同步之后才能继续对外提供服务。

数据节点（DataNode）：除了通过共享存储系统共享 HDFS 的元数据信息之外，主 NameNode 和备 NameNode 还需要共享 HDFS 的数据块和 DataNode 之间的映射关系。DataNode 会同时向主 NameNode 和备 NameNode 上报数据块的位置信息。

3.5 实战：小文件合并程序的编写及运行

1．项目背景

在实际项目中，输入数据往往是由许多小文件组成的，这里的小文件是指小于 HDFS 系统块容量的文件（默认为 128MB），然而每一个存储在 HDFS 中的文件、目录和块都映射为一个对象，存储在 NameNode 服务器内存中，通常占用 150 个字节。如果有 1 千万个文件，就需要消耗大约 3GB 的内存空间。如果是 10 亿个文件呢？简直不可想象。所以目前很多公司采用的方法就是在数据进入 Hadoop 的 HDFS 系统之前对大量的小文件进行合并，从而节约对 NameNode 内存空间的占用。本节案例就是编写一个程序，实现对子文件合并的功能。

2．项目准备（数据集）

首先下载名为 73.rar（资源路径：第 3 章/3.5/数据集）的数据压缩包并解压到本地 D:\data 目录下（其他目录也可以），在本地 D:\data\73 目录下有 2012-09-17 至 2012-09-23 一共 7 天的数据集（详情可在下载的数据源中查看），我们需要将这 7 天的数据集按日期合并为 7 个大文件并上传至 HDFS。本地 D:\data\73 目录下的所有数据文件，如图 3-8 所示。

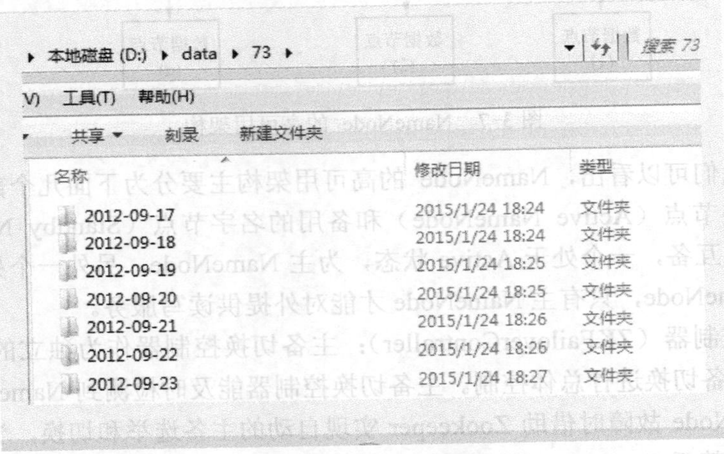

图 3-8 项目数据集

3．项目思路分析

基于项目的需求，我们通过下面几个步骤完成：

1）首先通过 globStatus()方法过滤掉 svn 格式的文件，获取 D:\data\73 目录下的其他所有文件路径。

2）然后循环第一步的所有文件路径，通过 globStatus()方法获取所有 txt 格式的文件路径。

3）最后通过 IOUtils.copyBytes(in, out, 4096, false)方法将数据集合并为 7 个大文件，并上传至 HDFS。

4. 项目程序

首先自定义 RegexExcludePathFilter 类（可从本书配套资源中下载该文件，资源路径：第 3 章/3.5/代码/mergeSmallFilesToHDFS.java）实现 PathFilter，通过 accept()方法过滤掉 D:\data\73 目录下的 svn 文件。

```java
public static class RegexExcludePathFilter implements PathFilter {
    private final String regex;
    public RegexExcludePathFilter(String regex) {
        this.regex = regex;
    }
    @Override
    public boolean accept(Path path) {
        // TODO Auto-generated method stub
        boolean flag = path.toString().matches(regex);
        //过滤 regex 格式的文件，只需 return !flag
        return !flag;
    }
}
```

然后自定义 RegexAcceptPathFilter 类实现 PathFilter，比如只接受 D:\data\73\2012-09-17 日期目录下 txt 格式的文件。

```java
public static class RegexAcceptPathFilter implements PathFilter {
    private final String regex;
    public RegexAcceptPathFilter(String regex) {
        this.regex = regex;
    }
    @Override
    public boolean accept(Path path) {
        // TODO Auto-generated method stub
        boolean flag = path.toString().matches(regex);
        //接受 regex 格式的文件，只需 return flag
        return flag;
    }
}
```

最后实现主程序，通过 list()方法完成数据集的合并，并上传至 HDFS。完整程序代码如下所示。

```java
public static void list() throws IOException, URISyntaxException {
    // 读取 Hadoop 文件系统的配置
    Configuration conf = new Configuration();
    //文件系统访问接口
    URI uri = new URI("hdfs://djt:9000");
    //创建 FileSystem 对象 aa
```

```
                fs = FileSystem.get(uri, conf);
                // 获得本地文件系统
                local = FileSystem.getLocal(conf);
                //过滤目录下的 svn 文件
                FileStatus[] dirstatus = local.globStatus(new Path("D:/data/73/*"),new RegexExclude
PathFilter("^.*svn$"));
                //获取 73 目录下的所有文件路径
                Path[] dirs = FileUtil.stat2Paths(dirstatus);
                FSDataOutputStream out = null;
                FSDataInputStream in = null;
                for (Path dir : dirs) {
                    String fileName = dir.getName().replace("-", "");//文件名称
                    //只接受日期目录下的.txt 文件 a
                    FileStatus[] localStatus = local.globStatus(new Path(dir+"/*"),new RegexAccept
PathFilter("^.*txt$"));
                    // 获得日期目录下的所有文件
                    Path[] listedPaths = FileUtil.stat2Paths(localStatus);
                    //输出路径
                    Path block = new Path("hdfs://djt:9000/middle/tv/"+ fileName + ".txt");
                    // 打开输出流
                    out = fs.create(block);
                    for (Path p : listedPaths) {
                        in = local.open(p);// 打开输入流
                        IOUtils.copyBytes(in, out, 4096, false); // 复制数据
                        // 关闭输入流
                        in.close();
                    }
                    if (out != null) {
                        // 关闭输出流 a
                        out.close();
                    }
                }
            }
```

5．项目运行

项目运行时需要注意的关键点如下。

1）保证 Hadoop 集群正常启动，如图 3-9 所示。

```
[hadoop@djt hadoop]$ jps
1836 Jps
1801 NodeManager
1713 ResourceManager
1312 NameNode
1398 DataNode
1573 SecondaryNameNode
[hadoop@djt hadoop]$
```

图 3-9　集群守护进程启动成功

2）保证数据集下载到本地目录下，如图 3-10 所示。

图 3-10　项目数据集下载到本地对应目录

3）在新建的包名（比如 com.hadoop.example）下编写实现小文件合并功能的类（比如 MergeSmallFilesToHDFS），或者直接下载完整的代码（即之前下载的代码文件）并复制到 MyEclipse 工具对应的包中，如图 3-11 所示。

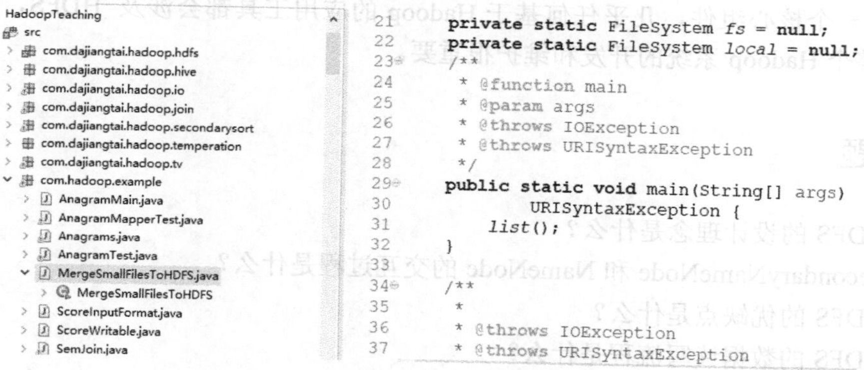

图 3-11　项目代码

4）修改程序路径代码和自己的一致，如图 3-12 所示。

图 3-12　修改项目代码中的路径信息

5）运行程序。可以在 DFS Locations 界面下查看项目结果，如图 3-13 所示。

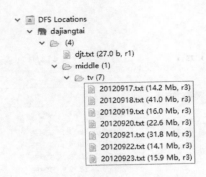

图 3-13 项目结果

到此为止小文件合并的操作已经完成。

本章小结

本章主要介绍了 Hadoop 分布式文件系统（HDFS），重点介绍了 HDFS 的体系架构、读写流程、副本策略、HDFS 的主要访问方式，以及 HDFS HA 等重要知识。HDFS 是 Hadoop 的一个核心组件，几乎任何基于 Hadoop 的应用工具都会涉及 HDFS，所以学好 HDFS 对整个 Hadoop 系统的开发和维护很重要。

本章习题

1. HDFS 的设计理念是什么？
2. SecondaryNameNode 和 NameNode 的交互过程是什么？
3. HDFS 的优缺点是什么？
4. HDFS 的数据读写流程是什么？
5. HDFS 的副本存储策略是什么？
6. HDFS 的 HA（高可用）机制是什么？

第 4 章 MapReduce 分布式计算框架

学习目标
- 理解 MapReduce 的设计思想及原理
- 掌握 MapReduce 编程模型
- 掌握 MapReduce 运行框架

MapReduce 是一个可用于大规模数据处理的分布式计算框架,它借助函数式编程及分而治之的设计思想,使编程人员在即使不会分布式编程的情况下,也能够轻松地编写分布式应用程序并运行在分布式系统之上。本章我们将以 WordCount 为例深入剖析 MapReduce 编程模型及运行机制,让读者对 MapReduce 有一个全面的了解。

4.1 初识 MapReduce

4.1.1 MapReduce 概述

MapReduce 最早是由 Google 公司研究提出的一种面向大规模数据处理的并行计算模型和方法。Google 设计 MapReduce 的初衷主要是为了解决其搜索引擎中大规模网页数据的并行化处理问题。2004 年,Google 发表了一篇关于分布式计算框架 MapReduce 的论文,重点介绍了 MapReduce 的基本原理和设计思想。同年,开源项目 Lucene(搜索索引程序库)和 Nutch(搜索引擎)的创始人 Doug Cutting 发现 MapReduce 正是其所需要的解决大规模 Web 数据处理的重要技术,因而模仿 Google 的 MapReduce,基于 Java 设计开发了一个后来被称为 Hadoop MapReduce 的开源并行计算框架和系统。尽管 Hadoop MapReduce 还有很多局限性,但人们普遍认为,Hadoop MapReduce 是目前为止最为成功、最广为接受和最易于使用的大数据并行处理技术。

简单地说,MapReduce 是面向大数据并行处理的计算模型、框架和平台。具体包含以下 3 层含义。

1. MapReduce 是一个并行程序的计算模型与方法

MapReduce 是一个编程模型,该模型主要用来解决海量数据的并行计算。它借助函数式编程和"分而治之"的设计思想,提供了一种简便的并行程序设计模型,该模型将大数据处理过程主要拆分为 Map(映射)和 Reduce(化简)两个模块,这样即使用户不懂分布式计算框架的内部运行机制,只要能够参照 Map 和 Reduce 的思想描述清楚要处理的问题,即编写 map 函数和 reduce 函数,就可以轻松地实现大数据的分布式计算。当然这只是简单的 MapReduce 编程。实际上，对于复杂的编程需求，我们只需要参照 MapReduce 提供的并行编程接口，也可以简单方便地完成大规模数据的编程和计算处理。

2. MapReduce 是一个并行程序运行的软件框架

MapReduce 提供了一个庞大但设计精良的并行计算软件框架，它能自动完成计算任务的并行化处理，自动划分计算数据和计算任务，在集群节点上自动分配和执行任务以及收集计算结果，将数据分布式存储、数据通信、容错处理等并行计算涉及很多系统底层的复杂细节问题都交由 MapReduce 软件框架统一处理，大大减少了软件开发人员的负担。

3. MapReduce 是一个基于集群的高性能并行计算平台

Hadoop 中的 MapReduce 就是一个使用简单的软件框架，基于它写出来的应用程序能够运行在由上千个商用机器组成的大型集群上，并以一种可靠的方式并行处理 TB 或 PB 级别的数据集。

4.1.2 MapReduce 的基本设计思想

面向大规模数据处理，MapReduce 有以下三个层面上的基本设计思想。

1. 分而治之

MapReduce 对大数据并行处理采用"分而治之"的设计思想。如果一个大数据文件可以分为具有同样计算过程的多个数据块，并且这些数据块之间不存在数据依赖关系，那么提高处理速度的最好办法就是采用"分而治之"的策略对数据进行并行化计算。MapReduce 就是采用这种"分而治之"的设计思想，对相互间不具有或者有较少数据依赖关系的大数据，用一定的数据划分方法对数据进行分片，然后将每个数据分片交由一个任务去处理，最后再汇总所有任务的处理结果。简单地说，MapReduce 就是"任务的分解与结果的汇总"，如图 4-1 所示。

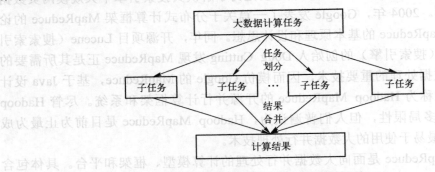

图 4-1 任务的分解和结果的汇总

2. 抽象成模型

MapReduce 把函数式编程思想构建成抽象模型——Map 和 Reduce。MapReduce 借鉴了函数式程序设计语言 Lisp 中的函数式编程思想定义了 Map 和 Reduce 两个抽象类，程序员只需要实现这两个抽象类，然后根据不同的业务逻辑实现具体的 map 函数和 reduce 函数即可快速完成并行化程序的编写。

例如，一个 Web 访问日志文件数据会由大量的重复性的访问日志构成，对这种顺序式数据元素或记录的处理通常也是采用顺序式扫描的方式来处理。图 4-2 描述了典型的顺序式大数据处理的过程和特征。

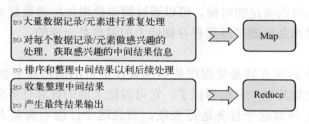

图 4-2　典型的顺序式大数据处理的过程和特征

　　MapReduce 将以上的处理过程抽象为两个基本操作，把前两步抽象为 Map 操作，把后两步抽象为 Reduce 操作。于是 Map 操作主要负责对一组数据记录进行某种重复处理，而 Reduce 操作主要负责对 Map 操作生成的中间结果进行某种进一步的结果整理和输出。以这种方式，MapReduce 为大数据处理过程中的主要处理操作提供了一种抽象机制。

3．上升到构架

　　MapReduce 以统一构架为程序员隐藏系统底层细节。并行计算方法一般缺少统一的计算框架支持，这样程序员就需要考虑数据的存储、划分、分发、结果收集、错误恢复等诸多细节问题。为此，MapReduce 设计并提供了统一的计算框架，为程序员隐藏了绝大多数系统层面的处理细节，程序员只需要集中于具体业务和算法本身，而不需要关注其他系统层的处理细节，大大减轻了程序员开发程序的负担。

　　MapReduce 所提供的统一计算框架的主要目标是，实现自动并行化计算，为程序员隐藏系统层细节。该统一框架可负责自动完成以下系统底层主要相关的处理：

- 计算任务的自动划分和调度。
- 数据的自动化分布存储和划分。
- 处理数据与计算任务的同步。
- 结果数据的收集整理（排序（Sorting），合并（Combining），分区（Partitioning）等）。
- 系统通信、负载平衡、计算性能优化处理。
- 处理系统节点出错检测和失效恢复。

4.1.3　MapReduce 的优缺点

1．MapReduce 的优点

　　在大数据和人工智能时代，MapReduce 如此受欢迎主要因为它有以下几个特点。这也是 MapReduce 的优点。

　　（1）MapReduce 易于编程

　　它能够通过一些简单接口的实现，就可以完成一个分布式程序的编写，而且这个分布式程序可以运行在由大量廉价的服务器组成的集群上。也就是说你写一个分布式程序，跟写一个简单的串行程序是一模一样的。这也正是这个使用简单的特点使得 MapReduce 编程变得越来越流行。

（2）良好的扩展性

当计算资源不能得到满足的时候，可以通过简单地增加机器数量来扩展集群的计算能力。这和 HDFS 通过增加机器扩展集群存储能力的道理是一样的。

（3）高容错性

MapReduce 设计的初衷就是使程序能够部署在廉价的商用服务器上，这就要求它具有很高的容错性。比如其中一台机器挂了，它可以把上面的计算任务转移到另外一个正常节点上运行，不至于导致这个任务运行失败，而且这个过程不需要人工参与，完全是在 Hadoop 内部完成的。

（4）适合 PB 级以上海量数据的离线处理

MapReduce 适合海量数据的离线处理。

2．MapReduce 的缺点

MapReduce 虽然具有很多的优势，但是它也有不擅长的地方。这里所说的不擅长不代表它不能做，而是在有些场景下并不适合 MapReduce 来处理，主要表现在以下几个方面。

（1）不适合实时计算

MapReduce 无法像 MySQL 一样，在毫秒或者秒级内返回结果。MapReduce 并不适合数据的在线处理。

（2）不适合流式计算

流式计算的输入数据是动态的，而 MapReduce 的输入数据集是静态的，不能动态变化。这是因为 MapReduce 自身的设计特点决定了数据源必须是静态的。

（3）不适合 DAG（有向无环图）计算

有些场景，多个应用程序之间会存在依赖关系，比如后一个应用程序的输入来自前一个应用程序的输出。在这种情况下，MapReduce 并不是不能做，而是使用后每个 MapReduce 作业的输出结果都会写入到磁盘，会造成大量的磁盘 I/O，导致性能非常的低下。

4.2 MapReduce 编程模型

前面我们从概念上对 MapReduce 有了一些基本的了解，那么 MapReduce 到底是如何进行大规模数据的分布式计算呢？MapReduce 的编程模型是什么样子？简单的 MapReduce 代码该如何编写？复杂的 MapReduce 又该如何编写？MapReduce 代码编写完成之后是如何在集群中运行的？在解决这些问题之前，我们需要先来深入了解 MapReduce 的编程模型。

4.2.1 MapReduce 编程模型简介

从 MapReduce 自身的命名特点可以看出，MapReduce 由两个部分组成：Map 和 Reduce。用户只需实现 Mapper 和 Reducer 这两个抽象类，编写 map 和 reduce 两个函数，即可完成简单的分布式程序的开发。这就是最简单的 MapReduce 编程模型。

1. MapReduce 分布式计算原理

MapReduce 实现分布式计算的基本原理如图 4-3 所示。

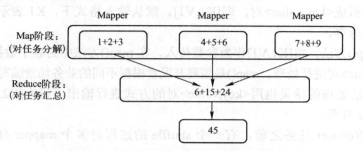

图 4-3 MapReduce 实现分布式计算的原理

比如计算 1+2+3+…+8+9 的和。MapReduce 的计算逻辑是把 1 到 9 的求和计算分成 1+2+3、4+5+6、7+8+9、即把计算任务进行了分解，分给多个 Map 任务，每个任务处理一部分数据，最后再通过 Reduce 把多个 Map 的中间结果进行汇总。这就是最简单的分布式计算的原理。注意，这里只是简单的举例说明，实际上 MapReduce 处理的数据量是很大的，但无论数据量的大小，其基本原理是相同的。

MapReduce 编程模型为用户提供了 5 个可编程组件，分别是 InputFormat、Mapper、Partitioner、Reducer、OutputFormat（还有一个组件是 Combiner，但它实际上是一个局部的 Reducer）。由于 Hadoop MapReduce 已经实现了很多可直接使用的类，比如 InputFormat、Partitioner、OutputFormat 的子类，一般情况下，这些类可以直接使用，用户只需编写 Mapper 和 Reducer 即可。

所以，我们可以借助 Hadoop MapReduce 提供的编程接口，快速地编写出分布式计算程序，而无须关注分布式环境的一些实现细节，这些细节由计算框架统一解决。

2. MapReduce 编程模型的数据处理流程

Hadoop MapReduce 编程模型及数据处理流程如图 4-4 所示。

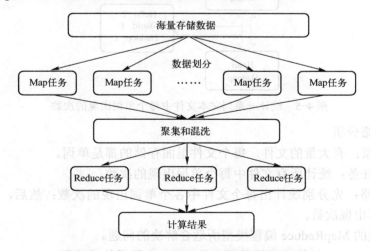

图 4-4 MapReduce 编程模型及数据处理流程

（1）Mapper 任务

1）读取输入文件内容（可以来自于本地文件系统或 HDFS 文件系统等），对输入文件的每一行，解析成<key,value>对，即[K1,V1]。默认输入格式下，K1 表示行偏移量，V1 表示读取的一行内容。

2）调用 map()方法，将[K1,V1]作为参数传入。在 map()方法中封装了数据处理的逻辑，对输入的<key,value>对进行处理。map()是需要开发者根据不同的业务场景编写实现的。

3）map()方法处理的结果也用<key,value>对的方式进行输出，记为[K2, V2]。

（2）Reducer 任务

1）在执行 Reducer 任务之前，有一个 shuffle 的过程对多个 mapper 任务的输出进行合并、排序，输出[K2, {V2, …}]。

2）调用 reduce()方法，将[K2, {V2, …}]作为参数传入。在 reduce()方法中封装了数据汇总的逻辑，对输入的<key,value>对进行汇总处理。

3）reduce()方法的输出被保存到指定的目录文件下。

4.2.2 深入剖析 MapReduce 编程模型——以 WordCount 为例

1．WordCount 背景分析

WordCount（单词统计）是最简单也是最能体现 MapReduce 思想的程序之一，可以称为 MapReduce 版 "Hello World"。该程序的完整代码参见随书提供的配套资源（资源路径：/第 4 章/4.2/代码/WordCount.java）。为了验证集群环境是否安装成功，第二章已经成功运行了 WordCount，这里主要从 WordCount 代码的角度对 MapReduce 编程模型进行详细分析。WordCount 主要完成的功能是：统计一系列文本文件中每个单词出现的次数，如图 4-5 所示。

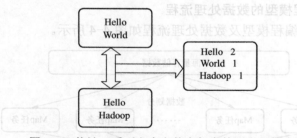

图 4-5　统计一系列文本文件中每个单词出现的次数

2．问题思路分析

1）业务场景：有大量的文件，每个文件里面存储的都是单词。

2）我们的任务：统计所有文件中每个单词出现的次数。

3）解决思路：先分别统计出每个文件中各个单词出现的次数；然后，再累加不同文件中同一个单词出现次数。

这正是典型的 MapReduce 编程模型所适合解决的问题。

3．用 MapReduce 的处理逻辑分析 WordCount 数据处理流程

（1）把数据源转化为<key,value>对　首先将数据文件拆分成分片（Split），分片是用来组织块（Block）的，它是一个逻辑概念，用来明确一个分片包含多少个块，这些块是在哪些 DataNode 节点上的信息，它并不实际存储源数据，源数据还是以块的形式存储在文件系统上，分片只是一个连接块和 Mapper 的一个桥梁。源数据被分割成若干分片，每个分片作为一个 Mapper 任务的输入，在 Mapper 执行过程中分片会被分解成一个个记录<key,value>对，Mapper 会依次处理每一个记录。默认情况下，当测试用的文件较小时，每个数据文件将被划分为一个分片，并将文件按行转换成<key,value>对，这一步由 MapReduce 框架自动完成，其中的 key 为字节偏移量（通俗的说，下一行记录开始位置=上一行记录的开始位置+上一行字符串内容的长度，这个相对字节的变化就叫作字节偏移量），value 为该行数据内容。具体<key,value>生成的过程如图 4-6 所示。

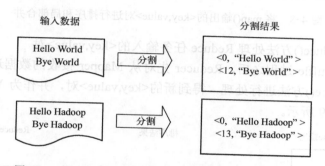

图 4-6 将输入数据转换成 Mapper 输入的<key,value>对

（2）自定义 map()方法处理 Mapper 任务输入的<key,value>对

将分割好的<key,value>对交给用户自定义的 map()方法进行处理，生成新的<key,value>对，如图 4-7 所示。

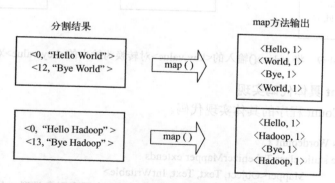

图 4-7 将 map()输入的<key,value>对转化为 map()输出的<key,value>对

（3）Map 端的 shuffle 过程

得到 map()方法输出的<key,value>对后，Mapper 会将它们按照 key 值进行排序，并执行 Combine 过程（Combine 是一个局部的 Reduce，可以对每一个 Map 结果做局部的归并，这样能够减少最终存储及传输的数据量，提高数据处理效率，常用作 Map 阶段的优化，但是 Combine 过程的指定不能影响最终 Reduce 的结果，比如适合求和、求最大值、求最小值的场景，但是不适合求平均数），将 key 值相同的 value 值累加，得到 Mapper 的

最终输出结果。如图 4-8 所示。

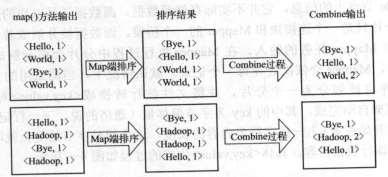

图 4-8 将 map()输出的<key,value>对进行排序和局部合并

（4）自定义 reduce()方法处理 Reduce 任务输入的<key,value>对

经过复杂的 Shuffle 过程之后，Reducer 先对从 Mapper 接收的数据进行排序，再交由用户自定义的 reduce()方法进行处理，得到新的<key,value>对，并作为 WordCount 的最终输出结果，如图 4-9 所示。

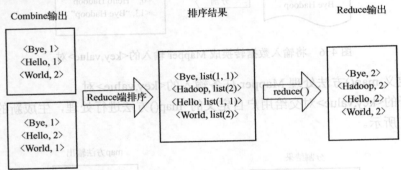

图 4-9 将 reduce()输入的<key,value>对转换为输出的<key,value>对

4．WordCount 具体代码实现

以下是 WordCount 程序的具体实现代码。

```
public class Wordcount {
    public static class TokenizerMapper extends
            Mapper<Object, Text, Text, IntWritable>
            //这个 Mapper 类是一个泛型类型，它有四个形参类型，分别指定 map 函数的
输入键、输入值、输出键、输出值的类型。Hadoop 没有直接使用 Java 内嵌的类型，而是自己开发了一
套可以优化网络序列化传输的基本类型。这些类型都在 org.apache.hadoop.io 包中
            //比如这个例子中的 Object 类型，适用于字段需要使用多种类型的时候，Text
类型相当于 Java 中的 String 类型，IntWritable 类型相当于 Java 中的 Integer 类型
    {
        //定义两个变量
        private final static IntWritable one = new IntWritable(1);//这个 1 表示每个单词出现一
次，map 的输出 value 就是 1
```

```java
        private Text word = new Text();
//Context 是 Mapper 的一个内部类，用于在 map 或是 reduce 任务中跟踪 Task 的状态。
MapContext 记录了 map 执行的上下文，在 Mapper 类中，这个 Context 可以存储一些 Job conf 的信息，
比如 Job 运行时参数等，我们可以在 map 函数中处理这个信息。同时 Context 也充当了 map 和 reduce 任
务执行过程中各个函数之间的一个桥梁，这和 Java web 中的 session 对象、application 对象很相似
        //简单地说，Context 对象保存了作业运行的上下文信息，比如：作业配置信息、
InputSplit 信息、任务 ID 等
        //这里主要用到 Context 的 write 方法
        public void map(Object key, Text value, Context context)
                throws IOException, InterruptedException {
            StringTokenizer itr = new StringTokenizer(value.toString());
            //将 Text 类型的 value 转化成字符串类型
            while (itr.hasMoreTokens()) {
                word.set(itr.nextToken());
                context.write(word, one);
            }
        }
    }
    public static class IntSumReducer extends
            Reducer<Text, IntWritable, Text, IntWritable> {
        private IntWritable result = new IntWritable();
        public void reduce(Text key, Iterable<IntWritable> values,
                Context context) throws IOException, InterruptedException {
            int sum = 0;
            for (IntWritable val : values) {
                sum += val.get();
            }
            result.set(sum);
            context.write(key, result);
        }
    }
    public static void main(String[] args) throws Exception {
        Configuration conf = new Configuration();
        //Configuration 类代表作业的配置，该类会加载 mapred-site.xml、hdfs-site.xml、
core-site.xml 等配置文件
        //删除已经存在的输出目录
        Path mypath = new Path("hdfs://dajiangtai:9000/wordcount-out");//输出路径
        FileSystem hdfs = mypath.getFileSystem(conf);//获取文件系统
        //如果文件系统中存在这个输出路径，则删除掉，保证输出目录不能提前存在
        if (hdfs.isDirectory(mypath)) {
            hdfs.delete(mypath, true);
        }
        //Job 对象指定了作业执行规范，可以用它来控制整个作业的运行
        Job job = Job.getInstance();// new Job(conf, "word count");
        job.setJarByClass(Wordcount.class);
//我们在 Hadoop 集群上运行作业的时候，要把代码打包成一个 Jar 文件，然后把这个文件传
```

到集群上，然后通过命令来执行这个作业，但是命令中不必指定 Jar 文件的名称。在这条命令中，通过 Job 对象的 setJarByClass()方法传递一个主类就行，Hadoop 会通过这个主类来查找包含它的 Jar 文件

```
                job.setMapperClass(TokenizerMapper.class);
                //job.setReducerClass(IntSumReducer.class);
                job.setCombinerClass(IntSumReducer.class);
                job.setOutputKeyClass(Text.class);
                job.setOutputValueClass(IntWritable.class);
                //一般情况下 mapper 和 reducer 输出的数据类型是一样的，所以我们用上面两条命
令就行；如果不一样，我们就可以用下面两条命令单独指定 mapper 的输出的 key、value 的数据类型
                //job.setMapOutputKeyClass(Text.class);
                //job.setMapOutputValueClass(IntWritable.class);
                //hadoop 默认的是 TextInputFormat 和 TextOutputFormat,所以说我们这里可以不用配置
                //job.setInputFormatClass(TextInputFormat.class);
                //job.setOutputFormatClass(TextOutputFormat.class);
                FileInputFormat.addInputPath(job, new Path(
                    "hdfs://dajiangtai:9000/djt.txt"));//FileInputFormat.addInputPath() 指定的这
个路径可以是单个文件、一个目录或符合特定文件模式的一系列文件
                //从方法名称可以看出，可以通过多次调用这个方法来实现多路径的输入
                FileOutputFormat.setOutputPath(job, new Path(
                    "hdfs://dajiangtai:9000/wordcount-out"));
                //只能有一个输出路径，该路径指定的就是 reduce 函数输出文件的写入目录
                //特别注意：输出目录不能提前存在，否则 Hadoop 会报错并拒绝执行作业，这样
做的目的是防止数据丢失，因为长时间运行的作业如果结果被意外覆盖掉，那肯定不是我们想要的
                System.exit(job.waitForCompletion(true) ? 0 : 1);
                //使用 job.waitForCompletion()提交作业并等待执行完成，该方法返回一个 boolean
值，表示执行成功或者失败，这个布尔值被转换成程序退出代码 0 或 1，该布尔参数还是一个详细标
识，所以作业会把进度写到控制台
                //waitForCompletion()提交作业后，每秒会轮询作业的进度，如果发现和上次报告后
有改变，就把进度报告到控制台，作业完成后，如果成功就显示作业计数器，如果失败则把导致作业失
败的错误输出到控制台
            }
        }
```

以上就是通过 WordCount 为例对简单的 MapReduce 代码的一个深入剖析，具体代码的运行及结果展示前面章节已经有过介绍，这里就不再赘述。

4.3 MapReduce 运行框架

4.3.1 MapReduce 架构

1. MapReduce 的基本架构

和 HDFS 一样，MapReduce 也是采用 Master/Slave 的架构，Hadoop2.x 之前 MapReduce 的架构图如图 4-10 所示。

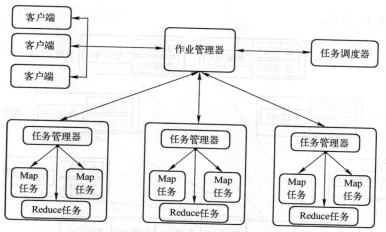

图 4-10 MapReduce 架构原理图

MapReduce 包含四个组成部分，分别为客户端（Client）、作业管理器（JobTraker）、任务管理器（TaskTracker）和任务（Task），下面我们详细介绍这四个组成部分。

（1）客户端（Client）

每一个作业（Job）都会在用户端通过 Client 类将应用程序以及配置参数 Configuration 打包成 Jar 文件存储在 HDFS 上，并把路径提交到作业管理器的 Master 服务，然后由 Master 创建每一个任务（即 Map 任务和 Reduce 任务）并将它们分发到各个任务管理器中去执行。

（2）作业管理器（JobTracker）

作业管理器负责资源监控和作业调度。作业管理器监控所有任务管理器与作业的健康状况，一旦发现失败，就将相应的任务转移到其他节点；同时，作业管理器会跟踪任务的执行进度、资源使用量等信息，并将这些信息告诉任务调度器，而调度器会在资源出现空闲时，选择合适的任务使用这些资源。在 Hadoop 中，任务调度器是一个可插拔的模块，用户可以根据自己的需要设计相应的调度器。

（3）任务管理器（TaskTracker）

任务管理器会周期性地通过心跳（Heartbeat）将本节点上资源的使用情况和任务的运行进度汇报给作业管理器，同时接收作业管理器发送过来的命令并执行相应的操作（如启动新任务、杀死任务等）。任务管理器使用"Slot"等量划分本节点上的资源量。"Slot"代表计算资源（CPU、内存等）。一个任务获取到一个 Slot 后才有机会运行，而 Hadoop 任务调度器的作用就是将各个任务管理器上的空闲 Slot 分配给任务使用。Slot 分为 Map Slot 和 Reduce Slot 两种，分别供 Map 任务和 Reduce 任务使用。任务管理器通过 Slot 数目（可配置参数）限定任务的并发度。

（4）任务（Task）

任务分为 Map 任务和 Reduce 任务两种，均由任务管理器启动。HDFS 以固定大小的数据块（Block）为基本单位存储数据，而对于 MapReduce 而言，其处理单位是分片（Split）。分片是一个逻辑概念，它只包含一些元数据信息，比如数据起始位置、数据长度、数据所在节点等。它的划分方法完全由用户自己决定。但需要注意的是，分片的多少决定了 Map 任务的数目，因为每个分片包含的数据只会交给一个 Map 任务处理。分片和块的关系如图 4-11 所示。

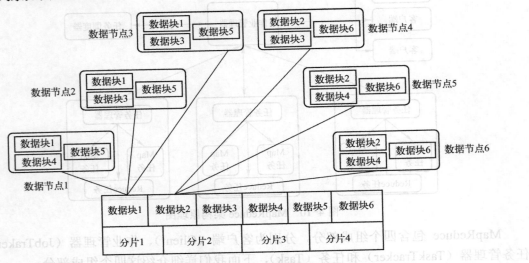

图 4-11 分片和数据块的关系图

2. Map 任务执行过程

Map 任务执行过程如下图所示：由图 4-12 可知，Map 任务先将对应的分片迭代解析成一个个<key,value>键值对，依次调用用户自定义的 map 函数进行处理，最终将临时结果存放到本地磁盘上，其中临时数据被分成若干个 Partition，每个 Partition 将被一个 Reduce 任务处理。

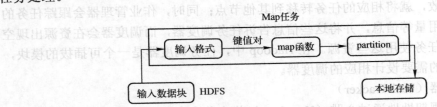

图 4-12 Map 任务执行过程图

3. Reduce 任务执行过程

Reduce 任务执行过程如图 4-13 所示。该过程分为三个阶段。

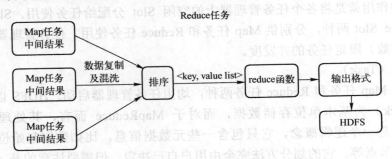

图 4-13 Reduce 任务执行过程图

1）远程节点上读取 Map 任务中间结果（称为"混洗（Shuffle）阶段"）；
2）按照 key 对<key,value> 对进行排序（称为"排序（Sort）阶段"）；
3）依次读取< key, value list>，调用用户自定义的 reduce 函数处理，并将最终结果存到 HDFS 上（称为"Reduce 阶段"）。

4.3.2 MapReduce 的运行机制

下面我们主要从两个方面来探讨 MapReduce 的运行机制。

1. 从 MapReduce 架构层面

从客户端（Client）、作业管理器（JobTracker）、任务管理器（TaskTracker）的层次来分析 MapReduce 的工作原理，其原理图如图 4-14 所示。

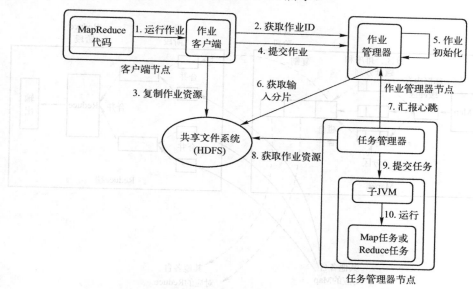

图 4-14 MapReduce 的运行机制

从上图可以看出，MapReduce 工作原理大致可以分为以下几个步骤。

第一步：在客户端启动一个作业。

第二步：向作业管理器请求一个作业 ID（Job ID）。

第三步：接着将运行作业所需要的资源文件复制到 HDFS 上，包括 MapReduce 程序打包的 Jar 文件、配置文件和客户端计算所得的输入分片信息。这些文件都存放在作业管理器专门为该作业创建的文件夹中。文件夹名为该作业的 Job ID。Jar 文件默认会有 10 个副本（mapred.submit.replication 属性控制）；输入分片信息告诉了作业管理器应该为这个作业启动多少个 Map 任务。

第四步：等作业管理器接收到作业后，将其放在一个作业队列里，等待作业调度器对其进行调度，当作业调度器根据自己的调度算法调度到该作业时，会根据输入分片信息为每个分片创建一个 Map 任务，并将 Map 任务分配给任务管理器执行。对于 Map 和 Reduce 任务，任务管理器根据主机核的数量和内存的大小计算固定数量的 Map 槽和 Reduce 槽。

这里需要强调的是：Map 任务不是随随便便地分配给某个任务管理器的，这里有个概念叫：数据本地化（Data-Local）。意思是：将 Map 任务分配给含有该 Map 任务处理的数据块所在的任务管理器上，同时将程序 Jar 文件复制到该任务管理器上来运行，这叫作"运算移动，数据不移动"。而分配 Reduce 任务时并不考虑数据本地化。

第五步：任务管理器每隔一段时间会给作业管理器发送一个心跳，告诉作业管理器它依然在运行，同时心跳中还携带着很多的信息，比如当前 Map 任务完成的进度等信息。当作业管理器收到作业的最后一个任务完成信息时，便把该作业设置成"成功"。当客户端查询状态时，它将得知任务已完成，然后显示一条消息给用户。

2．从 Map 和 Reduce 任务层面

从 Map 任务和 Reduce 任务的层次来分析 MapReduce 的运行机制，其原理如图 4-15 所示。

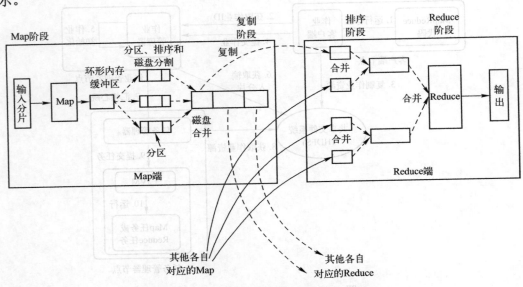

图 4-15 MapReduce 工作原理流程图

从上图可以看出，MapReduce 工作原理大致可以分为两个阶段：Map 阶段和 Reduce 阶段。

（1）Map 阶段

1）每个输入分片会让一个 Map 任务来处理，默认情况下，以 HDFS 的一个块的大小（Hadoop2.x 之前默认数据块大小为 64MB）作为一个分片，当然我们也可以设置块的大小。Map 输出的结果会暂且放在一个环形内存缓冲区中（该缓冲区的大小默认为 100MB，由 io.sort.mb 属性控制），当该缓冲区快要溢出时（默认溢出的百分比为 80%，由 io.sort.spill.percent 属性控制）会先在本地文件系统中创建一个溢出文件，然后将该缓冲区中的数据写入这个文件。

2）在写入磁盘之前，线程首先根据 Reduce 任务的数目将数据划分为相同数目的分区，也就是一个 Reduce 任务对应一个分区的数据。这样做是为了避免出现有些 Reduce 任务分配到大量数据，而有些 Reduce 任务却分到很少数据，甚至没有分到数据的不均衡状况。其实分区就是对数据进行 Hash 的过程。然后对每个分区中的数据进行排序，如果此时设置了 Combiner，还将对排序后的结果进行合并（Combining）操作，这样做的目的就是让尽可能少的数据写入到磁盘。

3）当 Map 任务输出最后一个记录时，可能会有很多的溢出文件，这时需要将这些文件合并。合并的过程中会不断地进行排序和 Combining 操作，目的有两个：

其一：尽量减少每次写入磁盘的数据量。

其二：尽量减少下一复制阶段网络传输的数据量。

最后合并成了一个已分区且已排序的文件。为了减少网络传输的数据量，这里可以将数据压缩，只要将 mapred.compress.map.out 设置为 true 就可以了。

4）将分区中的数据复制给相对应的 Reduce 任务。有人可能会问：分区中的数据怎么知道它对应的 Reduce 是哪个呢？其实 Map 任务一直和其父 TaskTracker 保持联系，而任务管理器又一直和作业管理器保持心跳。所以作业管理器中保存了整个集群中的宏观信息。只要 reduce 任务向作业管理器获取对应的 Map 输出位置就可以了。

下面我们来看 Reduce 阶段。

（2）Reduce 阶段

1）Reduce 端会接收到不同 Map 任务传来的数据，并且每个 Map 传来的数据都是有序的。如果 Reduce 端接受的数据量相当小，则直接存储在内存中（缓冲区大小由 mapred.job.shuffle.input.buffer.percent 属性控制，表示用作此用途的堆空间的百分比），如果数据量超过了该缓冲区大小的一定比例（由 mapred.job.shuffle.merge.percent 决定），则对数据合并后溢写到磁盘中。

2）随着溢写文件的增多，后台线程会将它们合并成一个更大的有序的文件，这样做是为了给后面的合并节省时间。其实不管在 Map 端还是 Reduce 端，MapReduce 都是反复地执行排序，合并操作，所以有些人会说：排序是 Hadoop 的灵魂。

3）合并的过程中会产生许多的中间文件（会写入磁盘），但 MapReduce 会让写入磁盘的数据尽可能地少，并且最后一次合并的结果并没有写入磁盘，而是直接输入到 Reduce 函数并最终输出结果。

4.3.3 MapReduce 内部逻辑

下面我们通过了解 MapReduce 的内部逻辑来分析 MapReduce 的数据处理过程。MapReduce 内部逻辑如图 4-16 所示。

MapReduce 内部逻辑的大致流程主要由以下几步完成。

1）首先将 HDFS 中的数据以分片（Split）方式作为 MapReduce 的输入。前面我们提到，HDFS 中的数据是以块（Block）存储，这里怎么又变成了以分片（Split）作为输入呢？其实块（Block）是 HDFS 中的术语，分片是 MapReduce 中的术语。默认的情况下，一个分片可以对应一个块，当然也可以对应多个块，它们之间的对应关系是由 InputFormat 决定的。默认情况下，使用的是 TextInputFormat，这时一个分片对应一个块。假设这里有 4 个块，也就是 4 个分片，分别为 Split0、Split1、Split2 和 Split3。这时通过 RecordReader 来读每个分片里面的数据，它会把数据解析成一个个的<key,value>对，然后交给已经编写好的 Mapper 函数来处理。

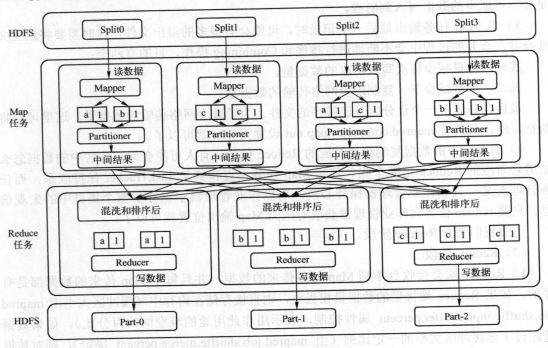

图 4-16　MapReduce 内部逻辑

2）每个 Mapper 将输入的<key,value>对数据解析成一个个的单词和词频，比如(a,1)、(b,1)和(c,1)等等。

3）Mapper 解析出的数据，比如(a,1)，经过 Partitioner 之后，会知道该选择哪个 Reducer 来处理。每个 Map 任务结束后，数据会输出到本地磁盘上。

4）在 Reduce 阶段，每个 Reduce 任务要进行 Shuffle 操作读取它所对应的数据。当所有数据读取完之后，要经过 Sort 全排序，排序之后再交给 Reducer 做统计处理。比如，第一个 Reducer 读取了两个的(a,1)键值对数据，然后进行统计得出结果(a,2)。

5）将 Reducer 的处理结果，以 OutputFormat 数据格式输出到 HDFS 的各个文件路径下。这里的 OutputFormat 默认为 TextOutputFormat，key 为单词，value 为词频数，key 和 value 之间的分割符为"\tab"。

4.3.4　MapReduce 数据本地性

在介绍数据本地性之前，我们首先介绍网络拓扑的概念。在一个 Hadoop 集群里面，通常我们把这些机器按照机架来组织，比如说每个机架一般有 16-64 个节点。每个机架通过交换机（Switch）来通信，不同的机架又通过总的交换机（Switch）来交互。其架构图如图 4-17 所示。

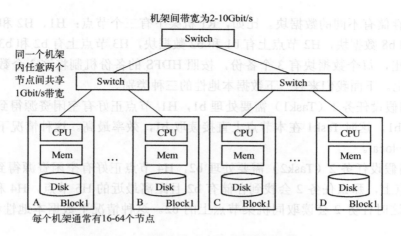

图 4-17 集群各节点网络拓扑架构图

在上图的架构中，我们标注了 A、B、C、D 四个节点，其中 A、B、C 三个节点存储了 Block1 数据块。我们假设节点 A 要读取 Block1 数据块，那么它的最佳选择就是读取它本身存储的 Block1，此时读取的速度最快、效率最高。如果 A 本身的 Block1 数据块丢失或者损坏，它就会选择读取同一个 Switch 机架下的 B 节点上的 Block1，这是因为在同一个机架下面读取数据相对较快，所以不会选择跨机架读取 C 节点上面的 Block1，因为跨机架读取数据的效率最差。除非 A、B 中的 Block1 都丢失或者损坏，才会选择跨机架读取 C 节点上面的 Block1。

那么到底什么是数据本地性呢？如果一个任务运行在它将处理的数据所在的节点，我们就称该任务具有"数据本地性"。数据的本地性可避免跨节点或者跨机架进行数据传输，从而提高运行效率。

数据本地性分为三个类别：
- 同节点（node-local）。
- 同机架（rack-local）。
- 跨机架（off-switch）。

为了深入理解数据本地性的三个类别，我们下面举例说明，如图 4-18 所示。

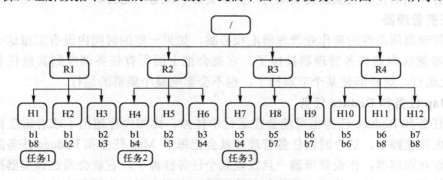

图 4-18 数据本地性示例图

从上图可以看出一共有四个机架：R1、R2、R3 和 R4，每个机架上有三个节点，每个节点上面存储有不同的数据块。比如，R1 机架下有三个节点：H1、H2 和 H3，H1 节点上有 b1 和 b8 数据块，H2 节点上有 b1 和 b2 数据块，H3 节点上有 b2 和 b3 数据块。从上图可以看出，每个数据块有 3 个备份，按照 HDFS 的备份机制将这 3 个数据块存储到不同的节点上。下面我们来看一下数据本地性的三种类别。

1．我们假设任务 1（Task1）需要处理 b1，H1 节点正好有空闲资源得到任务 1，H1 节点存储有 b1，这时 Task1 在本节点上直接读取 b1，效率最高。这种情况下数据本地性称之为 node-local。

2．我们假设任务 2（Task2）需要处理 b2，H4 节点正好有空闲资源得到任务 2，b2 不在 H4 节点上，那么任务 2 会找到存储有 b2 且距离最近的 H5 节点，H4 和 H5 处于同一个机架，这时任务 2 会读取同机架节点上的 b2。这种情况下数据本地性称之为 rack-local。

3．我们假设任务 3（Task3）需要处理 b3，H7 节点正好有空闲资源得到任务 3，b3 并不在 H7 节点上，也不在 H7 同机架的节点上，而是在 R1 和 R2 机架下面的节点上，这时任务 3 就需要跨机架读取 b3，效率非常低下。这种情况下数据本地性称之为 off-switch。

4.3.5 MapReduce 框架的容错性

MapReduce 最大的特点之一就是有很好的容错性，即使你的节点挂掉了 1 个、2 个、3 个，都是没有问题的，Hadoop 集群都可以照常来运行作业或者应用程序，不会出现某个节点挂了作业就运行失败这种情况。那么 MapReduce 到底是通过什么样的机制具有这么好的容错性呢？下面我们依次来介绍一下。

1．作业管理器

作业管理器存在单点故障隐患，一旦出现单点故障，整个集群就不可用，这个是 Hadoop 1.0 存在的问题，在 Hadoop 2.0 里面这个问题已经得到了解决。即使出现单点故障，只要重启一下机器，再把作业重新提交就可以了，它不会像 HDFS 那样出现数据的丢失。因为 MapReduce 是一个计算框架，计算过程是可以重现的，即使某个服务挂掉了，只要重启一下服务，然后把作业重新提交即可，并不会影响业务的运行。

2．任务管理器

任务管理器周期性的向作业管理器汇报心跳，如果一定的时间内没有汇报这个心跳，作业管理器就认为该任务管理器挂掉了，它就会把上面所有任务调度到其他任务管理器（节点）上运行。这样即使某个节点挂了，也不会影响整个集群的运行。

3．Map 任务和 Reduce 任务

Map 任务和 Reduce 任务也可能会在运行中挂掉。比如内存超出了或者磁盘挂掉了，这个任务也就挂掉了。这个时候任务管理器就会把每个 Map 任务和 Reduce 任务的运行状态回报给作业管理器，作业管理器一旦发现某个任务挂掉了，它就会通过调度器把该任务调度到其他节点上。这样的话，即使任务挂掉了，也不会影响应用程序的运行。

4.3.6 MapReduce 资源组织方式

MapReduce 计算框架并没有直接调用 CPU 和内存等多维度资源，它把多维度资源抽象为"Slot"，用"Slot"来描述资源的数量。管理员可以在每个节点上单独配置 Slot 个数。Slot 可以分为 Map Slot 和 Reduce Slot。从一定程度上，Slot 可以看作为"任务运行并行度"。如果某个节点配置了 5 个 Map Slot，那么这个节点最多运行 5 个 Map 任务；如果某个节点配置了 3 个 Reduce Slot，那么该节点最多运行 3 个 Reduce 任务。下面我们分别介绍 Map Slot 和 Reduce Slot。

1．Map Slot

（1）Map Slot 可用于运行 Map 任务的资源，而且只能运行 Map 任务。

（2）每个 Map 任务通常使用一个 Map Slot。而比如像容量调度器，它可以有比较大的 Map 任务。这样的 Map 任务使用内存比较多，那么它可能使用多个 Map Slot。

2．Reduce Slot

（1）Reduce Slot 可用于运行 Reduce 任务的资源，而且只能运行 Reduce 任务。

（2）每个 Reduce 任务通常使用一个 Reduce Slot。而比如像容量调度器，它可以有比较大的 Reduce 任务。这样的 Reduce 任务使用内存比较多，那么它可能使用多个 Reduce Slot。

4.3.7 MapReduce 的高级特性及应用

MapReduce 除了前边讲的基本应用之外，还包括许多高级应用，比如内置的计数器、二次排序、Join 算法、多语言编程、使用 MapReduce 读写数据库数据等。这些高级特性在复杂业务场景和 MapReduce 性能调优方面有很大的作用，但是 MapReduce 的高级特性对于初学者有些难度，这里大家可以作为扩展内容学习（扩展阅读视频 4）。内容包括：

内置计数器的应用、二次排序、Join 算法、Hadoop Streaming 多语言编程、MapReduce 读写数据库实战。

扩展阅读视频 4：MapReduce 的高级特性及应用

扫描二维码可通过视频学习 MapReduce 的高级特性及应用的相关内容。

4.4 实战：统计相同字母组成的不同单词

1．项目说明

一本英文书籍包含成千上万个单词或者短语，现在我们需要在大量的单词中，找出相同字母组成的所有单词。由于这些单词相互之间没有依赖关系，为了加快数据处理的速度，可以借助 Hadoop 中 MapReduce 编程模型的特点，快速地编写出并行计算程序，从而实现大量单词的快速分析。

2．项目示例数据

下面是一本英文书籍截取的一部分单词内容。下载 anagram.txt 文件（资源路径：第 4 章/4.4/数据集/anagram.txt）获取完整数据集。

cat	initiations	injected
tar	initiative	injecting
bar	initiatives	injection
act	initiator	injections
rat	initiators	injector
	initiatory	injectors
	inject	injects
	injectant	

3．项目开发思路及重点分析

基于以上需求，我们最终需要找出相同字母组成的不同单词，而且 MapReduce 处理的是 <key,value>对形式的数据，所以说在编写 MapReduce 之前必须先明确 Map 和 Reduce 输入输出的<key,value>对，从后往前推，Reduce 需要处理的是把输入的相同 key 的 value 聚合起来。value 很好确定，就是单词本身，那么怎么会产生相同的 key 呢？其实也很简单，单词是由字母组成的，相同的字母的随机组合也能组成不同的单词，所以说把单词拆分成字符数组，然后进行排序就可以得到相同的 key，这样正是我们所需要的。这也是本项目的难点所在。

1．数据处理流程（以部分示例数据分析）

在下面单词中，找出相同字母组成的不同单词。

cat
tar
bar
act
rat

1）经过 Map 阶段处理的结果如下。

< act cat >
< art tar>
< abr bar>
< act act>
< art rat>

2）经过 Reduce 阶段处理的结果如下。

< abr bar>
< act cat,act>
< art tar,rat>

2．确定 MapReduce 编码重点

1）在 Map 阶段，对每个 word（单词）按字母进行排序生成 sortedWord，然后输出<key,value>键值对(sortedWord,word)。

2）在 Reduce 阶段，统计出每组相同字母组成的所有单词。

3．项目完整代码

MapReduce 项目详细代码可参考随书配套资源（资源路径：第 4 章/4.4/代码 MapReduce

项目详细代码.rar)。

4. 项目运行

1) 保证 Hadoop 集群正常启动。
2) 保证数据集提前下载到本地目录并上传到 HDFS 对应目录下。
3) 将代码复制到 Eclipse 工具对应的包中。
4) 修改程序路径代码和自己的一致。
5) 运行程序。

具体步骤在此不再赘述,参考第三章项目案例即可。

5. 项目运行结果预览

项目运行结果如图 4-19 所示:

```
aaabcss    cassaba,casabas
aaaccrs    caracas,cascara
aaacmrs    maracas,mascara
aaacssv    cassava,casavas
aaadelms   alamedas,salaamed
aaamrss    asramas,samsara
aabcdeert  abreacted,acerbated
aabcdehkls blackheads,backlashed
aabcdeorrsst    rebroadcasts,broadcaste
aabcdeorrst rebroadcast,broadcaster
aabcdkrsw  drawbacks,backwards
aabcdkrw   drawback,backward
aabceellr  clearable,lacerable
aabceginrt abreacting,acerbating
aabceilrt  calibrate,bacterial
aabcelnr   balancer,barnacle
aabcelnrs  barnacles,balancers
```

图 4-19 项目运行结果

从项目运行结果来看,输出的 value 就是由相同字母组成的不同单词。到此为止,我们就实现了找出相同字母组成的不同单词。

本章小结

本章除了介绍了 MapReduce 的基本原理及设计思想,还重点以 WordCount 为例详细讲解了 MapReduce 编程模型及运行流程。深入理解本章内容,对日后复杂 MapReduce 的编程开发能够奠定良好的基础。

本章习题

1. MapReduce 的基本设计思想有哪些?
2. 简述 MapReduce 的优缺点?
3. 简述 MapReduce 数据处理流动过程?
4. 简述 MapReduce 的运行框架?

第 5 章 Hadoop 的文件 I/O

学习目标
- 理解 Hadoop 文件 I/O 中的数据完整性及数据校验方式
- 掌握 Hadoop 文件的序列化机制并实现自定义数据类型
- 掌握 Hadoop 常见的解压缩特点及使用方式
- 掌握 Hadoop 常见的基于文件的数据结构

为了处理大规模数据集和分布式系统开发，Hadoop 自带了一套原子操作用于文件 I/O。其中一些技术比 Hadoop 本身更常用，比如数据的完整性保证、序列化机制和压缩等。所以深入理解本章内容对于 Hadoop 开发也是至关重要的。

5.1 Hadoop 文件 I/O 概述

1．初识 Hadoop 文件 I/O

I（Input 的首字母）意为输入，即将不同数据源的数据输入到内存中，通常用作读取操作。

O（Output 的首字母）意为输出，即将内存中的数据输出到不同的数据源，通常用作写入操作。

简而言之，输入输出操作通常是相对于内存的，往内存中添加数据叫输入，从内存中获取数据叫输出。读写操作通常是相对于数据源的，获取数据源的数据叫读取操作，往数据源里添加数据叫写入操作。

实际上，文件 I/O 是计算机操作系统的一个重要组成部分，是用来协助完成数据传输和控制的逻辑单元。但是不同的系统对文件 I/O 有不同的要求。传统的计算机系统有传统的数据文件 I/O，Hadoop 系统也有 Hadoop 的数据文件 I/O，且 Hadoop 文件 I/O 是由传统的文件 I/O 而来，那么 Hadoop 文件 I/O 和传统文件 I/O 有何不同呢？

2．Hadoop 文件 I/O 操作和普通文件 I/O 操作的不同

Hadoop 文件 I/O 操作和普通文件 I/O 操作的不同主要体现在如下两个方面。

（1）数据的大小

传统的计算机系统处理的数据量相对较小，一般为 GB 级别；Hadoop 系统处理的数据量相对较大，一般为 TB、PB 级别。

（2）数据的位置

传统的计算机系统处理的数据相对集中。这些数据通常集中在一台计算机上；Hadoop

系统处理的数据相对分散，这些数据通常是分布在 Hadoop 集群中多台不同的计算机上。

以上两个方面的不同就要求 Hadoop 中的文件 I/O 操作要处理一些特殊问题。

(3) Hadoop 中的文件 I/O 操作要考虑的特殊问题

1) Hadoop 系统中的数据通常分布在多台机器上，那么数据在存储和传输过程中出错的可能性就大大增加，所以在使用数据时一定要实现数据的完整性检查，保证数据的完整性。

2) 数据在传输过程中不仅要考虑本地文件 I/O 操作的成本，还要考虑数据在不同机器之间传输所需的传输成本。

3) 由于 Hadoop 实现的是大规模数据集的存储和处理，所以对于大容量的分布式存储系统，对文件的压缩往往能够带来一些好处。比如：
- 能够减少文件存储所占用的磁盘空间。
- 能够加快文件在磁盘和网络间的传输速度。

4) 无论是数据文件的存储还是文件数据在网络上的传输，都需要实现数据的序列化和反序列化。序列化是指将内存中的对象转换成字节流，反序列化指将字节流恢复为对象的过程。因此，序列化的速度以及序列化后数据的大小都会影响数据的传输速度。所以 Hadoop 没有采用 Java 提供的序列化机制，而是自己实现了一个更符合 Hadoop 需求的序列化机制。

5) 由于 Hadoop 主要是针对大数据文件而设计的，所以对大量小文件的处理不仅消耗资源而且效率低下。为了解决这种问题，Hadoop 设计了更高层次的、基于文件的数据结构。比如：SequenceFile 和 MapFile。

所以 Hadoop 自带了一套原子操作（原子操作指不可被中断的一个或一系列操作）用于文件 I/O，其中一些技术比 Hadoop 本身更常用，比如如何实现数据的完整性检验？如何对大数据文件进行解压缩？如何实现数据的序列化和反序列化？还有更高层次的针对数据文件的存储结构等等？尤其是针对大规模数据集的处理，这些文件 I/O 知识就更值得关注。

5.2* Hadoop 文件 I/O 的数据完整性

5.2.1 Hadoop 文件 I/O 的数据完整性的概念

Hadoop 用户期望在存储或处理数据时数据是没有丢失或损坏的。然而，每一个通过磁盘或网络的读写文件 I/O 操作难免会出现数据丢失或脏数据，而且数据传输的量越大出错的几率越高。

Hadoop 文件 I/O 的数据完整性主要包括两个方面：

其一：数据传输的完整性，也就是数据在读写过程中数据的完整性。

其二：数据存储的完整性，也就是数据在存储过程中数据的完整性。

1．数据传输过程中的完整性保障

DataNode 在存储客户端上传的数据之前，会先检测数据的"校验和"，没有问题才写入；同样，客户端从 DataNode 节点读取数据时也会检测数据的"校验和"，没有问题才写入本地文件系统。

2. 数据存储过程中的完整性保障

DataNode 运行着一个后台进程（DataBlockScanner），定期对存储在其上面的 Block 进行"检验和"的检测，然后将检测结果汇报给 NameNode。

NameNode 会收到来自"客户端"、DataNode 的"校验和"信息，根据这两个信息，综合来维护文件的块存储及向客户端提供块读取服务。

实际上，为了保障数据的完整性，Hadoop 提供了"校验和"机制和数据校验程序两种方式来检测数据的完整性，而且这两种检验方式在 DataNode 节点上是同时工作的。

5.2.2 Hadoop 的数据校验方式

1. 数据的校验和

（1）"校验和"的原理

Hadoop 会为每一个固定长度的数据（一个个数据包）执行一次"校验"操作，即生成一个"校验和"，然后数据传输前计算一个校验和，传输后再计算一个校验和，如果两个校验和相同就说明数据是完整的，没有被损坏的。如果两个校验和不相同，就说明数据可能存在错误。但是这个技术没有提供数据修复的方法，它仅仅起到检测错误的作用。

（2）常见的校验码 CRC32

数据的完整性检测，可以通过"校验和"的比较来实现。比较常用的错误校验码是 CRC32（循环冗余校验，32-bit Cyclic Redundancy Check）。CRC32 指对数据的每一个校验块，都会创建一个单独的校验和，默认校验块大小是 512 个字节（该值可以通过 dfs.bytes-perchecksum 属性配置），它对指定大小的数据产生一个 32 位的校验和，即大小为 4 个字节。所以说校验和的大小只有不到实际数据大小的 1%。

注意："校验和"本身也是数据，所以也有可能是校验和损坏而不是数据损坏，最终导致无法验证数据的完整性，当出现这种情况时，客户端或 DataNode 会把错误信息汇报给 NameNode，NameNode 会协调一个新的副本提供数据读取服务，并会把该块标记为已损坏，以供后面的删除处理。但是由于校验和数据比实际数据要小得多，只有不到实际数据大小的 1%。所以出现错误的几率就很小。

关于校验和，HDFS 以透明的方式检验所有写入它的数据，并在默认设置下，会在读取数据时验证校验和。

2. 数据块检测程序（DataBlockScanner）

在 DataNode 节点上开启一个后台线程，来定期验证存储在它上所有块，这个是防止物理介质出现损减情况而造成的数据损坏。

DataNode 节点负责在存储数据（当然包括数据的校验和）之前验证它们收到的数据，如果此 DataNode 节点检测到错误，客户端会收到一个 CheckSumException。客户端读取 DataNode 节点上的数据时，会验证校验和，即将其与 DataNode 上存储的校验和进行比较。而且每一个 DataNode 节点都会维护着一个连续的校验和和验证日志，里面有着每一个 Block 的最后验证时间。客户端成功验证 Block 之后，便会告诉 DataNode 节点，

DataNode 节点随之更新日志。这一点就涉及到前面说的 DataBlockScanner 了，所以接下来就主要讨论 DataBlockScanner。

DataBlockScanner 是作为 DataNode 的一个后台线程工作的，跟着 DataNode 一块启动，它的工作流程如图 5-1 所示。

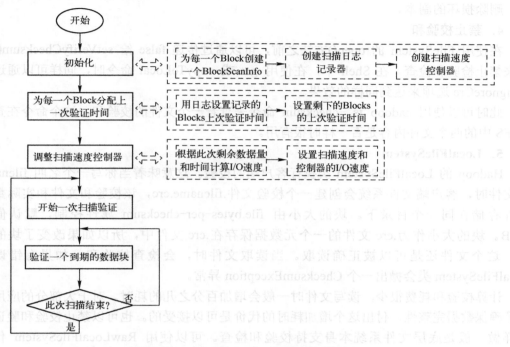

图 5-1　DataBlockScanner 工作流程图

扫描日志保存在 DataNode 节点的一个存储目录中，并放在 current 目录下。

我们也可以配置扫描周期，通过 DataNode 的配置文件来设置，配置项是：dfs.datanode.scan.period.hours，单位是小时。

3．数据校验场景及流程

DataNode 在接收数据存储之前，负责检查数据及校验。这适用于他们从客户端接收的数据和在复制时从其他 DataNode 接收的数据。客户端把数据发送到 DataNode 组成的 pipeline，pipeline 中的最后一个 DataNode 检查校验和。如果这个 DataNode 检测到错误，客户端会接收到一个 IOException 的子类，需要它处理（例如，重新执行操作）。

当客户端从 DataNode 读取数据时，它们也会检查校验和，把它与存储了这个数据的 DataNode 比较。每一个 DataNode 都保存了校验和验证日志，所以它知道它的每一个 Block 的最后验证时间。当客户端验证成功一个 Block，它告诉 DataNode，DataNode 会更新它的日志。像这样保存统计信息在检测磁盘损坏时很有价值。

除了客户端读取时会检验 Block 之外，每一个 DataNode 运行一个 DataBlockScanner，它会周期性检查 DataNode 中所存储的所有 Block。

由于 HDFS 存储了 Block 的副本，它可以通过复制好的副本来"恢复"损坏的 Block。

87

它的工作方式是如果客户端读取 Block 时发现一个错误，在抛出一个 ChecksumException 之前，它会把试图从 NameNode 读取的 Block 和 DataNode 报告给 NameNode，NameNode 标记这个 Block 为损坏的，这样它不会再把客户端定位到它或把它复制到别的 DataNode。然后它从其他的 DataNode 上复制一个副本，这样复制因子回复到期望水平。一旦复制完毕，删除损坏的副本。

4．禁止校验和

在使用 FileSystem 的 open()方法之前，可以通过传递 false 给 setVerifyChecksum()方法来禁止检验和检查。在 Shell 中，在使用-get 或-copyToLocal 命令时，同样可以通过使用-ignoreCrc 选项来达到同样的效果。

此时可以使用 hadoop fs -checksum 命令来查看一个文件的校验和，这个命令在查看 HDFS 中的两个文件内容是否一样时很有用。

5．LocalFileSystem

Hadoop 的 LocalFileSystem 类执行客户端的校验。这意味着当你写一个名叫 filename 的文件时，客户端文件系统会创建一个校验文件.filename.crc，该校验和文件和实际数据文件存储在同一个目录下。块的大小由 file.bytes-per-checksum 属性控制，默认值是 512B。块的大小作为.crc 文件的一个元数据保存在.crc 文件中，所以如果改变了块的大小，这个文件还是可以被正确读取。当读取文件时，会检查校验和，如果有错误，LocalFileSystem 类会抛出一个 ChecksumException 异常。

计算校验和耗费很少，读写文件时一般会增加百分之几的耗时。对于大部分的应用，为了确保数据完整性，付出这个增加耗时的代价是可以接受的。也可以禁止校验和验证，这样做一般是底层文件系统本身支持校验和检查。可以使用 RawLocalFileSystem 代替 LocalFileSystem 来完成。为了在整个应用中达到这个目的，可以重新映射 fileURI 的实现，设置 fs.file.impl 的属性值为 org.apache.hadoop.fs.RawLocalFileSystem。或者，可以直接创建一个 RawLocalFileSystem 实例，代码如下。

```
Configuration conf=...
FileSystem fs=new RawLocalFileSystem();
fs.initialize(null,conf);
```

6．ChecksumFileSystem

LocalFileSystem 使用 ChecksumFileSystem 类做校验和的工作，还可使用这个类给其他不支持校验和的文件系统添加校验和功能，代码如下。

```
FileSystem rawFs=...
FileSystem checksummedFs=new ChecksumFileSystem(rawFs);
```

如果文件系统是 raw 文件系统，可以通过 ChecksumFileSystem 的 getRawFileSystem() 方法得到校验和。ChecksumFileSystem 有几个更有用的方法，比如用来得到任意文件的校验和文件的方法 getChecksumFile()。

当 ChecksumFileSystem 读取文件时发现一个错误，它会调用它的 reportChecksum

Failure()方法。默认的实现不做任何事,但 LocalFileSystem 会把损坏的文件及它的校验和移动到同一个设备上的 bad_files 文件夹。

7. HDFS 的数据完整性检查

HDFS 会在 3 种情况下检查校验和:

(1) DataNode 接收数据后,存储数据前

在客户端写数据时,Hadoop 会形成一个数据管道(PipeLine),如图 5-2 所示。

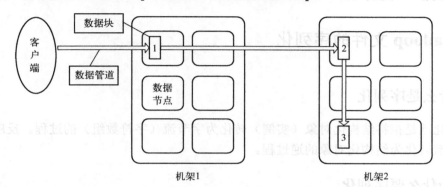

图 5-2 DataNode 形成的数据管道

Hadoop 不会在数据流动到每一个 DataNode 时都检查校验和,它只会在数据流动到最后一个 DataNode 时再检查校验和,即会在备份数据块 3 所在的 DataNode 接收完数据后检查校验和。如果它检查到错误,Hadoop 会抛出 ChecksumException 给客户端。

(2) 客户端读取 DataNode 上的数据时

当客户端从 DataNode 读取数据时,客户端需要检查校验和(默认配置是需要检查)。注意在每个 DataNode 上都会保存校验和,同时每个数据节点会保存校验和日志,这样可以知道每个数据块最后的校验时间。如果客户端对一个数据块校验成功,会通知 DataNode 更新校验和日志。

(3) DataNode 后台守护进程的定期检测

每个 DataNode 会周期性地在后台运行 DataBlockScanner,检查所有数据块的校验和。

8. HDFS 如何禁止数据完整性检查(局部设置)

在使用 open() 读取文件之前,设置 FileSystem 对象的 setVerifyChecksum 的值为 false,可禁止数据完整性检查的具体代码如下所示。

```
String uri = args[0];
Configuration conf = new Configuration();
FileSystem fs = FileSystem.get(URI.create(uri),conf);
fs.setVerifyChecksum(false);
InputStream in = fs.open(new Path(uri));
```

利用 Shell 命令可以达到同样效果,命令行代码如下所示。

```
hadoop fs –copyToLocal [–ignorecrc] [–crc] <src> <localdst>
hadoop fs –get    [–ignorecrc] [–crc] <src> <localdst>
```

例如：

```
hadoop fs -get -ignorecrc
input ~/Desktop
```

5.3 Hadoop 文件的序列化

5.3.1 什么是序列化

序列化就是指将结构化对象（实例）转化为字节流（字符数组）的过程。反序列化就是将字节流转化为结构化对象的逆过程。

5.3.2 为什么要序列化

一般来说，"活的"对象只生存在内存里，关机断电就没有了。而且"活的"对象只能由本地的进程使用，不能被发送到网络上的另外一台计算机。然而序列化可以存储"活的"对象，还可以将"活的"对象发送到远程计算机。

所以说，如果想存储"活的"对象，存储这串字节流即可，如果想把"活的"对象发送到远程主机，发送这串字节流即可，如果需要使用对象的时候，做一下反序列化，就能将对象"复活"了。

将对象序列化存储到文件的操作，又叫"持久化"或"永久存储"。将对象序列化发送到远程计算机的过程，又叫"数据通信"或"进程间通信"。

5.3.3 为什么不用 Java 的序列化

Java 也有序列化机制，但是 Java 的序列化机制的缺点就是计算量开销大，且序列化的结果体积太大，有时能达到对象大小的数倍乃至十倍。它的引用机制也会导致大文件不能分割的问题。这些缺点使得 Java 的序列化机制对 Hadoop 来说是不合适的。于是 Hadoop 设计了自己的序列化机制。

5.3.4 Hadoop 对序列化机制的要求

因为 Hadoop 通常是构建在分布式集群之上，在集群之间进行通信或者 RPC 调用的时候都需要序列化，而且要求序列化要快，且体积要小，占用带宽要小。

序列化和反序列化在分布式数据处理领域经常出现，比如进程通信和永久存储。Hadoop 中各个节点的通信是通过远程调用（RPC）实现的，RPC 协议对消息序列化成二进制流后发送到远程节点，远程节点接着将二进制流反序列化为原始信息。通常情况下，

RPC 对序列化机制具有以下要求：
- 格式紧凑：紧凑的格式能充分利用网络带宽，而带宽是分布式集群最稀缺的资源。
- 快速：进程通信形成了分布式系统的骨架，所以需要尽量减少序列化和反序列化的性能开销，力求加快 RPC 的速度。
- 可扩展：这里的可扩展指序列化机制能随 RPC 协议的升级而支持新的 RPC 协议。
- 互操作：能支持不同语言写的客户端和服务端进行交互。

5.3.5 Hadoop 中定义的序列化相关接口

Hadoop 中定义了两个序列化相关的接口：Writable 接口和 WritableComparable 接口，WritableComparable 是由 Writable 和 Comparable 两个接口合并成的一个接口。下面我们就了解一下这两个序列化接口。

1. Writable 接口

所有实现了 Writable 接口的类都可以被序列化和反序列化。Writable 接口中定义了两个方法，分别为 write(DataOutput out)和 readFields(DataInput in)。write()方法用于将对象状态写入二进制格式的 DataOutput 流，readFields()方法用于从二进制格式的 DataInput 流中读取对象状态。

Writable 接口源码如下：

```
public interface Writable {
    /**
     * 将对象转换为字节流并写入到输出流 out 中
     */
    void write(DataOutput out) throws IOException;
    /**
     * 从输入流 in 中读取字节流反序列化为对象
     */
    void readFields(DataInput in) throws IOException;
}
```

对于一个特定的 Writable 接口，我们可以对它进行两种常用操作：赋值和取值，这里我们以 IntWritable（IntWritable 是对 Java 的 int 类型的封装）为例来分别说明。

（1）通过 set()函数设置 IntWritable 的值

```
IntWritablevalue=newIntWritable();
value.set(888);
```

类似的，也可以使用构造函数来赋值。

```
IntWritablevalue=newIntWritable(888);
```

（2）通过 get()函数获取 IntWritable 的值

```
intresult=value.get();//这里获取的值为 888
```

2. WritableComparable 接口

WritableComparable 接口有两个功能，一个是实现使 Writable 接口具有序列化和反序列化的功能，另一个是实现了 Comparable 接口具有比较的功能。所有实现了 Comparable 的对象都可以和自身相同类型的对象比较大小。Comparable 接口源码为：

```
public interface Comparable {
    /**
     * 将this对象和对象o进行比较，约定：返回负数为小于，零为等于，整数为大于
     */
    public int compareTo(T o);
}
```

3. 自定义 Writable 接口

虽然 Hadoop 自带一系列实现了 Writable 接口的类，如 IntWritable，LongWritable 等，可以满足一些简单的数据类型的定义，但是有时候，特殊的业务场景需要我们自定义 Writable 的实现类。

下面我们通过自定义一个 Writable 类型的对象 TextPair 来学习一下如何自定义 Writable 类型。

为了演示如何创建一个自定义 Writable 接口，这里选择对两个字符串类型的数据创建一个数据类型，类名为 TextPair，代码如下所示。

```
public class TextPair implements WritableComparable {
    private     Text first;//Text 类型的实例变量 first
    private     Text second;//Text 类型的实例变量 second
    public TextPair() {
        set(newText(),newText());
    }
    public TextPair(String first, String second) {
        set(new Text(first),new Text(second));
    }
    public TextPair(Text first, Text second) {
        set(first, second);
    }
    public void set(Text first, Text second) {
        this.first = first;
        this.second = second;
    }
    public Text getFirst() {
        return first;
    }
    public Text getSecond() {
        return second;
    }
    //将对象转换为字节流并写入到输出流 out 中
```

```java
    @Override
    public void write(DataOutput out) throws IOException {
        first.write(out);
        second.write(out);
    }
    //从输入流 in 中读取字节流反序列化为对象
    @Override
    public void readFields(DataInput in) throws IOException {
        first.readFields(in);
        second.readFields(in);
    }
    @Override
    public int hashCode() {
        return first.hashCode() *163+ second.hashCode();
    }
    @Override
    public boolean equals(Object o) {
        if(o instance of TextPair) {
            TextPair tp = (TextPair) o;
            return first.equals(tp.first) && second.equals(tp.second);
        }
        return false;
    }
    @Override
    publicString toString() {
        return first +"\t"+ second;
    }
    //排序
    @Override
    public int compareTo(TextPair tp) {
        int cmp = first.compareTo(tp.first);
        if(cmp !=0) {
            return cmp;
        }
        return second.compareTo(tp.second);
    }
}
```

TextPair 对象有两个 Text 实例变量：first 和 second，以及相关的构造函数、get()方法和 set()方法。所有的 Writable 接口的实现都必须有一个默认的构造函数，以便 MapReduce 框架能够对它们进行实例化，进而调用 readFields()方法来填充它们的字段。Writable 实例是易变的、经常重用的，所以应该尽量避免在 write()方法或 readFields()方法中分配对象。

通过把对象委托给每个 Text 对象，TextPair 的 write()方法依次序列化输出流中的每一个 Text 对象。同样也通过把对象委托给 Text 对象本身，TextPair 的 readFields()方法反序列化输入流中的字节。DataOutput 和 DataInput 接口有丰富的整套方法用于序列化和反序列化 Java 基本类型，所以在一般情况下，能够完全控制 Writable 对象的数据传输格式。

5.4 Hadoop 数据的解压缩

互联网公司在日常运营中不断的生成、累积用户网络行为数据。这些数据的规模是如此庞大，以至于不能用单位 GB 或 TB 来衡量。所以如何高效地处理分析大数据的问题就摆在了用户面前。实际上对于大数据的处理优化方式有很多种，本节主要介绍如何在使用 Hadoop 平台上通过对数据进行压缩处理来提高数据处理效率。

5.4.1 解压缩简介

通过一些有别于原始编码的特殊编码方式来保存数据，使数据占用的存储空间比较小，这个过程一般叫压缩。和压缩对应的概念是解压缩，就是将被压缩的数据从特殊编码方式还原为原始数据的过程。

Hadoop 作为一个较通用的海量数据处理平台，每次运算都会需要处理大量数据，但是我们可以通过在 Hadoop 系统中对数据进行压缩处理来优化磁盘使用率，提高数据在磁盘和网络中的传输速度，从而提高系统处理数据的效率。

5.4.2 Hadoop 常见压缩格式及特点

Hadoop 对于压缩格式是自动识别的。如果我们压缩的文件有相应压缩格式的扩展名（比如 lzo、gz、bzip2 等）。Hadoop 会根据压缩格式的扩展名自动选择相对应的解码器来解压数据，此过程完全是 Hadoop 自动处理，我们只需要确保输入的压缩文件有扩展名即可。

1. Hadoop 常见压缩格式和特点

Hadoop 常见压缩格式和特点如表 5-1 所示。

表 5-1 Hadoop 常见压缩格式和特点

位数及版本说明	压缩格式	split	Native	压缩率	速度	是否 Hadoop 自带	Linux 命令	换成压缩格式后，原来的应用程序是否要修改
64 位	gzip	否	是	很高	比较快	是，直接使用	有	和文本处理一样，不需要修改
64 位	lzo	是	是	比较高	很快	否，需要安装	有	需要建索引，还需要指定输入格式
稳定版本	snappy	否	是	比较高	很快	否，需要安装	没有	和文本处理一样，不需要修改
稳定版本	bzip2	是	否	最高	慢	是，直接使用	有	和文本处理一样，不需要修改

2. Hadoop 各种压缩性能对比

Hadoop 中各种压缩算法的压缩比、压缩时间、解压时间，如表 5-2 所示。

表 5-2 Hadoop 下各种压缩算法的压缩比、压缩时间及解压时间

压缩算法	原始文件大小	压缩文件大小	压缩速度	解压速度
gzip	8.3GB	1.8GB	17.5MB/s	58MB/s
bzip2	8.3GB	1.1GB	2.4MB/s	9.5MB/s
LZO-bset	8.3GB	2GB	4MB/s	60.6MB/s
LZO	8.3GB	2.9GB	49.3MB/s	74.6MB/s

因此我们可以得出：

1）bzip2 压缩效果明显是最好的，但是 bzip2 压缩速度慢，可分割。
2）gzip 压缩效果不如 bzip2，但是压缩解压速度快，不支持分割。
3）LZO 压缩效果不如 bzip2 和 gzip，但是压缩解压速度最快，并且支持分割。

注意：文件的可分割性在 Hadoop 中是很非常重要的，它会影响到在执行作业时 Map 启动的个数，从而会影响到作业的执行效率。

所有的压缩算法都显示出一种时间空间的权衡，更快的压缩和解压速度通常会耗费更多的空间。在选择使用哪种压缩格式时，我们应该根据自身的业务需求来选择。

5.4.3 常见压缩的使用方式

1. 输入的文件的压缩

如果输入的文件是压缩过的，那么输入的文件在被 MapReduce 读取时，它们会被自动解压，压缩文件会根据文件扩展名来决定应该使用哪一个压缩解码器。

2. Map 作业输出结果的压缩

通常 Mapper 作业的输出会被写入磁盘并通过网络传输到 Reducer 节点，由于传输的数据量比较大，所以如果使用 LZO 之类的压缩技术对数据进行压缩，那么传输的数据量将大大减少，从而提高 MapReduce 运行的性能。以下代码显示了启用 Map 输出压缩和设置压缩格式的配置属性。

```
conf.setCompressMapOutput(true);
conf.setMapOutputCompressorClass(GzipCodec.class);
```

3. MapReduce 作业的输出的压缩

如果要压缩 MapReduce 作业的输出，请在作业配置文件中将 mapred.output.compress 属性设置为 true。将 mapred.output.compression.codec 属性设置为自己打算使用的压缩编码/解码器的类名。

除此之外，还可以设置 mapred.output.compression.type 属性来控制压缩类型，默认压缩类型为 RECORD（记录），表示对记录进行压缩。但是一般情况下会设置压缩类型为 BLOCK，由于 BLOCK 包含多条记录，所以 BLOCK 表示为压缩一组记录。这样有更好的压缩比，所以推荐使用。

5.5* 基于文件的数据结构

Hadoop 的 HDFS 和 MapReduce 框架主要是针对大数据文件而设计的，在小文件的处理上不但效率低，而且十分消耗磁盘空间。所以对于某些应用，为了解决这个问题，就需要使用一种特殊的数据结构来存储数据。Hadoop 为此开发了一系列基于文件的数据结构。比如：SequenceFile 和 MapFile。本节对 SequenceFile 进行介绍。

1. SequenceFile 概述

SequenceFile 是 Hadoop 用来存储二进制形式的<key,value>对而设计的一种平面文件（Flat File）。在 SequenceFile 文件中，每一个<key,value>对被看作是一条记录（Record）。SequenceFile 的存储类似于 LogFile，不同的是 LogFile 存储的是纯文本数据，而 SequenceFile 存储的是可序列化的字符数组。

在 SequenceFile 的基础之上提出了一些 HDFS 中小文件存储的解决方案，基本思路就是将小文件进行合并成一个大文件，比如每个文件的文件名作为 Key，文件内容作为 Value，然后写入 SequenceFile 文件。这将有效解决小文件存储的问题。

2. SequenceFile 的存储结构

SequenceFile 主要由一个 Header 和多个 Record 组成，此外，还包含一些同步标识（Sync）用于快速定位到记录的边界。Header 主要包含 Key classname、Value classname、存储压缩算法、用户自定义的元数据信息等。每条 Record 以键值对的方式进行存储，组成 Record 的字符数组包含：记录的长度、Key 的长度、Key 值和 Value 值，并且 Value 值的结构取决于该记录是否被压缩。

数据压缩有利于节省磁盘空间和加快数据在网络上的传输，SequenceFile 支持三种格式的数据压缩，分别是无压缩格式、记录压缩（Record compression）和块压缩（Block compression）。

（1）无压缩格式

因为 SequenceFile 默认没有启动压缩，所以为无压缩格式，如图 5-3 所示。

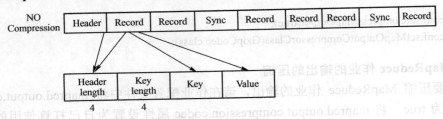

图 5-3　无压缩格式

（2）有压缩格式

1）记录压缩。记录压缩（Record compression）是对每条记录的 Value 进行压缩，如图 5-4 所示。

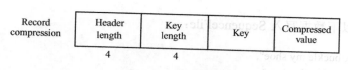

图 5-4 记录压缩格式

2）块压缩。块压缩（Block compression）是将一连串的 Record 组织一起，统一压缩成一个 Block。Block 信息主要存储了块所包含的记录数、每条记录 Key 长度的集合、每条记录 Key 值的集合、每条记录 Value 长度的集合和每条记录 Value 值的集合，如图 5-5 所示。

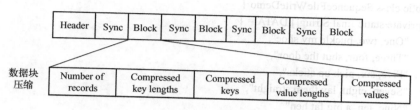

图 5-5 块压缩格式

（3）基于这三种压缩类型，Hadoop 提供了对应的三种类型的 Writer 类
- SequenceFile.Writer：写入时不压缩任何的<key,value>对（Record）；
- SequenceFile.RecordCompressWriter：写入时只压缩<key,value>对（Record）中的 Value；
- SequenceFile.BlockCompressWriter：写入时将一批<key,value>对（Record）压缩成一个 Block。

3. SequenceFile 的写操作

要想新建一个 SequenceFile 对象，可以使用 SequenceFile 的一个静态方法 createWriter()，该方法会返回一个 SequenceFile.Writer 实例。该静态方法有几个重载版本，但是名称它们都需要指定一个待写入的数据流（FSDataOutputStream 或 FileSystem 对象和 Path 对象）、Configuration 对象和键/值类型。可选参数包括压缩的类型和编码/解码器、一个将由写进度来唤醒的 Progressable 回调方法和一个将存储在 SequenceFile 类头部的 Metadata 实例。另外，存储在 SequenceFile 类中的键和值不一定必须是 Writable 类型。可以被 Serialization 类序列化和反序列的任何类型都可以使用。有 SequenceFile.Writer 之后，就可以使用 append() 方法在文件末尾写入键/值对。然后在结束的时候可以调用 close() 方法，因为 SequenceFile.Writer 实现了 java.io.Closeable 接口。

SequenceFile 的写操作的流程总结如下：
1）创建 Configuration。
2）获取 FileSystem。
3）创建文件输出路径 Path。
4）调用 SequenceFile.createWriter 方法得到 SequenceFile.Writer 对象。
5）调用 SequenceFile.Writer.append 方法往文件中追加数据。
6）关闭流。

下面我们将以下数据写入 SequenceFile：

"One, two, buckle my shoe",
"Three, four, shut the door",
"Five, six, pick up sticks",
"Seven, eight, lay them straight",
"Nine, ten, a big fat hen"

具体代码如下：

```java
public class SequenceFileWriteDemo {
    private static final String[] DATA = {
        "One, two, buckle my shoe",
        "Three, four, shut the door",
        "Five, six, pick up sticks",
        "Seven, eight, lay them straight",
        "Nine, ten, a big fat hen"
    };

    public static void main(String[] args) throws IOException {
        String uri = args[0];
        Configuration conf = new Configuration();
        FileSystem fs = FileSystem.get(URI.create(uri), conf);
        Path path = new Path(uri);
        IntWritable key = new IntWritable();
        Text value = new Text();
        SequenceFile.Writer writer = null;
        try {
            writer = SequenceFile.createWriter(fs, conf, path,
            //SequenceFile.Writer writer = SequenceFile.createWriter(fs,conf,path,key.getClass(),value.getClass(),CompressionType.RECORD,new BZip2Codec());  采用压缩，用 BZip2 压缩算法
                    key.getClass(), value.getClass());
            for (int i = 0; i < 100; i++) {
                key.set(100 - i);
                value.set(DATA[i % DATA.length]);
                System.out.printf("[%s]\t%s\t%s\n", writer.getLength(), key, value);//getLength 获取的是当前文件的位置
                writer.append(key, value);
            }
        } finally {
            IOUtils.closeStream(writer);
        }
    }
}
```

代码运行结果如下所示。SequenceFile 中存储的键（key）是从 100 到 1 降序排列的整数，值（value）就是具体的每行数据。

```
% hadoop SequenceFileWriteDemo numbers.seq
    100     One, two, buckle my shoe
    99      Three, four, shut the door
    98      Five, six, pick up sticks
    97      Seven, eight, lay them straight
    96      Nine, ten, a big fat hen
    95      One, two, buckle my shoe
    94      Three, four, shut the door
    93      Five, six, pick up sticks
    92      Seven, eight, lay them straight
    91      Nine, ten, a big fat hen
    ...
    60      One, two, buckle my shoe
    59      Three, four, shut the door
    58      Five, six, pick up sticks
    57      Seven, eight, lay them straight
    56      Nine, ten, a big fat hen
    ...
    5       One, two, buckle my shoe
    4       Three, four, shut the door
    3       Five, six, pick up sticks
    2       Seven, eight, lay them straight
    1       Nine, ten, a big fat hen
```

4. SequenceFile 的读取操作

从头到尾读取 SequenceFile，需要创建一个 SequenceFile.Reader 实例，然后反复调用 next()方法迭代读取记录。读取到哪条记录取决于所用的序列化框架。如果使用 Writable 类型，则可以使用取一个键和一个值作为参数的 next()方法，将数据流中的下一个键/值对读入变量中：

```
public boolean next(Writable key , Writable val)
```

如果读取的是一个键/值对，则返回值为 true，如果读取的是文件末尾，返回值为 false。SequenceFile 的读操作的流程总结如下：

1）创建 Configuration。
2）获取 FileSystem。
3）创建文件输出路径 Path。
4）创建一个 SequenceFile.Reader 进行读取。
5）得到 keyClass 和 valueClass。
6）关闭数据流。

具体代码如下：

```
public class SequenceFileReadDemo {
    public static void main(String[] args) throws IOException {
        String uri = args[0];
```

```
            Configuration conf = new Configuration();
            FileSystem fs = FileSystem.get(URI.create(uri), conf);
            Path path = new Path(uri);
            SequenceFile.Reader reader = null;
            try {
                reader = new SequenceFile.Reader(fs, path, conf);
                Writable key = (Writable)
                    ReflectionUtils.newInstance(reader.getKeyClass(), conf);   //获取 key 的数据类型是从
reader 中获取的
                Writable value = (Writable)
                    ReflectionUtils.newInstance(reader.getValueClass(), conf);
                long position = reader.getPositIion();
                while (reader.next(key, value)) {
                    String syncSeen = reader.syncSeen() ? "*" : "";            //同步点,那就*标记
                    System.out.printf("[%s%s]\t%s\t%s\n", position, syncSeen, key, value);
                    position = reader.getPosition(); // beginning of next record
                }
            } finally {
                IOUtils.closeStream(reader);
            }
        }
    }
```

注意:
Writable key = (Writable) ReflectionUtils.newInstance(reader.getKeyClass(), conf);
Writable value = (Writable) ReflectionUtils.newInstance(reader.getValueClass(), conf);
通过以上两行代码,我们可以找到任何 reader 对象的数据类型,也就是说只要是实现了 Writable 接口的对象,我们就可以处理任何数据类型。

此程序的另一个特征是它显示了序列文件中同步点的位置。同步点是流中的一个点,如果 reader "迷失",同步点就可用于重新同步记录边界,例如在查找流中任意一个位置之后,同步点由 SequenceFile.Reader 来记录,当序列文件被写入的时候,它会每隔几个记录就插入一个特殊的项来标记此同步点。插入的这种项非常小,通常开销小于存储大小的 1%。同步点通常与记录边界重合。

代码运行结果如下:

```
% hadoop SequenceFileReadDemo numbers.seq
100   One, two, buckle my shoe
99    Three, four, shut the door
98    Five, six, pick up sticks
97    Seven, eight, lay them straight
96    Nine, ten, a big fat hen
95    One, two, buckle my shoe
94    Three, four, shut the door
93    Five, six, pick up sticks
```

92	Seven, eight, lay them straight
91	Nine, ten, a big fat hen
90	One, two, buckle my shoe
...	
60	One, two, buckle my shoe
59	Three, four, shut the door
58	Five, six, pick up sticks
57	Seven, eight, lay them straight
56	Nine, ten, a big fat hen
5	One, two, buckle my shoe
4	Three, four, shut the door
3	Five, six, pick up sticks
2	Seven, eight, lay them straight
1	Nine, ten, a big fat hen

有两种方法可以查找序列文件中的指定位置。

第一种是 seek ( ) 方法，它将 reader 对象定位在文件中的指定点。例如，如预期的那样寻找一个记录边界，代码如下：

```
reader.seek(359);assertThat(reader.next(key,value),is(true));assertThat(((IntWritable)key).get(),is(95));
```

但如果文件中的指定位置不是记录边界，reader 会在调用 next ( ) 方法时失败，代码如下。

```
reader.seek(360);reader.next(key,value);// fails with IOException
```

第二种查找记录边界的方格用到了同步点。SequenceFile.Reader 上的 sync(long position) 方法能把 reader 定位到下一个同步点（如果在这之后没有同步点，那么此 reader 会定位到文件末尾）。因此，我们可以用流中的任何位置来调用 sync () 方法，代码如下。

```
reader.sync(360);assertThat(reader.getPosition(),is(2021L));assertThat(reader.next(key,value),is(true));
assertThat(((IntWritable)key).get(),is(59));
```

在使用序列文件作为 Map Reduce 输入的时候，同步点开始发挥作用，因为它们允许文件分割，所以文件的不同部分通过独立的 Map 任务得以单独处理。这一点是很重要的。

5.6* 实战：Hadoop 源码编译及 Snappy 压缩的配置使用

1. Hadoop 源码编译概述

Hadoop 源码编译就是通过编译 Hadoop 源码生成新的 Hadoop 安装包。因为默认的 Hadoop 安装包并不是包含所有功能的实现，比如就不包含 Snappy 压缩的实现。所以如果要想在 Hadoop 中使用 Snappy 压缩的功能，那么就需要通过源码编译，把 Snappy 压缩功能编译到 Hadoop 安装包内。

2．Hadoop 源码编译相关软件的安装

在进行 Hadoop 源码编译之前，首先需要安装一系列源码编译所需要的工具（资源路径：第 5 章/5.6/安装包/Hadoop 源码编译安装包.rar），具体安装哪些工具可以参考 Hadoop 源码文件夹下的 BUILDING.txt 文件。

3．Hadoop 源码编译

这里我们以 hadoop-2.6.0 为例进行 Hadoop 的源码编译，其他 Hadoop 版本和该方法类似。

首先下载并解压 hadoop-2.6.0-src.tar.gz，然后进入 hadoop-2.6.0-src 目录编码 Hadoop 源码和 Snappy 压缩。当然，大家选择其他版本的 Hadoop 也是可以的。

1）执行 mvn package -Pdist,native -DskipTests -Dtar -Dbundle.snappy -Dsnappy.lib=/usr/local/lib，然后一直等待，直到如下图 5-6 所示，即表示源码编译成功。

注意：/usr/local/lib 是 Snappy 默认安装目录。另外编译源码前需要修改 maven 配置文件 settings.xml（资源路径：第 5 章/5.6/配置文件/setting.xml）。

2）Hadoop 源码编译成功之后，在 hadoop-2.6.0-src/hadoop-dist/target 目录找到编译后的 Hadoop 安装包，即 hadoop-2.6.0.tar.gz，然后输入命令 tar -zxvf hadoop-2.6.0.tar.gz 解压安装包得到 hadoop-2.6.0，如图 5-7 所示。

```
[INFO] Apache Hadoop Ant Tasks ............................ SUCCESS [  3.944 s]
[INFO] Apache Hadoop Extras ............................... SUCCESS [  6.111 s]
[INFO] Apache Hadoop Pipes ................................ SUCCESS [ 10.920 s]
[INFO] Apache Hadoop OpenStack support .................... SUCCESS [  9.943 s]
[INFO] Apache Hadoop Amazon Web Services support .......... SUCCESS [01:36 min]
[INFO] Apache Hadoop Client ............................... SUCCESS [ 14.818 s]
[INFO] Apache Hadoop Mini-Cluster ......................... SUCCESS [  0.191 s]
[INFO] Apache Hadoop Scheduler Load Simulator ............. SUCCESS [  9.500 s]
[INFO] Apache Hadoop Tools Dist ........................... SUCCESS [ 16.447 s]
[INFO] Apache Hadoop Tools ................................ SUCCESS [  0.081 s]
[INFO] Apache Hadoop Distribution ......................... SUCCESS [01:03 min]
[INFO] ------------------------------------------------------------------------
[INFO] BUILD SUCCESS
[INFO] ------------------------------------------------------------------------
[INFO] Total time: 53:20 min
[INFO] Finished at: 2016-07-03T01:17:32+08:00
[INFO] Final Memory: 184M/564M
[INFO] ------------------------------------------------------------------------
You have new mail in /var/spool/mail/root
```

图 5-6　源码编译成功的标志

```
[root@dajiangtai ~]# cd /home/hadoop/app/hadoop-2.6.0-src/hadoop-dist/target/
[root@dajiangtai target]# ls
antrun                    dist-tar-stitching.sh  hadoop-2.6.0.tar.gz    hadoop-dist-2.6.0-javadoc.jar  maven-archiver
dist-layout-stitching.sh  hadoop-2.6.0           hadoop-dist-2.6.0.jar  javadoc-bundle-options         test-dir
[root@dajiangtai target]#
```

图 5-7　源码编译之后的 Hadoop 安装包

3）输入命令 cd ./hadoop-2.0/lib/native，切换到 native 目录下，会发现多了一些和 snappy 有关的文件，如图 5-8 所示。

```
[root@dajiangtai native]# ls
libhadoop.a       libhadoop.so.1.0.0  libhdfs.so        libsnappy.la    libsnappy.so.1.3.0
libhadooppipes.a  libhadooputils.a    libhdfs.so.0.0.0  libsnappy.so
libhadoop.so      libhdfs.a           libsnappy.a       libsnappy.so.1
[root@dajiangtai native]#
```

图 5-8　snappy 相关的文件

4）输入命令 cp ./* /usr/java/hadoop/lib/native（这里的路径要和自己本地的路径对应）

把该 native 目录下的文件 copy 到原 Hadoop 安装目录下的 native 目录里，简单地说就是替换原来的 native 目录。

5）最后输入命令 hadoop checknative -a 检查本地库是否安装成功。出现如图 5-9 所示信息表示含有 Snappy 压缩的本地库安装成功。

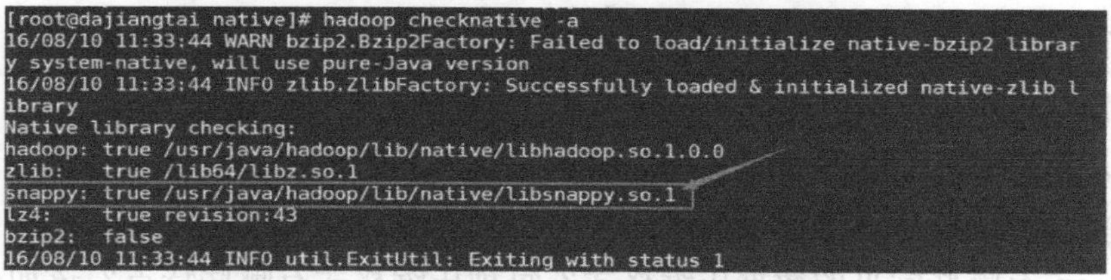

图 5-9　snappy 压缩的本地库安装成功

到这里，Hadoop 源码编译完毕，下面我们来配置 Snappy 压缩。

4．Hadoop 配置 Snappy 压缩

Hadoop 配置 Snappy 压缩比较简单，主要分为以下几步：

1）配置 hadoop-env.sh。修改 hadoop-env.sh 配置文件，增加以下配置。

```
export HADOOP_HOME=/usr/java/hadoop 安装目录
export LD_LIBRARY_PATH=$LD_LIBRARY_PATH:$HADOOP_HOME/lib/native
```

2）配置 core-site.xml。修改 core-site.xml 配置文件，增加以下配置。

```
<property>
    <name>io.compression.codecs</name>
    <value>org.apache.hadoop.io.compress.SnappyCodec</value>
</property>
```

3）配置 mapred-site.xml。如果 MapRechuce 中间结果需要使用 snappy 压缩，修改 mapred-site.xml 如下。

```
<property>
    <name>mapreduce.map.output.compress</name>
    <value>true</value>
</property>
<property>
    <name>mapreduce.map.output.compress.codec</name>
    <value>org.apache.hadoop.io.compress.SnappyCodec</value>
</property>
```

至此，我们就可以对 MapReduce 中的 Map 输出的中间结果使用 Snappy 压缩了。

本章小结

本章主要讲解了 Hadoop 的文件 I/O 底层的一些原理及使用，通过本章的深入学习，

相信大家对数据的完整性检验、常见数据压缩的特点及使用场景、Hadoop 序列化及反序列化机制以及基于文件的数据结构等有了更进一步的认识。这对于深入理解 MapReduce 编程开发也会起到很大的帮助作用。

本章习题

1. Hadoop 是如何保证数据的完整性的？
2. Hadoop 对序列化机制的要求有哪些？
3. 如何自定义 Hadoop 数据类型？
4. Hadoop 有哪些常见的数据压缩格式？每种压缩格式有哪些特点？该如何选择使用哪种压缩格式？
5. SequenceFile 支持哪些压缩格式？

第 6 章 YARN 资源管理器

学习目标
- 了解 YARN 的产生背景
- 理解 YARN 和 MapReduce 的关系
- 掌握 YARN 的工作流程
- 掌握 YARN 的 HA 部署

YARN 是一个通用的资源管理系统。它是在 Hadoop 1.0 的基础上演化而来的。YARN 充分吸取了 Hadoop 1.0 的优点，同时又增加了很多新的特性，具有比 Hadoop 1.0 更先进的设计理念和思想。本章将从多个角度深入剖析 YARN 的核心原理及使用方法，让读者对 Hadoop 中的资源管理系统有一个全面的认识。

6.1 初识 YARN

6.1.1 YARN 是什么

Apache Hadoop YARN（Yet Another Resource Negotiator，另一种资源协调者）是一种新的 Hadoop 资源管理器，它是一个通用的资源管理系统，可为上层应用提供统一的资源管理和调度服务，它的引入为集群在资源利用、资源的统一管理调度和数据共享等方面带来了巨大好处。

YARN 产生的原因主要是为了解决原 MapReduce 框架的不足。最初 MapReduce 的开发者还可以周期性地在已有的代码上进行修改，可是随着代码的增加以及原 MapReduce 框架设计的局限性，在原 MapReduce 框架上进行修改变得越来越困难，所以 MapReduce 的开发者决定从架构上重新设计 MapReduce，使下一代的 MapReduce 框架具有更好的扩展性、可用性、可靠性、向后兼容性和更高的资源利用率以及能支持除了 MapReduce 计算框架外的更多的计算框架。

从严格意义上说，YARN 并不完全是下一代 MapReduce（MRv2），因为下一代 MapReduce 与第一代 MapReduce（MRv1）在编程接口、数据处理引擎（Map Task 和 Reduce Task）是完全一样的，可以认为 MRv2 重用了 MRv1 的这些模块，不同的是资源管理和作业管理系统，MRv1 中资源管理和作业管理均是由 JobTracker 实现的，集两个功能于一身，而在 MRv2 中，将这两部分分开了，其中，作业管理由 ApplicationMaster 实现，而资源管理由新增系统 YARN 完成，由于 YARN 具有通用性，因此 YARN 也可以作为其他计算框架的资源管理系统，比如 Spark、Storm 等，不仅限于 MapReduce。通常而言，一般将运行在 YARN 上的计算框架称为 "X on YARN"，比如 "MapReduce On YARN" "Spark On YARN" "Storm On YARN" 等。

6.1.2 YARN 的作用

从图 6-1 可以看出 YARN 在 Hadoop 生态系统中的位置，YARN 作为一种通用的资源管理系统，为上层应用提供统一的资源管理和调度。可以让上层的多种计算模型（比如 MapReduce、Hive、Storm、Spark 等）共享整个集群资源，提高集群的资源利用率，而且还可以实现多种计算模型之间的数据共享。

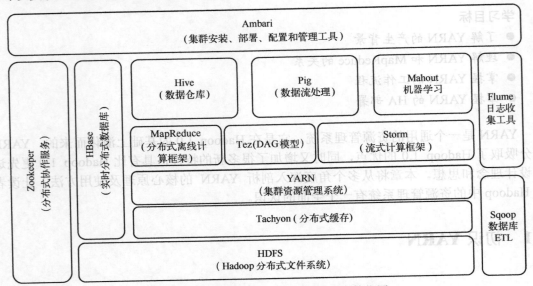

图 6-1 YARN 在 Hadoop 生态系统中的位置

6.2 YARN 基本架构

首先了解一下 YARN 的架构图，YARN 的架构图如图 6-2 所示。

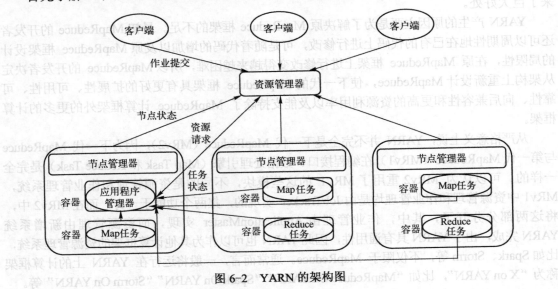

图 6-2 YARN 的架构图

从 YARN 的架构图来看，YARN 主要是由资源管理器（ResourceManager）、节点管理器（NodeManager）、应用程序管理器（ApplicationMaster）和相应的容器（Container）构成的。每个组件的作用如下：

1. 资源管理器

ResourceManager 是一个全局的资源管理器，它负责整个系统的资源管理和调度，主要由两个组件构成：一个是资源调度器（ResourceScheduler），另一个是应用程序管理器（ApplicationsManager）。

（1）资源调度器

资源调度器（ResourceScheduler）是一个纯的调度器，它不从事任何与应用程序相关的工作，它将系统中的资源分配给各个正在运行中的程序，它不负责监控或者跟踪应用的执行状态，也不负责重新启动因应用程序失败或者硬件故障而导致的失败任务。这些都由应用程序对应的全局应用程序管理器完成。调度器是一个可插拔的组件，用户可以根据自己的需要设计新的调度器，YARN 提供了很多可以直接使用的调度器。

（2）全局应用程序管理器

全局应用程序管理器（ApplicationsManager），它负责整个系统中所有应用程序的管理，包括应用程序的提交，与调度器协商资源来启动应用程序管理器，监控应用程序管理器运行状态，并在失败的时候通知它等。具体的任务则交给应用程序管理器去管理，所以相当于一个项目经理的角色。

2. 应用程序管理器

用户提交的每一个应用程序都包含一个应用程序管理器（ApplicationMaster），应用程序管理器主要是与资源管理器协商获取资源，应用程序管理器将得到的资源分配给内部具体的任务，应用程序管理器负责与节点管理器通信以启动或停止具体的任务，并监控该应用程序所有任务的运行状态，当任务运行失败时，重新为任务申请资源并重启任务。

3. 节点管理器

节点管理器（NodeManager）作为 YARN 主从架构的从节点，它是整个作业运行的一个执行者，节点管理器是每个节点上的资源和任务管理器，它会定时向资源管理器汇报本节点的资源使用情况和各个容器（这是一个动态的资源单位）的运行状态，并且节点管理器接收并处理来自应用程序管理器的容器启动和停止等请求。

4. 容器

容器（Container）是对资源的抽象，它封装了节点的多维度资源，比如封装了内存、CPU、磁盘、网络，当应用程序管理器向资源管理器申请资源时，资源管理器为应用程序管理器返回的资源就是一个容器，得到资源的任务只能使用该容器所封装的资源，容器是根据应用程序需求动态生成的。

6.3 YARN 的工作原理

6.3.1 YARN 上运行的应用程序

运行在 YARN 上的应用程序主要分为两类：

（1）短应用程序

是指一定时间内（可能是秒级、分钟级、小时级或天级，尽管天级别或者更长的时间也存在，但非常少）可运行完成并正常退出的应用程序，比如 MapReduce 作业、Tez DAG 作业等。

（2）长应用程序

是指不出意外，永不终止运行的应用程序，通常是一些服务，比如 Storm Service（主要包括 Nimbus 和 Supervisor 两类服务）、HBase Service（包括 HMaster 和 RegionServer 两类服务）等，而它们本身作为一个框架提供了编程接口供用户使用。

6.3.2 YARN 的工作流程

尽管长、短两类应用程序的作用不同，短应用程序直接运行数据处理程序，长应用程序用于部署服务（服务之上再运行数据处理程序），但这二者运行在 YARN 上的流程是相同的。YARN 的工作流程图如图 6-3 所示。

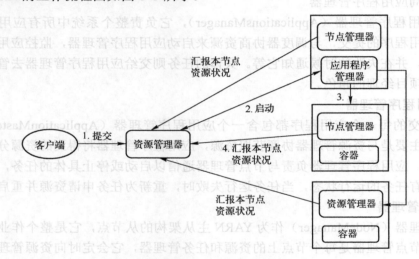

图 6-3 YARN 的工作流程图

1）客户端（Client）向资源管理器（ResourceManager）提交一个作业，作业包括应用程序管理器（ApplicationMaster）程序，启动应用程序管理器的程序和用户程序（比如 MapReduce）。

2）资源管理器会为该应用程序分配一个容器（Container），它首先会跟节点管理器进行通信，要求它在这个容器中启动应用程序的应用程序管理器。

3）应用程序管理器一旦启动以后，它首先会向资源管理器注册，这样用户可以直接通过资源管理器查看应用程序的运行状态，然后它将为各个任务申请资源并监控它们的运行状态，直到运行结束，它会以轮询的方式，通过 RPC 协议向资源管理器申请和领取资源，一旦应用程序管理器申请到资源后，它会和节点管理器通信，要求它启动并运行任务。

4）各个任务通过 RPC 协议向应用程序管理器汇报自己的状态和进度，这样会让应用程序管理器随时掌握各个任务的运行状态，一旦任务运行失败，应用程序管理器就会重启该任务，重新申请资源。应用程序运行完成后，应用程序管理器就会向资源管理器注销并关闭此任务。在应用程序整个运行过程中可以用 RPC 向应用程序管理器查询应用程序当前的运行状态，在 Web 上也可以看到整个作业的运行状态。

6.3.3 MapReduce On YARN 的工作流程

由于 YARN 是一个统一的资源调度框架，可以在 YARN 上运行很多种不同的应用程序，比如 MapReduce、Storm、Spark 等，这里以 MapReduce 为例阐述一下在 YARN 中运行 MapReduce 的具体流程。

MapReduce 在 YARN 上运行的具体流程如图 6-4 所示。

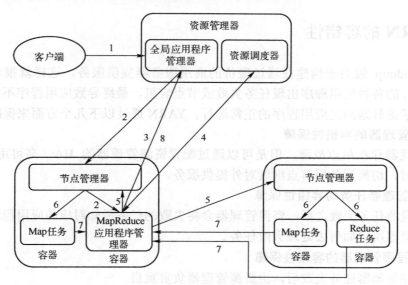

图 6-4 YARN 的具体流程图

步骤 1：用户向资源管理器（ResourceManager）提交作业，作业包括 MapReduce 应用程序管理器，启动 MapReduce 应用程序管理器的程序和用户自己编写的 MapReduce 程序。用户提交的所有作业都由 ApplicationManager（全局应用程序管理器）管理。

步骤 2：资源管理器为该应用程序分配第一个容器（Container），并与对应的节点管理器（NodeManager）通信，要求它在这个容器中启动 MapReduce 应用程序管理器。

步骤 3：MapReduce 应用程序管理器首先向资源管理器注册，这样用户可以直接通过资源管理器查看应用程序的运行状态，然后它将为各个任务申请资源，并监控它们的运行状态，直到运行结束，即要重复步骤 4-7。

步骤 4：MapReduce 应用程序管理器采用轮询的方式通过 RPC 协议向资源管理器申请和领取资源。

步骤 5：一旦 MapReduce 应用程序管理器申请到资源后，便与对应的节点管理器通信，要求启动任务。

步骤 6：节点管理器为任务设置好运行环境，包括环境变量、JAR 包、二进制程序等，然后将任务启动命令写到另一个脚本中，并通过运行该脚本启动任务。

步骤 7：各个任务通过 RPC 协议向 MapReduce 应用程序管理器汇报自己的状态和进度，MapReduce 应用程序管理器随时掌握各个任务的运行状态，从而可以在任务失败时重新启动任务。在应用程序运行过程中，用户可以随时通过 RPC 协议向 MapReduce 应用程序管理器查询应用程序的当前运行状态。

步骤 8：应用程序运行完成后，MapReduce 应用程序管理器向资源管理器注销并关闭自己。

在应用程序整个运行过程中也可以用 RPC 向资源管理器查询应用程序当前的运行状态，在 Web 上也可以看到整个作业的运行状态。

6.4 YARN 的容错性

由于 Hadoop 致力于构建在通过廉价的商用服务器提供服务，这样就很容易导致在 YARN 中运行的各种应用程序出现任务失败或节点宕机，最终导致应用程序不能正常执行的情况。为了更好地满足应用程序的正常运行，YARN 通过以下几个方面来保障容错性。

1. 资源管理器的容错性保障

资源管理器存在单点故障，但是可以通过配置资源管理器的 HA（高可用），当主节点出现故障时，切换到备用节点继续对外提供服务。

2. 节点管理器任务的容错性保障

节点管理器任务失败之后，资源管理器会将失败的任务通知对应的应用程序管理器，应用程序管理器决定如何去处理失败任务。

3. 应用程序管理器的容错性保障

应用程序管理器任务失败后，由资源管理器负责重启。

其中，应用程序管理器需要处理内部任务的容错问题。资源管理器会保存已经运行的任务，重启后无须重新运行。

6.5 YARN HA

HA（High Availability）指高可用，YARN 的 HA 主要指资源管理器的 HA，因为资源管理器作为主节点存在单点故障，所以要通过 HA 的方式解决资源管理器单点故障的问题。

那么怎么实现 HA 呢？需要考虑哪些问题呢？或者说关键的技术难点是什么呢？

实际上最主要的有两点，既然是高可用，就是一个主节点失效了，另一个主节点能够马上接替工作对外提供服务，那么这就涉及故障自动转移的实现。实际上在做故障转移的时候还需要考虑的就是当切换到另外一个主节点时，不应该导致正在连接的客户端失败，主要包括客户端、从节点（NodeManager）与主节点（ResourceManager）的连接。这就是第一个问题：如何实现主备节点的故障转移？

还有一个要考虑的就是新的主节点要接替旧的主节点对外提供服务，那么如何保证新旧主节点的状态信息（元数据）一致呢？这就涉及第二个问题：共享存储的实现。

实际上实现 YARN 的 HA 主要就是解决这两个问题。接下来看一下 YARN HA 的架构原理图，如图 6-5 所示。

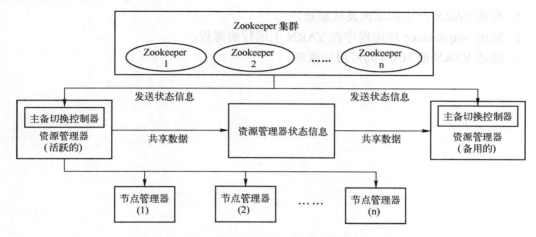

图 6-5　YARN HA 的架构原理图

由于前边章节已经讲解过 HDFS 中 NameNode 的 HA，所以接下来结合 YARN HA 的架构原理图，对 NameNode HA 和 YARN HA 做一个比较。

1. 实现主备节点间故障转移的对比

YARN HA 和 NameNode HA 的不同在于，YARN HA 是让主备切换控制器作为资源管理器中的一部分，而不是像 NameNode HA 那样把主备切换控制器作为一个单独的服务运行。这样 YARN HA 中的主备切换器就可以更直接地切换资源管理器的状态。

2. 实现主备节点间数据共享的对比

通过前面的学习可以知道，资源管理器负责整个系统的资源管理和调度，内部维护了各个应用程序的应用程序管理器信息、节点管理器信息、资源使用信息等。考虑到这些信息绝大多数可以动态重构，因此解决 YARN 单点故障要解决比 HDFS 单点故障容易很多。与 HDFS 类似，YARN 的单点故障仍采用主备切换的方式完成，不同的是，正常情况下 YARN 的备节点不会同步主节点的信息，而是在主备切换之后，才从共享存储系统读取所需信息。之所以这样，是因为 YARN 资源管理器内部保存的信息非常少，而且这些信息是动态变化的，大部分可以重构，原有信息很快会变旧，所以没有同步的必要。因此 YARN 的共享存储并没有通过其他机制来实现，而是直接借助 Zookeeper 的存储功能完成主备节点的信息共享。

有关 YARN HA 的相关安装配置会在 Hadoop 分布式集群搭建章节具体讲解演示。

本章小结

本章重点讲解了 YARN 的基本理论、YARN 的演化过程、应用程序在 YARN 上的运行流程以及 YARN HA 等重点知识。相信通过本章的深入讲解，对 YARN 资源管理框架在

Hadoop 生态系统中的作用会有更深刻的认识。

本章习题

1. 简述 YARN 产生的原因及优缺点。
2. 简述 MapReduce 应用程序在 YARN 上运行的流程。
3. 简述 YARN 的 HA（高可用）原理。

第 7 章*　Zookeeper 分布式协调服务

学习目标
- 理解 Zookeeper 基本架构与原理
- 掌握 Zookeeper 相关服务
- 熟悉 Zookeeper 各种应用场景

编写单机版的应用比较简单，但是编写分布式应用就比较困难，主要原因在于会出现部分失败。什么是部分失败呢？当一条消息在网络中的两个节点之间传输时，如果出现网络错误，发送者无法知道接收者是否已经收到这条消息，接收者可能在出现网络错误之前就已经收到这条消息，也有可能没有收到，又或者接收者的进程已经"死掉"。发送者只能重新连接接收者并发送咨询请求才能获知之前的信息接收者是否收到。简而言之，部分失败就是不知道一个操作是否已经失败。

Zookeeper 是一个分布式应用程序的协调服务，Zookeeper 可以提供一组工具，让人们在构建分布式应用时能够对部分失败进行正确处理（部分失败是分布式系统固有的特征，使用 Zookeeper 并不能避免部分失败）。本章内容将从 Zookeeper 的架构原理、服务、应用场景、安装配置以及典型案例等方面逐步深入讲解 Zookeeper。

7.1　Zookeeper 概述

7.1.1　ZooKeeper 是什么

ZooKeeper 是一个分布式的、开放源代码的分布式应用程序协调服务，是对 Google 的 Chubby 组件的开源实现，为 Hadoop 和 HBase 的运行提供相应的服务。它是一个为分布式应用提供一致性服务的软件，提供的功能包括：配置维护（使得集群中的机器可以共享配置信息中那些公共的部分）；命名服务（是指通过指定的名字来获取资源或者服务的地址，以及提供者的信息。利用 Zookeeper 很容易创建一个全局的路径，而这个路径就可以作为一个名字，可以指向集群中的机器，提供的服务的地址，远程对象等）；分布式同步（可以使得集群中各个节点具有相同的系统状态）；组服务（通过 Zookeeper 的短暂节点的特性，来监控每个应用程序的上线和下线）等。它使用 Java 语言编写，通过 Zab 协议来保证节点的一致性。ZooKeeper 的目标就是封装好复杂易出错的关键服务，将简单易用的接口和性能高效、功能稳定的系统提供给用户。

注：短暂节点也称为临时节点，当创建短暂节点的客户端会话结束时，Zookeeper 会

将该短暂节点删除。

7.1.2 Zookeeper 的特点

Zookeeper 工作在集群中，对集群提供分布式协调服务，它提供的分布式协调服务具有如下的特点：

1）最终一致性：客户端不论连接到哪个 Server，展示给它的都是同一个视图，这是 Zookeeper 最重要的特点。

2）可靠性：Zookeeper 具有简单、健壮、良好的性能。如果一条消息被一台服务器接收，那么它将被所有的服务器接收。

3）实时性：Zookeeper 保证客户端将在一个时间间隔范围内，获得服务器的更新信息或者服务器失效的信息。但由于网络延时等原因，Zookeeper 不能保证两个客户端能同时得到刚更新的数据，如果需要最新数据，应该在读数据之前调用 sync() 接口。

4）等待无关（wait-free）：慢的或者失效的客户端不得干预快速的客户端的请求，这就使得每个客户端都能有效地等待。

5）原子性：对 Zookeeper 的更新操作要么成功，要么失败，没有中间状态。

6）顺序性：它包括全局有序和偏序两种。全局有序是指如果在一台服务器上消息 a 在消息 b 前发布，则在所有 Server 上消息 a 都将在消息 b 前被发布。偏序是指如果一个消息 b 在消息 a 后被同一个发送者发布，a 必将排在 b 前面。

7.1.3 Zookeeper 的基本架构

Zookeeper 服务自身组成一个集群（2n+1 个服务允许 n 个失效）。Zookeeper 服务有两个角色：一个是主节点（Leader），负责进行投票的发起和决议，更新系统状态；另一种是从节点（Follower），用于接收客户端请求并向客户端返回结果，在选主过程（即选择主节点的过程）中参与投票。主节点失效后会在从节点中重新选举新的主节点。Zookeeper 具体架构如图 7-1 所示。

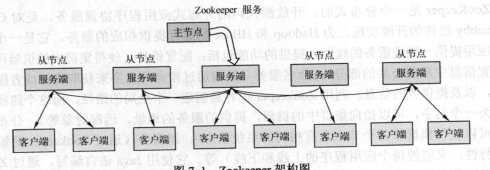

图 7-1 Zookeeper 架构图

接下来对 Zookeeper 基本架构进行简单的解释说明。

客户端（Client）可以选择连接到 Zookeeper 集群中的每个服务端（Server），而且每个服务端的数据完全相同。每个从节点都需要与主节点进行通信，并同步主节点上更新的数据。

对于 Zookeeper 集群来说，Zookeeper 只要超过一半数量的服务端可用，那么 Zookeeper 整体服务就可用。

7.1.4 Zookeeper 的工作原理

Zookeeper 的核心就是原子广播，该原子广播就是对 Zookeeper 集群上所有主机发送数据包，通过这个机制保证了各个服务端之间的数据同步。那么实现这个机制在 Zookeeper 中有一个内部协议，这个协议有两种模式，一种是恢复模式，一种是广播模式。

当服务启动或者在主节点崩溃后，这个协议就进入了恢复模式，当主节点再次被选举出来，且大多数服务端完成了和主节点的状态同步以后，恢复模式就结束了，状态同步保证了主节点和服务端具有相同的系统状态。一旦主节点已经和多数的从节点（也就是服务端）进行了状态同步后，它就可以开始广播消息即进入广播状态。

在广播模式下，服务端会接受客户端请求，所有的写请求都被转发给主节点，再由主节点将更新广播给从节点。当半数以上的从节点完成数据写请求之后，主节点才会提交这个更新，然后客户端才会收到一个更新成功的响应。

7.2 Zookeeper 安装配置

Zookeeper 是一个分布式、开放源代码的分布式应用程序协调服务，大多数的分布式应用都需要 Zookeeper 的支持。Zookeeper 安装部署主要有两种模式：一种是单节点模式，另一种是分布式集群模式。分布式集群模式在后续章节 Hadoop 集群搭建中会详细讲解，本节介绍在一台 Zookeeper 服务器上以独立模式安装配置并运行 Zookeeper。

1．下载解压 Zookeeper 安装包

下载 zookeeper-3.4.6.tar.gz（资源路径：http://Zookeeper.apache.org/releases.html#download）稳定版本的安装包，选择 Client 节点，将 Zookeeper 安装包上传至/home/hadoop/app 目录下，然后解压安装，操作命令如下所示。

```
[hadoop@client app]$ ls
zookeeper-3.4.6.tar.gz
[hadoop@client app]$ tar -zxvf zookeeper-3.4.6.tar.gz
[hadoop@client app]$ rm –rf  zookeeper-3.4.6.tar.gz
[hadoop@client app]$ ls
zookeeper-3.4.6
```

2．配置 zoo.cfg

在运行 Zookeeper 服务之前，需要新建一个配置文件。这个配置文件习惯上命名为 zoo.cfg，并保存在 conf 子目录中，配置文件具体内容如下所示。

```
[hadoop@client zookeeper-3.4.6]$ cd conf
```

```
[hadoop@client conf]$ ls
configuration.xsl   log4j.properties   zoo_sample.cfg
[hadoop@client conf]$ cp zoo_sample.cfg zoo.cfg
[hadoop@client conf]$ ls
configuration.xsl   log4j.properties   zoo.cfg   zoo_sample.cfg
[hadoop@client conf]$ vi zoo.cfg
#心跳时间间隔，默认值
tickTime=2000
#存储持久数据的数据目录，默认值
dataDir=/tmp/zookeeper
#监听客户端连接的端口号，默认值
clientPort=2181
```

3．启动 Zookeeper

1）定义好合适的配置文件之后，可以启动一个本地 Zookeeper 服务器，操作命令如下所示。

```
[hadoop@client zookeeper-3.4.6]$ bin/zkServer.sh start
JMX enabled by default
Using config: /home/hadoop/app/zookeeper-3.4.6/bin/../conf/zoo.cfg
Starting zookeeper ... STARTED
```

2）可以通过 jps 命令查看 Zookeeper 进程，如下所示。

```
[hadoop@client zookeeper-3.4.6]$ jps
1375 QuorumPeerMain
1396 Jps
```

3）可以通过 bin/zkServer.sh status 命令查看 Zookeeper 启动状态，如下所示。

```
[hadoop@client zookeeper-3.4.6]$ bin/zkServer.sh   status
JMX enabled by default
Using config: /home/hadoop/app/zookeeper-3.4.6/bin/../conf/zoo.cfg
Mode: standalone
```

可以看出 Zookeeper 是以 Standalone 模式运行的，说明 Zookeeper 启动成功。

7.3 Zookeeper 服务

Zookeeper 是一个具有高可用性的高性能协调服务。本小节将从数据模型、基本操作和实现方式这三个方面来介绍 Zookeeper 服务。

7.3.1 数据模型

Zookeeper 维护着一个树形层次结构，树中的节点被称为 znode。znode 可以用于存储数据，并且有一个与之相关联的 ACL（Access Control List，访问控制列表，用于控制资源的访问权限）。Zookeeper 被设计用来实现协调服务（通常使用小数据文件），而不是用于大容量数据存储，因此一个 znode 能存储的数据被限制在 1MB 以内。znode 的树形层次结构如图 7-2 所示。从图中可以看到，Zookeeper 根节点包含两个子节点：/app1 和 /app2。/app1 节点下面又包含了 3 个子节点，分别为/app1/p_1、/app1/p_2 和/app1/p_3。/app2 节点也可以包含多个子节点，以此类推，这些节点和子节点形成了树形层次结构。

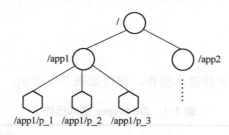

图 7-2　znode 树形层次结构

Zookeeper 的数据访问具有原子性。客户端在读取一个 znode 的数据时，要么读到所有数据，要么读操作失败，不会存在只读到部分数据的情况。同样，写操作将替换 znode 存储的所有数据，Zookeeper 会保证写操作不成功就失败，不会出现部分写之类的情况，也就是不会出现只保存客户端所写部分数据的情况。

znode 是客户端访问的 Zookeeper 的主要实体，它包含了以下主要特征。

1．临时节点

znode 节点有两种：临时节点和持久节点。Znode 的类型在创建时确定不能修改。当创建临时节点的客户端会话结束时，Zookeeper 会将该临时节点删除掉。而持久节点不依赖与客户端会话，只有当客户端明确要删除该持久节点时才会被真正删除。临时节点不可以有子节点，即使是短暂的子节点。

2．顺序节点

顺序节点是指名称中包含 Zookeeper 指定顺序号的 znode。如果在创建 znode 的时候设置了顺序标识，那么该 znode 名称之后就会附加一个值，这个值是由一个单调递增的计数器所添加的，由父节点维护。

举个例子，如果一个客户端请求创建一个名为/djt/h-的顺序 znode，那么所创建 znode 的名称可能是/djt/h-1。如果另外一个名为/djt/h-的顺序 znode 被创建，计数器会给出一个更大的值来保证 znode 名称的唯一性，znode 名称可能为/djt/h-5。

在一个分布式系统中，顺序号可以被用于为所有的事件进行全局排序，这样客户端就可以通过顺序号来推断事件的顺序。

3．观察机制

znode 以某种方式发生变化时，观察（watcher）机制（观察机制：一个 watcher 事件是一个一次性的触发器，当被设置了 watcher 的 znode 发生了改变时，服务器将这个改变发送给设置了 watcher 的客户端，以便通知它们）可以让客户端得到通知。可以针对 Zookeeper 服务的操作来设置观察，该服务的其他操作可以触发观察。比如，客户端可以对一个 znode 调用 exists 操作，同时在它上面设定一个观察。如果这个 znode 不存在，则客户端所调用的 exists 操作将会返回 false。如果另外一个客户端创建了这个 znode，那么这个观察会被触发，这时就会通知前一个客户端该 znode 被创建。

在 Zookeeper 中，引入了 watcher 机制来实现分布式的通知功能。Zookeeper 允许客户端向服务端注册一个 watcher 监视器，当服务端的一些特定事件触发了这个 watcher 监视器之后，就会向指定客户端发送一个异步事件通知来实现分布式的通知功能。这种机制称为注册与异步通知机制。

7.3.2 基本操作

在 Zookeeper 服务中有 9 种基本操作，详情如表 7-1 所示。

表 7-1　Zookeeper 基本操作

操作	描述
create	创建一个 znode
delete	删除一个 znode
exists	测试一个 znode 是否存在并查询它的元数据
getACL，setACL	获取或者设置一个 znode 的 ACL
getChildren	获取一个 znode 的子节点列表
getData，setData	获取或者设置一个 znode 所保存的数据
sync	将客户端的 znode 视图与 Zookeeper 同步

Zookeeper 中的更新操作是有条件的，在使用 delete 或 setData 操作时必须提供被更新 znode 的版本号（可以通过 exists 操作获得）。如果版本号不匹配，则更新操作会失败。更新操作是非阻塞操作，因此一个更新失败的客户端（由于其他进程同时在更新同一个 znode）可以决定是否重试，或执行其他操作，并不会因此而阻塞其他进程的执行。

虽然 Zookeeper 可以被看作是一个文件系统，但出于简单性的需求，有一些文件系统的基本操作被它摒弃了。由于 Zookeeper 中的文件较小并且总是被整体读写，因此没有必要提供打开、关闭或查找操作。

7.3.3 实现方式

Zookeeper 服务在实际环境中使用时有以下两种不同的运行模式。

1．独立模式（Standalone Mode）

独立模式下只有一个 ZooKeeper 服务器运行，这种模式比较简单，适用于测试环境，但是不能保证高可用性和恢复性。

2．复制模式（Replicated Mode）

复制模式下 Zookeeper 服务器运行于一个计算机集群上，这个计算机集群被称为一个"集合体"（ensemble），Zookeeper 通过复制模式来实现高可用性，只要集合体中有半数以上的机器处于可用状态，它就可以提供服务。

对于一个有 5 个节点的集合体，最多可以容忍两台机器出现故障。这里需要注意的是对于 6 个节点的集合体，也是只能够容忍两台机器出现故障。

从概念上来讲，ZooKeeper 要做的事情非常简单，就是：确保对 znode 树的每一个修改都会被复制到集合体中超过半数的机器上。如果少于半数的机器出现故障，则最少有一台机器会保存最新的状态，其余的副本最终也会更新到这个状态。为了实现以上功能，Zookeeper 使用了 Zab 协议，该协议包括两个可以无限重复的阶段。

（1）Leader 选举

集合体中的所有机器，通过一个主从选举的过程来选出一台被称为 Leader（领导者）的机器，其他机器被称为 Follower（跟随者）。一旦半数以上（或指定数量）的 Follower 已经将其状态与 Leader 同步，则表明这个阶段已经完成。

（2）原子广播

所有的写请求都会被转发给 Leader，再由 Leader 将更新操作广播给 Follwer；当半数以上的 Follower 已经将修改内容持久化之后，Leader 才会提交这个更新，然后客户端才会收到一个更新成功的响应；上述协议被设计成具有原子性，因此每个修改操作要么成功，要么失败。

如果 Leader 出现故障，其余的机器会选出另外一个 Leader，并和新的 Leader 一起继续提供服务。随后，如果之前的 Leader 恢复正常，它就变成了一个 Follower。Leader 选举过程非常快，根据目前的测试结果，大概只需要 200ms，因此在 Leader 选举的过程中不会出现性能的明显降低。

在更新内存中的 znode 树之前，集合体中的所有机器都会先将更新内容写入磁盘。任何一台机器都可以为读请求提供服务，并且由于读请求只涉及内存检索，因此速度非常快。

7.4　Zookeeper 的应用

ZooKeeper 是一个高可用的分布式数据管理与系统协调框架，该框架保证了分布式环境中数据的强一致性，也正是基于这样的特性，使得 ZooKeeper 可以解决很多分布式问题。ZooKeeper 主要的应用如下。

7.4.1　数据发布与订阅

数据发布/订阅系统，就是将数据发布到 ZooKeeper 的一个或一系列节点上，供订阅者进行数据订阅，从而达到动态获取数据的目的。

发布/订阅系统一般有两种设计模式：一种是推（Push），一种是拉（Pull）。ZooKeeper 中采用的是推拉结合的方式：客户端向服务端注册节点，一旦该节点数据发生变化，服务端就会向相应的客户端发送 Watcher 事件通知，客户端收到消息后，会主动到服务端获取最新的数据。

7.4.2　负载均衡

Zookeeper 实现负载均衡原理其实很简单，Zookeeper 的数据存储类似于 liunx 的目录结构。首先创建 znode 节点，并建立监听器监视 znode 子节点的状态。当每台服务器启动时，在 znode 节点下建立子节点（可以用服务器地址命名），并在对应的子节点中存入服务器的相关信息。这样，在 Zookeeper 服务器上可以获取当前集群中的服务器列表及相关信息，可以自定义一个负载均衡算法，在每个请求过来时从 Zookeeper 服务器中获取当前集群服务器列表，根据算法选出其中一个服务器来处理请求，避免所有请求由一个或者少数服务器来处理，从而实现请求的负载均衡。

7.4.3 命名服务

在分布式系统中，通过使用命名服务，客户端应用能够根据指定名字来获取资源或者服务的地址等信息。被命名的实体通常可以是集群中的机器、提供的服务地址、远程对象等。这些都可以统称它们为名字（Name）。其中较为常见的应用就是分布式服务框架中的服务地址列表，通过调用 Zookeeper 提供的创建节点的 API，能够很容易创建一个全局唯一的 path（即路径，访问节点的绝对路径），这个 path 就可以作为一个名称。

7.4.4 分布式通知/协调

ZooKeeper 中特有 watcher 注册与异步通知机制，能够很好地实现分布式环境下不同系统之间的通知与协调，实现对数据变更的实时处理。使用方法通常是不同系统都对 ZooKeeper 上同一个 znode 进行注册，并监听 znode 的变化（包括 znode 本身内容及子节点）。如果其中一个系统更新了 znode，那么另一个系统能够收到通知并作出相应处理。

分布式协调/通知服务是分布式系统中将不同的分布式组件结合起来。通常需要一个协调者来控制整个系统的运行流程，这个协调者便于将分布式协调的职责从应用中分离出来，从而可以大大减少系统之间的耦合性，而且能够显著提高系统的可扩展性。

7.4.5 配置管理

配置的管理在分布式应用环境中很常见，比如同一个应用系统需要多台 PC Server 运行，但是它们运行的应用系统的某些配置项是相同的，如果要修改这些相同的配置项，那么就必须同时修改每台运行这个应用系统的 PC Server，这样非常麻烦而且容易出错。

像这些公共的配置信息可以交给 Zookeeper 来管理，将配置信息保存在 Zookeeper 的某个目录节点中。然后配置每台机器来监控配置信息的状态，一旦配置信息发生变化，每台应用机器就会收到 Zookeeper 的通知，然后从 Zookeeper 中获取新的配置信息应用到系统中。

7.4.6 集群管理

在应用集群时，常常需要让集群中的每一台机器都知道集群中哪些机器是"活着"的，并且当集群中的机器遇到宕机、网络断开等状况时，能够不需要在人为介入的情况下迅速通知到每一台机器。

Zookeeper 很容易实现这个功能，例如，在 Zookeeper 服务器端有一个 znode 节点名叫/app1，那么集群中每一台机器启动的时候都会在这个节点下创建一个临时节点，比如名为 server1 的机器会创建临时节点/app1/server1，server2 机器会创建临时节点/app1/server2，然后 server1 和 server2 都会监听/app1 这个父节点。当父节点下的数据或者子节点发生变化时，就会通知监听父节点的机器。因为临时类型的节点有一个很重要的特性，就是当客户端和服务器端连接断掉或者 session 失效时，临时节点会自动消失。也就是说当集群中某一台机器挂掉或者断开的时候，其对应的临时节点就会消失，然后集群中所有对父节点/app1 进行监听的客户端都会收到通知，最终获取父节点/app1 下的所有子节点的最新列表，此时能知晓集群中哪些机器是活着的。

7.4.7 分布式锁

分布式锁是控制分布式系统之间同步访问共享资源的一种方式。如果不同的系统或是同一个系统的不同主机之间共享一个或一组资源，那么访问这些资源的时候，往往需要通过一些互斥手段来防止彼此之间的干扰，以保证一致性，在这种情况下，需要使用分布式锁。

分布式锁主要得益于 ZooKeeper 保证了数据的强一致性。锁服务可以分为两类，一类是保持独占，另一类是控制时序。

1）所谓保持独占，就是所有试图来获取这个锁的客户端，最终只有一个可以成功获得这把锁。通常的做法是把 Zookeeper 上的一个 znode 看作是一把锁，通过 create znode 的方式来实现。所有客户端都去创建 /distribute_lock 节点，最终成功创建节点的那个客户端就拥有了这把锁。

2）控制时序就是所有试图来获取这个锁的客户端，最终都是会被安排执行，只不过它有一个全局时序。跟保持独占类似，只是/distribute_lock 节点已经预先存在，客户端需要在它下面创建临时有序节点。Zookeeper 的父节点（/distribute_lock）维持一份 sequence，保证子节点创建的时序性，从而也形成了每个客户端的全局时序。

7.4.8 分布式队列

Zookeeper 可以处理两种类型的队列：同步队列和 FIFO 队列。

1．同步队列

当一个队列的成员都聚齐时这个队列才可用，否则要一直等待所有成员到达，这种叫作同步队列。在 Zookeeper 中处理同步队列时，会先创建一个 znode 节点/queue 作为队列，然后客户端对/go（此时该节点并不存在）结点设置监视器。入队操作就是在/queue 节点下创建子节点，然后计算子节点的总数，看是否和队列的目标数量相同。如果相同，创建/go 节点，由于/go 这个节点有了状态变化，Zookeeper 就会通知监视者"队员"已经到齐了，监视者得到通知后进行自己的后续流程处理。如果和队列的目标数量不相同，则继续等待入队操作，直到子结点数量达到目标数量。

2. FIFO 队列

FIFO 队列按照 FIFO（先进先出）方式进行入队和出队操作。在 Zookeeper 中处理 FIFO 队列时，会先创建一个 FIFO 结点作为队列。入队操作就是在 FIFO 结点下创建编号自增的子结点，并把数据放入结点内。出队操作就是先找到 FIFO 结点下序号最小的那个结点，取出数据，然后删除此结点。

7.5 实战：模拟实现集群配置信息的订阅与发布

1. 项目背景

在集群配置的管理中，在传统的方式下，如果要修改集群中每个节点的配置信息，操作起来比较烦琐。首先需要修改相应的配置文件，然后逐步更新到集群中的各个节点。如果集群规模很大，比如有 100 个节点，那么修改后的配置文件需要逐步更新到这 100 个节点。这个过程不仅耗时间，而且很容易遗漏某些节点，从而造成集群节点配置信息不一致的问题。

2. 项目需求

基于上述背景，在集群配置管理中，一般企业内部都会实现一套集中的配置管理中心，应对不同的应用集群对于共享各自配置的需求，并且在配置变更时能够通知到集群中的每一台机器。

3. 项目思路分析

为了实现配置信息的集中式管理和动态更新，采用发布/订阅模式将配置信息发布到 Zookeeper 节点上，供订阅者动态获取数据。为了模拟实现集群配置信息的订阅发布，具体实现思路如下所示：

1）首先需要启动 Zookeeper 服务，规划集群配置信息存放的节点/config。

2）然后通过 ConfigWatcher 类对/config 节点注册监视器 watcher，监控集群配置信息变化。

3）最后通过 ConfigUpdater 类不断更新/config 节点配置信息，从而模拟实现集群配置信息订阅发布效果。

4. 项目代码实现

打开 Eclipse 开发工具构建一个普通的 Java 项目，然后进行具体编码实现发布订阅功能（项目代码可从本书配套资源中下载，资源路径：第 7 章/7.5/代码/Zookeeper 项目代码.rar）。

1. 创建 ConnectionWatcher 类连接 Zookeeper

```
/**
 * zookeeper 连接
 * @author dajiangtai
 *
 */
public class ConnectionWatcher implements Watcher {
```

```java
    private static final int SESSION_TIMEOUT = 5000;//session 超时时长
    protected ZooKeeper zk;
    private CountDownLatch _connectedSignal = new CountDownLatch(1);
    //获取 Zookeeper 连接
    public void connect(String hosts) throws IOException, InterruptedException {
        zk = new ZooKeeper(hosts, SESSION_TIMEOUT, this);
        _connectedSignal.await();
    }
    //watcher 监视器的回调方法
    public void process(WatchedEvent event) {
        if (event.getState() == Event.KeeperState.SyncConnected) {
            _connectedSignal.countDown();
        }
    }
    //关闭 Zookeeper 连接
    public void close() throws InterruptedException {
        zk.close();
    }
}
```

2. 创建 ActiveKeyValueStore 类读写 Zookeeper 节点数据

```java
/**
 * 读写 Zookeeper 数据
 * @author dajiangtai
 */
public class ActiveKeyValueStore extends ConnectionWatcher {
    private static final Charset CHARSET = Charset.forName("UTF-8");
    //数据写入 Zookeeper 节点的方法
    public void write(String path, String value) throws InterruptedException,
            KeeperException {
        Stat stat = zk.exists(path, false);
        if (stat == null) {
            zk.create(path, value.getBytes(CHARSET),
                    ZooDefs.Ids.OPEN_ACL_UNSAFE, CreateMode.PERSISTENT);
        } else {
            zk.setData(path, value.getBytes(CHARSET), -1);
        }
    }
    //读取 Zookeeper 节点数据的方法
    public String read(String path, Watcher watcher)
            throws InterruptedException, KeeperException {
        byte[] data = zk.getData(path, watcher, null /* stat */);
        return new String(data, CHARSET);
    }
}
```

3. 创建 ConfigUpdater 类发布数据信息

```java
/**
 * Updater 更新数据
 * @author dajiangtai
 */
public class ConfigUpdater {
    public static final String PATH = "/config";
    private ActiveKeyValueStore _store;
    private Random _random = new Random();
    public ConfigUpdater(String hosts) throws IOException, nterruptedException {
        _store = new ActiveKeyValueStore();//定义一个类
        _store.connect(hosts);//连接 Zookeeper
    }
    //不间断有规律地更新 Zookeeper 节点配置信息
    public void run() throws InterruptedException, KeeperException {
        // noinspection InfiniteLoopStatement
        while (true) {
            String value = _random.nextInt(100) + "";
            _store.write(PATH, value);//向 znode 写数据，也可以将 xml 文件写进去
            System.out.printf("Set %s to %s\n", PATH, value);
            TimeUnit.SECONDS.sleep(_random.nextInt(10));
        }
    }

    public static void main(String[] args) throws IOException,
            InterruptedException, KeeperException {
        String hosts="192.168.8.138:2181";
        ConfigUpdater updater = new ConfigUpdater(hosts);
        updater.run();
    }
}
```

4. 创建 ConfigWatcher 类订阅数据信息

```java
/**
 * Watcher 监控
 * @author dajiangtai
 *
 */
public class ConfigWatcher implements Watcher {
    private ActiveKeyValueStore _store;
    public ConfigWatcher(String hosts) throws InterruptedException, IOException {
        _store = new ActiveKeyValueStore();
        //连接 Zookeeper
        _store.connect(hosts);
    }
```

```java
/**
 * 读取 znode 节点数据
 * @throws InterruptedException
 * @throws KeeperException
 */
public void displayConfig() throws InterruptedException, KeeperException {
    String value = _store.read(ConfigUpdater.PATH, this);
    System.out.printf("Read %s as %s\n", ConfigUpdater.PATH, value);
}

/**
 * 监控 znode 数据变化
 */
public void process(WatchedEvent event) {
    System.out.printf("Process incoming event: %s\n", event.toString());
    if (event.getType() == Event.EventType.NodeDataChanged) {
        try {
            displayConfig();
        } catch (InterruptedException e) {
            System.err.println("Interrupted. Exiting");
            Thread.currentThread().interrupt();
        } catch (KeeperException e) {
            System.err.printf("KeeperException: %s. Exiting.\n", e);
        }
    }
}

public static void main(String[] args) throws IOException,
        InterruptedException, KeeperException {
    String hosts="192.168.8.138:2181";
    //创建 watcher
    ConfigWatcher watcher = new ConfigWatcher(hosts);
    //调用 display 方法
    watcher.displayConfig();
    //然后一直处于监控状态
    Thread.sleep(Long.MAX_VALUE);
}}
```

5. 项目运行

项目代码编写完成之后，可以开始测试运行，模拟实现集群配置信息的订阅发布。

(1) 启动 Zookeeper

首先启动一个单节点 Zookeeper 服务。如图 7-3 所示，如果节点状态模式显示为 standalone，那么说明该 Zookeeper 服务启动成功。

125

```
[hadoop@client zookeeper-3.4.6]$ bin/zkServer.sh  status
JMX enabled by default
Using config: /home/hadoop/app/zookeeper-3.4.6/bin/../conf/zoo.cfg
Mode: standalone
```

图 7-3　Zookeeper 集群状态

（2）订阅者订阅信息

在 ConfigWatcher 类中，执行 main 方法监控/config 节点，一旦有新的信息发布，客户端会主动从服务器获取最新的数据。ConfigWatcher 程序运行如图 7-4 所示。具体运行的过程为：启动运行 ConfigWatcher 监听/config 节点数值变化，一旦有变化就会触发监视器，然后调用 displayConfig()方法获取/config 节点的最新值。

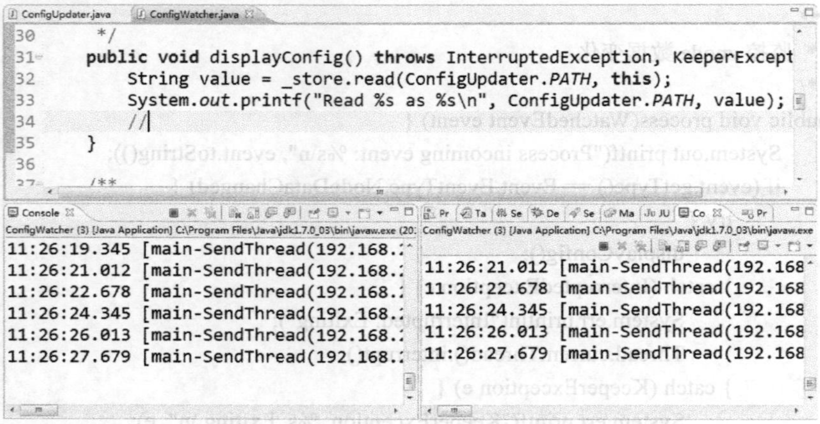

图 7-4　ConfigWatcher 运行图

（3）客户端发布信息

在 ConfigUpdater 类中，执行 main 方法向/config 节点循环发布信息，比如循环发布如下信息。

```
Set /config to 59
Set /config to 81
Set /config to 70
Set /config to 7
```

此时 ConfigWatcher 会监控到/config 节点信息的变化，及时从服务端拉取新的信息如下所示。

```
Read /config as 59
Read /config as 81
Read /config as 70
Read /config as 7
```

Zookeeper 实现集群配置的订阅发布效果，如图 7-5 所示。当 ConfigUpdater 分别更新/config 节点数值为 59 和 81 时，ConfigWatcher 分别监听到/config 节点数值的更新并调用 dispalyConfig()方法获取/config 节点最新值 59 和 81。

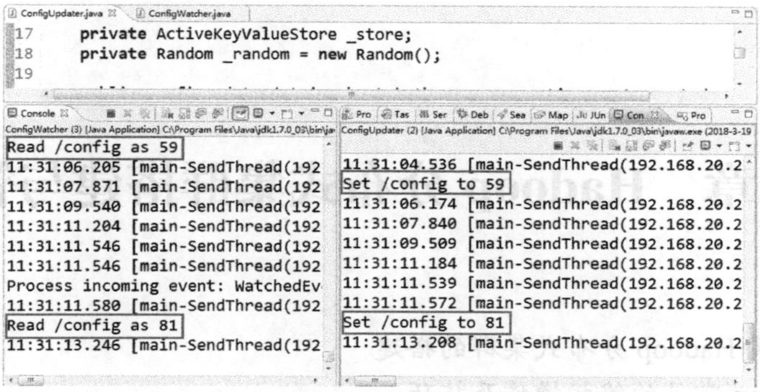

图 7-5 集群配置信息订阅发布效果图

通过 ConfigUpdater 发布的信息以及 ConfigWatcher 监控得到的信息可以看出，已经成功模拟实现集群配置信息的订阅发布。

本章小结

本章主要介绍了 Zookeeper 分布式协调系统，包括 Zookeeper 的定义、特点、架构、原理、服务、各种应用以及安装配置，最后通过模拟实现集群配置信息订阅与发布的案例，让大家掌握 Zookeeper 的具体使用。

本章习题

1. Zookeeper 有哪几种节点类型？
2. Zookeeper 有几种部署方式？
3. Zookeeper 对节点的监听通知是永久的吗？

第 8 章　Hadoop 分布式集群搭建与管理

学习目标
- 理解并实现 Hadoop 分布式集群的搭建
- 掌握 Hadoop 常见的维护操作及技巧
- 掌握集群节点的动态增加和删除

Hadoop 分布式集群搭建实际上就是在由网络连接的多台物理机组成的物理集群上安装部署 Hadoop 相关的软件系统。搭建分布式集群环境对于初学者有一定的难度，本章将系统讲解 Hadoop 分布式集群的安装和管理维护。

Hadoop 分布式集群安装部署可参考扩展阅读视频 5。

8.1　准备物理集群

8.1.1　物理集群搭建方式

可以选择以下几种方式搭建物理集群。
- 租赁硬件设备。
- 使用云服务。
- 搭建自己专属的集群。

为了降低集群搭建的复杂度，这里采用搭建 3 台虚拟机的方式来部署 3 个节点的物理集群，搭建更多节点的集群方法是一样的。

8.1.2　虚拟机的准备

前面章节已经介绍过虚拟机的安装部署，这里为了方便，直接通过虚拟机克隆的方式来进行物理集群的搭建，但是由于虚拟机是克隆的，所以有些细节问题也需要处理，比如虚拟机网络配置、主机名修改、SSH 免密码登录、时钟同步等问题，下面分别来讲解。

1. 虚拟机克隆

1）在要选择克隆的虚拟机上"右击鼠标"→"管理"→"克隆"。
2）在弹出的对话框中单击"下一步"按钮，如图 8-1 所示。

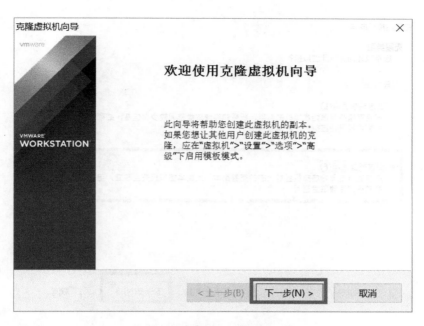

图 8-1 克隆虚拟机向导界面

3）选择"虚拟机中的当前状态"，然后单击"下一步"按钮，如图 8-2 所示。

注意：首先要把要克隆的这台虚拟机切换到要克隆的那个状态，可能之前做过很多的快照，每个快照的状态是不一样的。

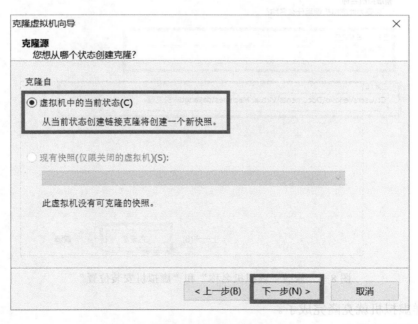

图 8-2 选择"虚拟机中的当前状态"

4）选择"创建完整克隆"，然后单击"下一步"按钮，如图 8-3 所示。

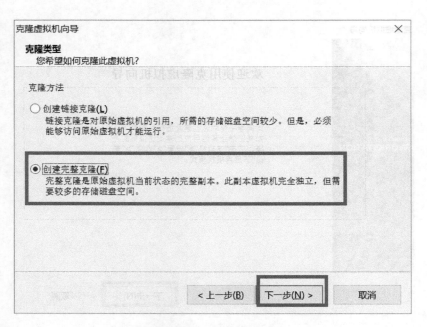

图 8-3 选择"创建完整克隆"

5）可以修改"虚拟机名称"和"虚拟机安装位置"，然后单击"完成"按钮即可，如图 8-4 所示。

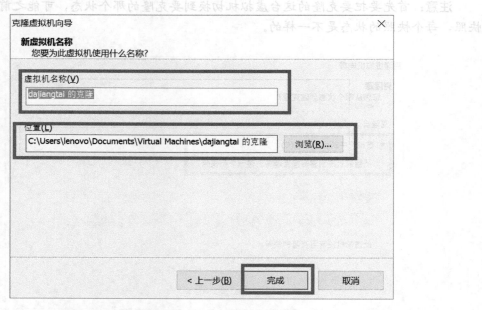

图 8-4 修改"虚拟机名称"和"虚拟机安装位置"

6）这样虚拟机就克隆完成了。

2．虚拟机网络配置

由于虚拟机是克隆的，所以直接使用虚拟机还是有一点问题，下面对克隆完之后的虚拟机进行网络配置。

1）打开克隆完之后的虚拟机，登录虚拟机，输入 ifconfig，发现只有回环地址，那么就先 ping 127.0.0.1，如果能 ping 通，那就说明网络协议是好的，一般情况下回环地址也都是能 ping 通的。

2）ping 网关，发现 ping 不通，如图 8-5 所示，说明网卡链路有问题。

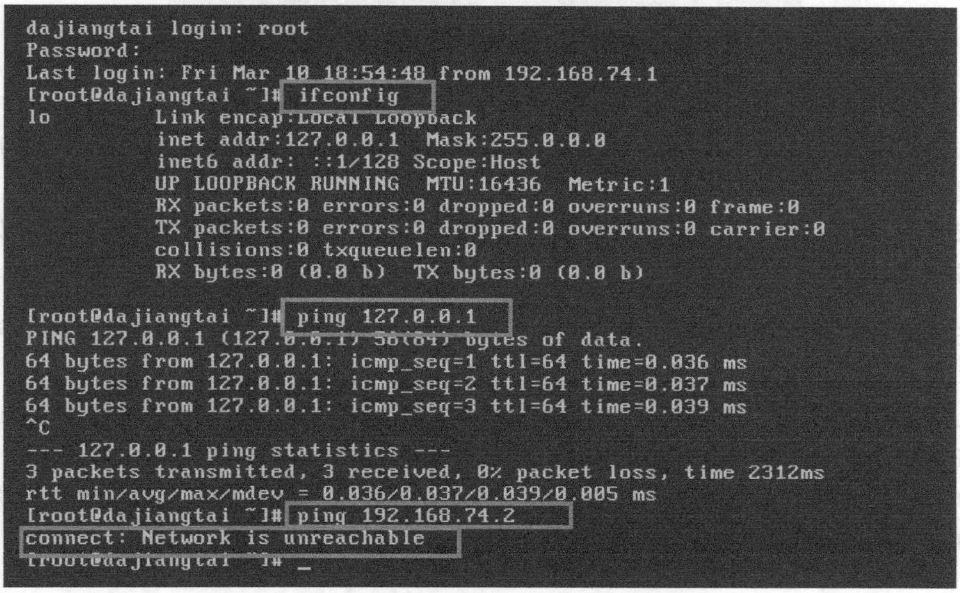

图 8-5　ping 网关

3）接下来就来修改网卡。由于虚拟机是克隆的，所以会有两个网卡信息，首先做以下处理。输入命令：vi /etc/udev/rules.d/70-persistent-net.rules，修改如图 8-6 所示的信息。

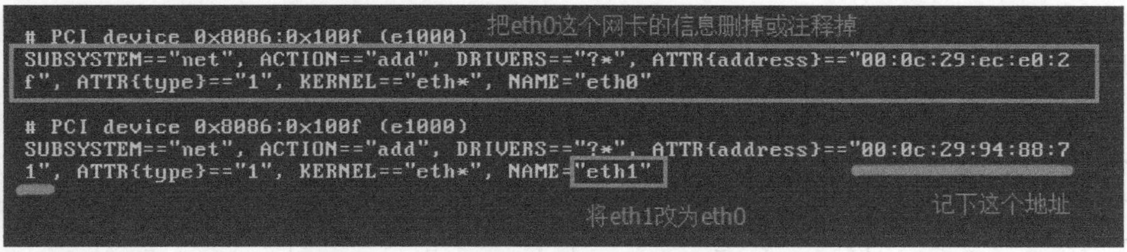

图 8-6　修改网卡

4）然后输入以下命令修改网卡：vi /etc/sysconfig/network-scripts/ifcfg-eth0，如图 8-7 所示。

5）修改完成之后，输入 reboot 命令重启系统。

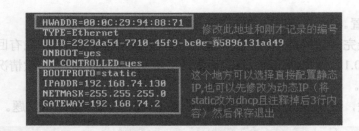

图 8-7 输入命令修改网卡

6）再次输入 ifconfig 命令，此时就能看到本机的 IP 地址。接下来就 ping 本机的网关、ping 本机的 IP、ping 外部网络（比如 www.baidu.com）如果都能 ping 通，说明网络配置就正常了。

按照上面克隆虚拟机的操作准备 3 台虚拟机即可，并且保证每台虚拟机都能实现和外部网络的连通性。

注意：在做虚拟机克隆时，要注意克隆的是虚拟机的哪个状态，除了网络连接问题，还要注意 IP 地址和主机名的设置。

最好是先把 IP 协议改成 DHCP（动态主机分配协议），生成 IP 之后再把 IP 地址改成静态 IP，否则的话可能导致所有节点的 IP 地址都是一样的。

由于是虚拟机是克隆的，所有的主机名都是一样的，所以要按照自己的规划修改各个主机的主机名。

8.2 集群规划

8.2.1 主机规划

这里使用 3 台主机来配置 Hadoop 集群，每台主机运行哪些守护进程具体规划如表 8-1 所示。

表 8-1 配置 Hadoop 集群具体规划

守护进程	Master/192.168.1.171	Slave1/192.168.1.172	Slave2/192.168.1.173
Namenode	是	是	否
Datanode	是	是	是
ResourceManager	是	是	否
Journalnode	是	是	是
Zookeeper	是	是	是

8.2.2 软件规划

考虑到各个软件版本之间的兼容性，软件规划具体如表 8-2 所示。

表 8-2 软件规划

软件	版本
JDK	JDK 1.7
CentOS	CentOS 6.5
Zookeeper	Apache Zookeeper 3.4.6
Hadoop	Apache Hadoop 2.6.0

8.2.3 用户规划

每个节点的 Hadoop 用户组和用户需要自行创建，用户规划情况如表 8-3 所示。

表 8-3 用户规划

节点名称	用户组	用户
master	hadoop	hadoop
slave1	hadoop	hadoop
slave2	hadoop	hadoop

8.2.4 目录规划

目录规划时一定要注意目录要提前创建并赋予合理的权限。表 8-4 只是列举了两个简单目录的规划。

表 8-4 目录规划

名称	路径
所有软件目录	/home/hadoop/app/
所有数据和日志目录	/home/hadoop/data/

8.3 集群安装前的准备

8.3.1 时钟同步

首先进行时钟同步的设置。所有节点的系统时间要与当前时间保持一致。

（1）查看当前系统时间

```
[root@master ~]#date
Tue Nov   3 06:06:04 CST 2015
[root@master ~]# cd /usr/share/zoneinfo/
```

（2）如果系统时间与当前时间不一致，则需要进行以下操作

```
[root@master ~]# cd /usr/share/zoneinfo/
[root@master zoneinfo]# ls                                //找到 Asia
```

```
[root@master zoneinfo]# cd Asia/                                    //进入 Asia 目录
[root@master Asia]# ls                                              //找到 Shanghai
[root@master Asia]# cp /usr/share/zoneinfo/Asia/Shanghai /etc/localtime   //当前时区替换为上海
```

(3) 同步当前系统时间和日期与 NTP（网络时间协议）一致

```
[root@master Asia]# yum install ntp              //如果 ntp 命令不存在，在线安装 ntp
[root@master Asia]# ntpdate pool.ntp.org         //执行此命令同步日期时间
[root@master Asia]# date                         //查看当前系统时间
```

8.3.2 hosts 文件检查

接下来对 hosts 文件进行检查。所有节点的 hosts 文件都要配置静态 IP 与 hostname 之间的对应关系，具体对应关系如下所示。

```
[root@master Asia]# vi /etc/hosts
192.168.1.171 master
192.168.1.172 slave1
192.168.1.173 slave2
```

8.3.3 禁用防火墙

之后要确认所有节点的防火墙都要关闭。
(1) 查看防火墙状态

```
[root@master Asia]# service iptables status
iptables: Firewall is not running.
```

(2) 如果不是上面的关闭状态，则需要关闭防火墙

```
[root@master Asia]#    chkconfig iptables off      //永久关闭防火墙
[root@master Asia]#    service iptables stop       //临时关闭防火墙
```

8.3.4 配置 SSH 免密码通信

配置 SSH 免密码通信的步骤如下。
(1) 配置 SSH
这里以 master 为例来配置 SSH。

```
[root@master ~]# su hadoop                       //切换到 hadoop 用户下
[hadoop@master root]$ cd                         //切换到 hadoop 用户目录
[hadoop@master ~]$ mkdir .ssh
[hadoop@master ~]$ ssh-keygen -t rsa             //执行命令一路回车，生成秘钥
[hadoop@master ~]$cd .ssh
[hadoop@master .ssh]$ ls
id_rsa   id_rsa.pub
```

```
[hadoop@master .ssh]$ cat id_rsa.pub >> authorized_keys    //将公钥保存到authorized_keys认证文件中
[hadoop@master .ssh]$ ls
authorized_keys  id_rsa  id_rsa.pub
[hadoop@master .ssh]$ cd ..
[hadoop@master ~]$ chmod 700 .ssh
[hadoop@master ~]$ chmod 600 .ssh/*
[hadoop@master ~]$ ssh master               //第一次执行需要输入yes
[hadoop@master ~]$ ssh master               //第二次以后就可以直接访问
```

注意：集群所有节点都要行上面的操作。

（2）Copy 公钥到认证文件里

将所有节点中的公钥 id_ras.pub 复制到 master 中的 authorized_keys 文件中。

```
cat ~/.ssh/id_rsa.pub | ssh hadoop@master 'cat >> ~/.ssh/authorized_keys'   所有节点都需要执行这条命令
```

（3）将 master 中的 authorized_keys 文件分发到所有节点上面

```
scp –r authorized_keys hadoop@slave1:~/.ssh/
scp –r authorized_keys hadoop@slave2:~/.ssh/
```

通过 SSH 相互访问，如果都能无密码访问成功，代表 SSH 配置成功。

8.3.5 脚本工具的使用

脚本工具的使用具体如下。

（1）在 master 节点上创建/home/hadoop/tools 目录

```
[hadoop@master ~]$ mkdir /home/hadoop/tools
cd /home/hadoop/tools
```

（2）将本地脚本文件上传至/home/hadoop/tools 目录下

这些脚本如果能看懂也可以自己写，如果看不懂直接使用就可以，后面慢慢补补 Linux 相关的知识。脚本文件的资源路径为：配套资源/第 8 章/8.3/集群脚本/集群脚本.rar。

```
[hadoop@master tools]$ rz deploy.conf
[hadoop@master tools]$ rz deploy.sh
[hadoop@master tools]$ rz runRemoteCmd.sh
[hadoop@master tools]$ ls
deploy.conf  deploy.sh  runRemoteCmd.sh
```

（3）为脚本添加执行权限

```
[hadoop@master tools]$ chmod u+x deploy.sh
[hadoop@master tools]$ chmod u+x runRemoteCmd.sh
```

（4）将/home/hadoop/tools 目录配置到 PATH 路径中

```
[hadoop@master tools]$ su root
Password:
[root@master tools]# vi /etc/profile
PATH=/home/hadoop/tools:$PATH
export PATH
```

（5）在 master 节点上，通过 runRemoteCmd.sh 脚本，一键创建所有节点的软件安装目录/home/hadoop/app

```
[hadoop@master tools]$ runRemoteCmd.sh "mkdir /home/hadoop/app" all
```

备注：以下三个脚本文件可以使搭建 Hadoop 分布式集群更加方便，脚本文件的具体使用在后续操作步骤中会有体现。

1）deploy.conf 配置文件。

```
[hadoop@master tools]$ cat deploy.conf
master,all,namenode,zookeeper,resourcemanager,
slave1,all,slave,namenode,zookeeper,resourcemanager,
slave2,all,slave,datanode,zookeeper,
```

2）deploy.sh 远程复制脚本文件。

```
[hadoop@master tools]$ cat deploy.sh
#!/bin/bash
#set -x
if [ $# -lt 3 ]
then
    echo "Usage: ./deply.sh srcFile(or Dir) descFile(or Dir) MachineTag"
    echo "Usage: ./deply.sh srcFile(or Dir) descFile(or Dir) MachineTag confFile"
    exit
fi
src=$1
dest=$2
tag=$3
if [ 'a'$4'a' == 'aa' ]
then
    confFile=/home/hadoop/tools/deploy.conf
else
    confFile=$4
fi
if [ -f $confFile ]
then
    if [ -f $src ]
    then
        for server in `cat $confFile|grep -v '^#'|grep ','$tag','|awk -F',' '{print $1}'`
```

```
        do
            scp $src $server":"${dest}
        done
    elif [ -d $src ]
    then
        for server in `cat $confFile|grep -v '^#'|grep ','$tag','|awk -F',' '{print $1}'`
        do
            scp -r $src $server":"${dest}
        done
    else
        echo "Error: No source file exist"
    fi
else
    echo "Error: Please assign config file or run deploy.sh command with deploy.conf in same directory"
fi
```

3) runRemoteCmd.sh 远程执行脚本文件。

```
[hadoop@master tools]$ cat runRemoteCmd.sh
#!/bin/bash
#set -x
if [ $# -lt 2 ]
then
    echo "Usage: ./runRemoteCmd.sh Command MachineTag"
    echo "Usage: ./runRemoteCmd.sh Command MachineTag confFile"
    exit
fi
cmd=$1
tag=$2
if [ 'a'$3'a' == 'aa' ]
then
    confFile=/home/hadoop/tools/deploy.conf
else
    confFile=$3
fi
if [ -f $confFile ]
then
    for server in `cat $confFile|grep -v '^#'|grep ','$tag','|awk -F',' '{print $1}'`
    do
        echo "*******************$server***************************"
        ssh $server "source /etc/profile; $cmd"
    done
else
    echo "Error: Please assign config file or run deploy.sh command with deploy.conf in same directory"
fi
```

8.4 Hadoop 相关软件安装

安装 Hadoop 之前需要提前安装好一些相关的软件，比如 JDK 和 Zookeeper，因为 Hadoop 是用 Java 语言开发的，Java 语言的运行需要对应的环境及相关依赖包，所以要提前安装 JDK。Hadoop 架构中的主节点一般只有一个节点，存在单点故障的可能，所以要对主节点配置高可用，高可用的配置需要借助 Zookeeper 集群来实现，所以要提前安装 Zookeeper。

8.4.1 JDK 的安装

JDK 的安装步骤如下。

（1）将本地下载好的 JDK 1.7（参见第 17 页 2.2 节下载的 JDK 文件），上传至 master 节点下的 /home/hadoop/app 目录

```
[root@master tools]# su hadoop
[hadoop@master tools]$ cd /home/hadoop/app/
[hadoop@master app]$ rz          //选择本地的下载好的 jdk-7u79-linux-x64.tar.gz
[hadoop@master app]$ ls
jdk-7u79-linux-x64.tar.gz
[hadoop@master app]$ tar zxvf jdk-7u79-linux-x64.tar.gz    //解压
[hadoop@master app]$ ls
jdk1.7.0_79 jdk-7u79-linux-x64.tar.gz
[hadoop@master app]$ rm jdk-7u79-linux-x64.tar.gz          //删除安装包
```

（2）添加 JDK 环境变量

```
[hadoop@master app]$ su root
Password:
[root@master app]# vi /etc/profile
JAVA_HOME=/home/hadoop/app/jdk1.7.0_79
CLASSPATH=.:$JAVA_HOME/lib/dt.jar:$JAVA_HOME/lib/tools.jar
PATH=$JAVA_HOME/bin:$PATH
export JAVA_HOME CLASSPATH PATH
[root@master app]# source /etc/profile                     //使配置文件生效
```

（3）查看 JDK 是否安装成功

```
[root@master app]# java -version
java version "1.7.0_79"
Java(TM) SE Runtime Environment (build 1.7.0_79-b15)
Java HotSpot(TM) 64-Bit Server VM (build 24.79-b02, mixed mode)
```

出现以上结果就说明 master 节点上的 JDK 安装成功。

（4）然后将 master 下的 JDK 安装包复制到其他节点上。

```
[hadoop@master app]$ deploy.sh jdk1.7.0_79 /home/hadoop/app/ slave
```

slave1 和 slave2 节点重复 master 节点上的 JDK 配置即可。

8.4.2 Zookeeper 的安装

Zookeeper 的安装步骤如下。

（1）将本地下载好的 zookeeper-3.4.6.tar.gz 安装包（参见第 116 页 7.2 节已下载的文件），上传至 master 节点下的 /home/hadoop/app 目录下

```
[hadoop@master app]$ rz                                  //选择本地下载好的 zookeeper-3.4.6.tar.gz
[hadoop@master app]$ ls
jdk1.7.0_79  zookeeper-3.4.6.tar.gz
[hadoop@master app]$ tar zxvf zookeeper-3.4.6.tar.gz     //解压
[hadoop@master app]$ ls
jdk1.7.0_79  zookeeper-3.4.6.tar.gz  zookeeper-3.4.6
[hadoop@master app]$ rm zookeeper-3.4.6.tar.gz           //删除 zookeeper-3.4.6.tar.gz 安装包
[hadoop@master app]$ mv zookeeper-3.4.6 zookeeper        //重命名
```

（2）修改 Zookeeper 中的配置文件

```
[hadoop@master app]$ cd /home/hadoop/app/zookeeper/conf/
[hadoop@master conf]$ ls
configuration.xsl  log4j.properties  zoo_sample.cfg
[hadoop@master conf]$ cp zoo_sample.cfg zoo.cfg          //复制一个 zoo.cfg 文件
[hadoop@master conf]$ vi zoo.cfg
dataDir=/home/hadoop/data/zookeeper/zkdata               //数据文件目录
dataLogDir=/home/hadoop/data/zookeeper/zkdatalog         //日志目录
# the port at which the clients will connect
clientPort=2181                                          //默认端口号
#server.服务编号=主机名称：Zookeeper 不同节点之间同步和通信的端口：选举端口（选举 leader）
server.1=master:2888:3888
server.2=slave1:2888:3888
server.3=slave2:2888:3888
```

（3）通过远程复制脚本 deploy.sh 将 Zookeeper 安装目录复制到其他节点上面

```
[hadoop@master app]$ deploy.sh zookeeer /home/hadoop/app   slave
```

（4）通过远程执行脚本 runRemoteCmd.sh 在所有的节点上面创建目录

```
[hadoop@master app]$ runRemoteCmd.sh "mkdir -p /home/hadoop/data/zookeeper/zkdata" all     //创建数据目录
[hadoop@master app]$ runRemoteCmd.sh "mkdir -p /home/hadoop/data/zookeeper/zkdatalog" all  //创建日志目录
```

（5）在 master、slave1、slave2 这 3 个节点上，分别进入 zkdata 目录下，创建文件 myid，myid 文件里面的内容分别填为：1、2、3，这里以 master 为例填为 1，如下所示。

```
[hadoop@master app]$ cd /home/hadoop/data/zookeeper/zkdata
```

```
[hadoop@master zkdata]$ vi myid
1        //输入数字 1
```

（6）配置 Zookeeper 环境变量

```
[hadoop@master zkdata]$ su root
Password:
[root@master zkdata]# vi /etc/profile
JAVA_HOME=/home/hadoop/app/jdk1.7.0_79
ZOOKEEPER_HOME=/home/hadoop/app/zookeeper
CLASSPATH=.:$JAVA_HOME/lib/dt.jar:$JAVA_HOME/lib/tools.jar
PATH=$JAVA_HOME/bin:$ZOOKEEPER_HOME/bin:$PATH
export JAVA_HOME CLASSPATH PATH ZOOKEEPER_HOME
[root@master zkdata]# source /etc/profile        //使配置文件生效
```

（7）在 master 节点上面启动 Zookeeper

```
[hadoop@master zkdata]$ cd /home/hadoop/app/zookeeper/
[hadoop@master zookeeper]$ bin/zkServer.sh start
[hadoop@master zookeeper]$ jps
3633 QuorumPeerMain
[hadoop@master zookeeper]$ bin/zkServer.sh stop        //关闭 Zookeeper
```

（8）使用 runRemoteCmd.sh 脚本，启动所有节点上面的 Zookeeper

```
runRemoteCmd.sh "/home/hadoop/app/zookeeper/bin/zkServer.sh start" zookeeper
```

（9）查看所有节点上面的 QuorumPeerMain 进程是否启动

```
runRemoteCmd.sh "jps" zookeeper
```

（10）查看所有 Zookeeper 节点状态

```
runRemoteCmd.sh "/home/hadoop/app/zookeeper/bin/zkServer.sh status" zookeeper
```

查看结果，如果一个节点为 Leader，其他节点为 Follower，则说明 Zookeeper 安装成功。

8.5 Hadoop 集群环境的搭建

Hadoop 集群环境搭建的步骤如下。

8.5.1 Hadoop 软件的安装

1）首先下载好 Hadoop 安装包，然后将下载好的 hadoop-2.6.0.tar.gz（参见第 19 页 2.2 节已下载的文件）安装包上传至 master 节点下的 /home/hadoop/app 目录下。

```
[hadoop@master app]$ rz        //将本地的 hadoop-2.6.0.tar.gz 安装包上传至当前目录
```

```
[hadoop@master app]$ ls
hadoop-2.6.0.tar.gz jdk1.7.0_79    zookeeper
[hadoop@master app]$ tar zxvf hadoop-2.6.0.tar.gz          //解压
[hadoop@master app]$ ls
hadoop-2.6.0 hadoop-2.6.0.tar.gz jdk1.7.0_79    zookeeper
[hadoop@master app]$ rm hadoop-2.6.0.tar.gz               //删除安装包
[hadoop@master app]$ mv hadoop-2.6.0 hadoop               //重命名
```

2) 切换到/home/hadoop/app/hadoop/etc/hadoop/目录下，修改配置文件。

```
[hadoop@master app]$ cd /home/hadoop/app/hadoop/etc/hadoop/
```

至此，Hadoop 软件安装完成。

8.5.2　Hadoop 配置及使用 HDFS

接下来介绍 Hadoop 的配置和使用，首先介绍配置和使用 HDFS（相应的配置文件可从随书配套资源下载，资源路径：配套资源/第 8 章/8.5/配置文件/配置文件.rar）。具体步骤如下。

（1）配置 hadoop-env.sh 文件

hadoop-env.sh 文件主要配置跟 Hadoop 环境相关的变量。这里主要修改 JAVA_HOME 的安装目录。

```
[hadoop@master hadoop]$ vi hadoop-env.sh
export JAVA_HOME=/home/hadoop/app/jdk1.7.0_79
```

（2）配置 core-site.xml 文件

core-site.xml 文件主要配置 Hadoop 的公有属性，具体需要配置的每个属性的注释如下。

```
[hadoop@master hadoop]$ vi core-site.xml
<configuration>
    <property>
        <name>fs.defaultFS</name>
        <value>hdfs://cluster1</value>
    </property>
    < 这里的值指的是默认的 HDFS 路径，取名为 cluster1>
    <property>
        <name>hadoop.tmp.dir</name>
        <value>/home/hadoop/data/tmp</value>
    </property>
    < hadoop 的临时目录，如果需要配置多个目录，需要逗号隔开，data 目录需要我们自己创建>
    <property>
        <name>ha.zookeeper.quorum</name>
        <value>master:2181,slave1:2181,slave2:2181</value>
    </property>
    < 配置 Zookeeper 管理 HDFS >
</configuration>
```

（3）配置 hdfs-site.xml 文件

hdfs-site.xml 文件主要配置和 HDFS 相关的属性，具体需要配置的每个属性的注释如下。

```
[hadoop@master hadoop]$ vi hdfs-site.xml
<configuration>
  <property>
    <name>dfs.replication</name>
    <value>3</value>
  </property>
  < 数据块副本数为 3>
  <property>
    <name>dfs.permissions</name>
    <value>false</value>
  </property>
  <property>
    <name>dfs.permissions.enabled</name>
    <value>false</value>
  </property>
  < 权限默认配置为 false>
  <property>
    <name>dfs.nameservices</name>
    <value>cluster1</value>
  </property>
  < 命名空间，它的值与 fs.defaultFS 的值要对应，namenode 高可用之后有两个 namenode，cluster1 是对外提供的统一入口>
  <property>
    <name>dfs.ha.namenodes.cluster1</name>
    <value>master,slave1</value>
  </property>
  < 指定 nameService 是 cluster1 时的 Namenode 有哪些，这里的值也是逻辑名称，名字随便起，相互不重复即可>
  <property>
    <name>dfs.namenode.rpc-address.cluster1.master</name>
    <value>master:9000</value>
  </property>
  < master rpc 地址>
  <property>
    <name>dfs.namenode.http-address.cluster1.master</name>
    <value>master:50070</value>
  </property>
  < master http 地址>
  <property>
    <name>dfs.namenode.rpc-address.cluster1.slave1</name>
    <value>slave1:9000</value>
  </property>
  < slave1 rpc 地址>
```

```xml
<property>
    <name>dfs.namenode.http-address.cluster1.slave1</name>
    <value>slave1:50070</value>
</property>
< slave1 http 地址>
<property>
    <name>dfs.ha.automatic-failover.enabled</name>
    <value>true</value>
</property>
< 启动故障自动恢复>
<property>
    <name>dfs.namenode.shared.edits.dir</name>
    <value>qjournal://master:8485;slave1:8485;slave2:8485/cluster1</value>
</property>
< 指定 journal >
<property>
    <name>dfs.client.failover.proxy.provider.cluster1</name>
    <value>org.apache.hadoop.hdfs.server.namenode.ha.ConfiguredFailoverProxyProvider</value>
</property>
< 指定 cluster1 出故障时，哪个实现类负责执行故障切换>
<property>
    <name>dfs.journalnode.edits.dir</name>
    <value>/home/hadoop/data/journaldata/jn</value>
</property>
< 指定 JournalNode 集群在对 namenode 的目录进行共享时，自己存储数据的磁盘路径 >
<property>
    <name>dfs.ha.fencing.methods</name>
    <value>shell(/bin/true)</value>
</property>
<property>
    <name>dfs.ha.fencing.ssh.private-key-files</name>
    <value>/home/hadoop/.ssh/id_rsa</value>
</property>
<property>
    <name>dfs.ha.fencing.ssh.connect-timeout</name>
    <value>10000</value>
</property>
<property>
    <name>dfs.namenode.handler.count</name>
    <value>100</value>
</property>
</configuration>
```

（4）配置 slaves 文件

slaves 文件主要根据集群规划配置 DataNode 节点所在的主机名。

[hadoop@master hadoop]$ vi slaves

```
master
slave1
slave2
```

(5) 向所有节点分发 Hadoop 安装包

```
[hadoop@master app]$ deploy.sh hadoop /home/hadoop/app/ slave
```

(6) 启动 HDFS

1) 启动所有节点上面的 Zookeeper 进程。

```
[hadoop@master hadoop]$ runRemoteCmd.sh  "/home/hadoop/app/zookeeper/bin/zkServer.sh start" zookeeper
```

2) 启动所有节点上面的 Journalnode 进程。

```
[hadoop@master hadoop]$ runRemoteCmd.sh "/home/hadoop/app/hadoop/sbin/hadoop-daemon.sh start journalnode" all
```

3) 首先在主节点上（比如 master）执行格式化。

```
[hadoop@master hadoop]$ bin/hdfs namenode –format  //namenode 格式化
[hadoop@master hadoop]$ bin/hdfs zkfc –formatZK  //格式化高可用
[hadoop@master hadoop]$ bin/hdfs namenode  //启动 namenode
```

4) 与此同时，需要在备节点（比如，slave1）上执行数据同步。

```
[hadoop@slave1 hadoop]$ bin/hdfs namenode –bootstrapStandby   //同步主节点和备节点之间的
```
元数据

5) slave1 同步完数据后，紧接着在 master 节点上，按下〈Ctrl+C〉组合键来结束 namenode 进程。然后关闭所有节点上面的 Journalnode 进程。

```
[hadoop@master hadoop]$ runRemoteCmd.sh "/home/hadoop/app/hadoop/sbin/hadoop-daemon.sh stop journalnode" all   //然后停掉各节点的 Journalnode
```

6) 如果上面操作没有问题，可以一键启动 HDFS 所有相关进程。

```
[hadoop@master hadoop]$ sbin/start-dfs.sh
```

启动成功之后，关闭其中一个 namenode，然后再次启动 namenode 观察切换的状况。

(7) 验证 HDFS 是否启动成功

输入网址http://master:50070，可以通过 Web 界面查看 namenode 的启动情况，结果如图 8-8 所示。该节点的状态为 active，表示 HDFS 可以通过 master 节点对外提供文件系统的服务。

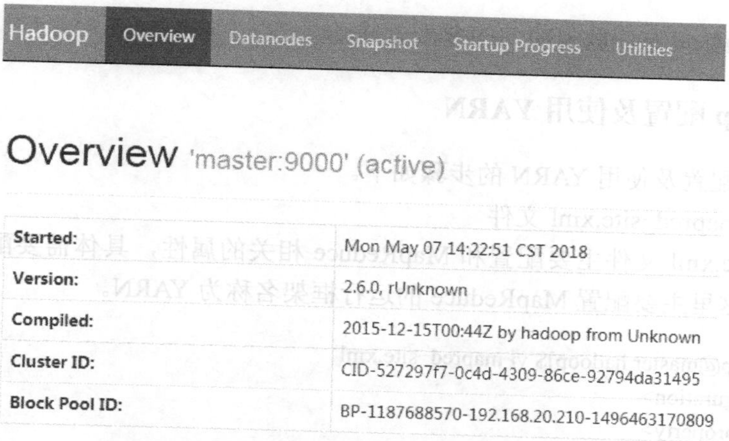
Hadoop
Overview
Datanodes
Snapshot
Startup Progress
Utilities
Overview 'master:9000' (active)
Started: Mon May 07 14:22:51 CST 2018
Version: 2.6.0, rUnknown
Compiled: 2015-12-15T00:44Z by hadoop from Unknown
Cluster ID: CID-527297f7-0c4d-4309-86ce-92794da31495
Block Pool ID: BP-1187688570-192.168.20.210-1496463170809

图 8-8　active 状态的 namenode 界面

输入http://slave1:50070，结果如图 8-9 所示。该节点的状态为 standby，表示 slave1 节点不对外提供服务，只是作为 master 节点的备用节点。注意，哪个节点处于 active 状态或 standby 状态是不一定的，要由 Zookeeper 选举所得，且某一时刻只能有一个节点处于 active 状态。

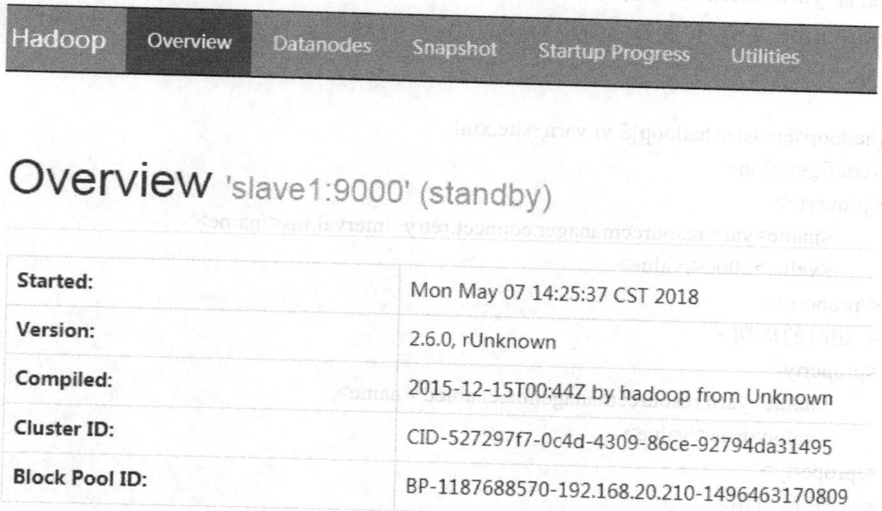
Hadoop
Overview
Datanodes
Snapshot
Startup Progress
Utilities
Overview 'slave1:9000' (standby)
Started: Mon May 07 14:25:37 CST 2018
Version: 2.6.0, rUnknown
Compiled: 2015-12-15T00:44Z by hadoop from Unknown
Cluster ID: CID-527297f7-0c4d-4309-86ce-92794da31495
Block Pool ID: BP-1187688570-192.168.20.210-1496463170809

图 8-9　standby 状态的 namenode 界面

上传文件至 HDFS 进行测试，检查 HDFS 文件系统是否能正常使用，具体操作如下。

```
[hadoop@master hadoop]$ vi djt.txt      //本地创建一个 djt.txt 文件
hadoop dajiangtai
hadoop dajiangtai
hadoop dajiangtai
[hadoop@master hadoop]$ hdfs dfs -mkdir /test      //在 hdfs 上创建一个文件目录
[hadoop@master hadoop]$ hdfs dfs -put djt.txt /test      //向 hdfs 上传一个文件
[hadoop@master hadoop]$ hdfs dfs -ls /test   //查看 djt.txt 是否上传成功
```

如果上面操作没有问题说明 HDFS 配置成功。

8.5.3 Hadoop 配置及使用 YARN

Hadoop 的配置及使用 YARN 的步骤如下。

（1）配置 mapred-site.xml 文件

mapred-site.xml 文件主要配置和 MapReduce 相关的属性，具体需要配置的每个属性的注释如下。这里主要配置 MapReduce 的运行框架名称为 YARN。

```
[hadoop@master hadoop]$ vi mapred-site.xml
<configuration>
    <property>
        <name>mapreduce.framework.name</name>
        <value>yarn</value>
    </property>
    <指定运行 mapreduce 的环境是 Yarn，与 hadoop1 不同的地方>
</configuration>
```

（2）配置 yarn-site.xml 文件

yarn-site.xml 文件主要配置和 YARN 相关的属性，具体需要配置的每个属性的注释如下。

```
[hadoop@master hadoop]$ vi yarn-site.xml
<configuration>
<property>
    <name>yarn.resourcemanager.connect.retry-interval.ms</name>
    <value>2000</value>
</property>
< 超时的周期>
<property>
    <name>yarn.resourcemanager.ha.enabled</name>
    <value>true</value>
</property>
< 打开高可用>
<property>
    <name>yarn.resourcemanager.ha.automatic-failover.enabled</name>
    <value>true</value>
</property>
<启动故障自动恢复>
<property>
    <name>yarn.resourcemanager.ha.automatic-failover.embedded</name>
    <value>true</value>
</property>

<property>
    <name>yarn.resourcemanager.cluster-id</name>
```

```xml
        <value>yarn-rm-cluster</value>
    </property>
    <给 yarn cluster 取个名字 yarn-rm-cluster>
    <property>
        <name>yarn.resourcemanager.ha.rm-ids</name>
        <value>rm1,rm2</value>
    </property>
    <给 ResourceManager 取个名字 rm1,rm2>
    <property>
        <name>yarn.resourcemanager.hostname.rm1</name>
        <value>master</value>
    </property>
    <配置 ResourceManager rm1 hostname>
    <property>
        <name>yarn.resourcemanager.hostname.rm2</name>
        <value>slave1</value>
    </property>
    <配置 ResourceManager rm2 hostname>
    <property>
        <name>yarn.resourcemanager.recovery.enabled</name>
        <value>true</value>
    </property>
    <启用 resourcemanager 自动恢复>
    <property>
        <name>yarn.resourcemanager.zk.state-store.address</name>
        <value>master:2181,slave1:2181,slave2:2181</value>
    </property>
    <配置 Zookeeper 地址>
    <property>
        <name>yarn.resourcemanager.zk-address</name>
        <value>master:2181,slave1:2181,slave2:2181</value>
    </property>
    <配置 Zookeeper 地址>
    <property>
        <name>yarn.resourcemanager.address.rm1</name>
        <value>master:8032</value>
    </property>
    < rm1 端口号>
    <property>
        <name>yarn.resourcemanager.scheduler.address.rm1</name>
        <value>master:8034</value>
    </property>
    < rm1 调度器的端口号>
    <property>
        <name>yarn.resourcemanager.webapp.address.rm1</name>
        <value>master:8088</value>
    </property>
```

```
            <rm1 webapp 端口号>
            <property>
                <name>yarn.resourcemanager.address.rm2</name>
                <value>slave1:8032</value>
            </property>
            <rm2 端口号>
            <property>
                <name>yarn.resourcemanager.scheduler.address.rm2</name>
                <value>slave1:8034</value>
            </property>
            <rm2 调度器的端口号>
            <property>
                <name>yarn.resourcemanager.webapp.address.rm2</name>
                <value>slave1:8088</value>
            </property>
            <rm2 webapp 端口号>
            <property>
                <name>yarn.nodemanager.aux-services</name>
                <value>mapreduce_shuffle</value>
            </property>
            <property>
                <name>yarn.nodemanager.aux-services.mapreduce_shuffle.class</name>
                <value>org.apache.hadoop.mapred.ShuffleHandler</value>
            </property>
            <执行 MapReduce 需要配置的 shuffle 过程>
</configuration>
```

(3) 启动 YARN

1) 在 master 节点上执行启动 YARN 命令。

```
[hadoop@master hadoop]$ sbin/start-yarn.sh
```

2) 在 slave1 节点上面执行启动 YARN 命令。

```
[hadoop@master hadoop]$ sbin/yarn-daemon.sh start resourcemanager
```

3) 打开 Web 界面。

```
http://master:8088
http://slave1:8088
```

关闭其中一个 resourcemanager，然后再启动，看看这个过程的 Web 界面变化。

4) 检查一下 resourcemanager 状态。

```
[hadoop@master hadoop]$ bin/yarn rmadmin -getServiceState rm1
[hadoop@master hadoop]$ bin/yarn rmadmin -getServiceState rm2
```

5) 运行 wordcount 测试示例。

[hadoop@master hadoop]$ hadoop jar share/hadoop/mapreduce/hadoop-mapreduce-examples-2.6.0.jar wordcount /test/djt.txt /test/out/

作业执行状态结果如图 8-10 所示。

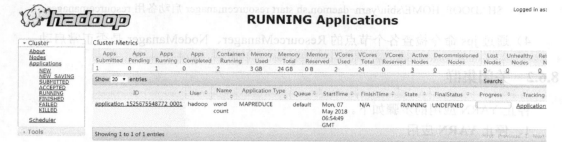

图 8-10 MapReduce 作业执行状态信息

如果上面执行没有异常，最终显示作业的状态信息为 SUCCEEDED，就说明 YARN 安装成功。至此，Hadoop 分布式集群搭建完毕。

8.6 集群启停

Hadoop 集群的启动和停止命令都有一定的先后顺序，所以需要严格遵循启停顺序。接下来分别介绍 Hadoop 集群的启动和停止顺序。

8.6.1 启动集群

1. 启动 HDFS 应用

启动 HDFS 应用的步骤如下。

1) 进入 Zookeeper 各个节点，执行$ZOOKEEPER_HOME/bin/zkServer.sh start 命令启动 Zookeeper 集群。

2) 进入 Namenode 主节点，执行$HADOOP_HOME/sbin/start-dfs.sh 命令启动 HDFS 集群。

3) 检查各个节点的 NameNode、DataNode 是否正常启动。

● 执行 jps 命令查看相关进程是否存在。

● 执行$HADOOP_HOME/bin/hdfs fsck/命令查看 HDFS 文件系统是否处于健康状态。

● 执行$HADOOP_HOME/bin/hdfs dfsadmin –report 命令查看 DataNode 的存活状态。

● 执行$HADOOP_HOME/bin/hdfs dfs –mkdir /dajiangtai 命令在 HDFS 上创建文件夹。

● 执行$HADOOP_HOME/bin/hdfs dfs –put djt.txt /dajiangtai 命令向 HDFS 上传文件。

2. 启动 YARN 应用

启动 YARN 应用的步骤如下。

1) 进入 Zookeeper 各个节点，执行$ZOOKEEPER_HOME/bin/zkServer.sh start 命令启动 Zookeeper 集群。如果 Zookeeper 已经启动，可以跳过这步操作。

2）进入 YARN 主节点，执行 $HADOOP_HOME/sbin/start-yarn.sh 命令启动 YARN 集群。
3）进入 YARN 的备用节点，执行。

> $HADOOP_HOME/sbin/yarn-daemon.sh start resourcemanager 启动备用 resourcemanager

4）通过 jps 命令检查各个节点的 ResourceManager、NodeManager 是否正常启动。

8.6.2 关闭集群

停止 YARN 应用的步骤如下。

1. 停止 YARN 应用

1）如果想一次关闭整个 YARN 集群，可以执行 $HADOOP_HOME/sbin/stop-yarn.sh 脚本实现。

2）如果想单独关闭某一个守护进程，比如 ResourceManager、NodeManager 守护进程，则可执行 yarn-daemon.sh 脚本。关闭 ResourceManager、NodeManager 守护进程的具体命令如下。

> $HADOOP_HOME/sbin/yarn-daemon.sh stop resourcemanager
> $HADOOP_HOME/sbin/yarn-daemon.sh stop nodemanager

如果通过脚本 stop-yarn.sh 或 yarn-daemon.sh 没有正常关闭 YARN 相关的守护进程（由于每个守护进程都对应一个进程号 ID，默认进程号 ID 是存储在临时目录中，当重启机器的时候，临时目录中的数据就会被删除，所以当使用 stop-yarn.sh 或 yarn-daemon.sh 脚本关闭守护进程的时候就找不到对应守护进程的 ID 号，所以就无法通过 stop-yarn.sh 或 yarn-daemon.sh 脚本正常关闭对应的守护进程），可以使用以下命令 kill 掉对应的守护进程。

> jps |grep NodeManager|awk '{print $1}'|xargs kill -9
> jps |grep ResourceManager|awk '{print $1}'|xargs kill -9

2. 停止 HDFS 应用

停止 HDFS 应用的步骤如下。

1）如果想一次关闭整个 HDFS 集群，则可以执行 $HADOOP_HOME/sbin 目录下的 stop-dfs.sh 脚本关闭 HDFS 集群。

2）如果想单独关闭某一个守护进程，比如 NameNode、DataNode 守护进程，则可以执行 hadoop-damon.sh 脚本进行关闭，具体关闭 NameNode、DataNode 守护进程的操作命令如下所示。

> $HADOOP_HOME/sbin/hadoop-daemon.sh stop namenode
> $HADOOP_HOME/sbin/hadoop-daemons.sh stop datanode

3）再次检查各节点是否还存在 NameNode、DataNode 守护进程。如果还存在，可以使用以下命令 kill 掉对应的守护进程。

```
jps |grep namenode|awk '{print $1}'|xargs kill -9
jps |grep datanode|awk '{print $1}'|xargs kill -9
```

8.7* 主机的维护操作

主机的维护操作主要包括 Active NameNode（活跃状态的名字节点）、Standby NameNode（备用状态的名字节点）、DataNode（数据节点）、ResourceManager（资源管理器）、NodeManager（节点管理器）的下线、上线操作，这些操作都是针对原有节点进行而非新加的节点。

8.7.1 Active NameNode 维护操作

1．下线

在$HADOOP_HOME/sbin 目录下执行./hadoop-daemon.sh stop namenode 命令，备用节点会自动切换为主节点并停掉主节点的相关进程。此时主节点下线完毕，可对主节点进行相关维护操作。

2．上线

维护完成之后，$HADOOP_HOME/sbin 目录下执行./hadoop-daemon.sh start namenode 命令启动 namenode 进程，此时 namenode 运行为 standby 状态。

8.7.2 Standby NameNode 维护操作

1．下线

在$HADOOP_HOME/sbin 目录下执行./hadoop-daemon.sh stop namenode 命令，备用节点下线完毕后，可对备节点进行相关维护操作。

2．上线

维护完成之后，$HADOOP_HOME/sbin 目录下执行./hadoop-daemon.sh start namenode 命令启动备用节点，此时备节点仍然运行为 standby 状态。

8.7.3 DataNode 维护操作

1．下线

在$HADOOP_HOME/sbin 目录下执行./hadoop-daemon.sh stop datanode 命令，等待 DataNode 下线完毕，可对数据节点进行相关的维护操作。

2．上线

维护操作完成之后，在$HADOOP_HOME/sbin 目录下执行./hadoop-daemon.sh start DataNode 命令启动数据节点。

8.7.4 Active ResourceManager 维护操作

1．下线

在 Active 状态的 ResourceManager 所在的节点的$HADOOP_HOME/sbin 目录下执

行./yarn-daemon.sh stop resourcemanager 命令，表示关闭当前节点的 ResourceManager。由于 ResourceManager 的故障转移功能，Standby ResourceManager 会自动切换为 Active ResourceManager。此时 Active ResourceManager 下线完毕，可对该节点进行相关维护操作。

2．上线

维护完成之后，$HADOOP_HOME/sbin 目录下执行./yarn-daemon.sh start resourcemanager 命令启动 resourcemanager 进程，此时 resourcemanager 运行为 standby 状态。

8.7.5 Standby ResourceManager 维护操作

1．下线

在$HADOOP_HOME/sbin 目录下执行./yarn-daemon.sh stop resourcemanager 命令，备节点下线完毕后，可对备节点进行相关维护操作。

2．上线

维护完成之后，$HADOOP_HOME/sbin 目录下执行./yarn-daemon.sh start resourcemanager 命令启动备节点，此时备节点仍然运行为 standby 状态。

8.7.6 NodeManager 维护操作

1．下线

在$HADOOP_HOME/sbin 下执行./yarn-daemon.sh stop nodemanager 命令，等待 nodemanager 下线完毕，可对 nodemanager 节点进行相关的维护操作。

2．上线

维护操作完成之后，在$HADOOP_HOME/sbin 目录下执行./yarn-daemon.sh start nodemanager 启动 NodeManager 节点。

8.8* 集群节点动态增加与删除

当集群的存储能力和计算能力出现瓶颈的时候，一般采取的方式是对集群进行扩容。Hadoop 支持集群的动态扩容，在不重启集群的情况下可将节点添加至集群中。当集群中的某些节点不再被需要时，可以移除集群，Hadoop 同样支持动态地删除节点。

8.8.1 增加 DataNode

如果 hdfs-default.xml 文件没有配置 dfs.hosts 属性，表示所有的节点都可以连接 NameNode，此时增加 DataNode 节点非常方便。增加节点的配置文件跟集群保持一致，只需要修改节点上的$HADOOP_HOME/etc/hadoop/slaves 文件，在文件的末尾追加主机 hostname 即可。然后执行$HADOOP_HOME/sbin/hadoop.daemon.sh start datanode 命令，此时节点就会动态添加到 HDFS 集群中。此时可以通过$HADOOP_HOME/bin/hdfs dfsadmin -report 命令查看 DataNode 的存活状态。

如果 hdfs-default.xml 文件配置 dfs.hosts 属性，在启动 DataNode 之前还需要将添加节点的 IP 地址添加到 dfs.hosts 属性，然后执行如下命令：$HADOOP_HOME/bin/hdfs dfsadmin -refreshNodes，最后再启动 DataNode 即可。

当新增节点添加到集群之后，还需要执行$HADOOP_HOME/sbin/start-balancer.sh 脚本进行负载均衡。最后，将集群各个节点的配置统一，下次集群启动时可以通过一键启动命令启动整个进程。

8.8.2 删除 DataNode

删除 DataNode 节点要比增加 DataNode 要复杂得多，虽然可以直接通过$HADOOP_HOME/sbin/hadoop-daemons.sh stop datanode 命令关闭 DataNode 进程，但是这样无法将该节点的数据成功迁移到其他节点，因为这样操作造成集群的副本数不能维持所配置的水平，甚至可能出现数据丢失的可能。

Hadoop 提供了一种安全删除 DataNode 的方式，可以保证数据的安全性，但是它需要对 dfs.hosts 和 dfs.hosts.exclude 的属性进行配置。首先可以将删除节点的 IP 添加到 dfs.hosts.exclude 属性值中，执行命令：$HADOOP_HOME/bin/hdfs dfsadmin -refreshNodes。此时删除节点工作开始，这个过程涉及大量数据传输，比较耗费时间。可以通过 Web UI 查看节点删除进度，当节点删除完毕之后，就可以通过命令停止 DataNode 进程，然后修改 dfs.hosts 和 dfs.hosts.exclude 属性值，将该节点地址删除掉，最后执行$HADOOP_HOME/bin/hdfs dfsadmin -refreshNodes 命令即可。

8.8.3 增删 NodeManager

1．增加 NodeManager

增加 NodeManager 的操作非常简单，当 DataNode 节点添加成功之后，直接启动 NodeManager 进程即可。

2．删除 NodeManager

NodeManager 删除也比较方便，直接通过命令停止 NodeManager 进程即可。当删除的 NodeManager 有正在运行的任务时，MapReduce 框架本身提供了容错性，能保证作业的顺利完成。

8.9* 集群运维技巧

在实际工作中，针对 Hadoop 集群的运行和维护涉及方方面面，接下来将介绍一些常见的运维技巧。

8.9.1 查看日志

Hadoop 集群运行过程中，无论遇到什么错误或异常，日志是 Hadoop 运维最重要的依据，第一步操作就是查看 Hadoop 运行日志。Hadoop 集群各个进程的日志路径如下所示。

$HADOOP_HOME/logs/hadoop-hadoop-namenode-master.log
$HADOOP_HOME/logs/yarn-hadoop-resourcemanager-master.log
$HADOOP_HOME/logs/hadoop-hadoop-datanode-slave1.log
$HADOOP_HOME/logs/yarn-hadoop-nodemanager-slave1.log

可以通过一般的 Linux 命令查看日志，比如 vi、cat，也可以通过 tail -f 命令实时查看更新的日志。第二种方式一般更及时有效。

8.9.2 清理临时文件

大多数情况下，由于对集群操作太频繁或者日志输出不合理，会造成日志文件和临时文件占用大量磁盘，直接影响正常 HDFS 的存储，此时可以定期清理这些临时文件，临时文件的路径如下所示。

- HDFS 的临时文件路径：${hadoop.tmp.dir}/mapred/staging。
- 本地临时文件路径：${mapred.local.dir}/mapred/userlogs。
- 定期执行负载均衡脚本。

造成 HDFS 数据不均衡的原因有很多，比如新增一个 DataNode、快速删除 HDFS 上的大量文件、计算任务分布不均匀等。数据不均衡会降低 MapReduce 计算本地化的概率，从而降低作业执行效率。当发现 Hadoop 集群数据不均衡，可以通过 Hadoop 脚本 $HADOOP_HOME/sbin/start-balancer.sh 进行负载均衡操作。

本章小结

通过本章的学习和实践，相信大家一定能成功实现分布式集群的搭建，注意操作过程中一定要把理论和具体操作结合起来，灵活运用。不要只是简单复制命令操作，一定要充分理解。这样才会更有利于对 Hadoop 集群底层细节的深入理解。

本章习题

1. Hadoop 分布式集群启动和停止的顺序及命令？
2. 如何在集群中动态地增加或删除节点？
3. Hadoop 运维有哪些常用的技巧？

第 9 章 Hive 数据仓库

学习目标
- 理解 Hive 的基本原理及架构
- 理解 Hive 的运行机制
- 熟练掌握 Hive 数据库、数据表的相关操作

Hive 是基于 Hadoop 的一个数据仓库工具，它可以将结构化的数据文件映射为一张数据库表，并提供完整的类 SQL 查询功能，实际上 Hive 是通过将 SQL 语句转换为 MapReduce 任务来实现数据的分析处理的，这样就可以通过类 SQL 语句快速地实现简单的大数据分析，而不必开发专门的 MapReduce 应用，这种方式十分适合数据仓库的统计分析，而且学习成本很低。

9.1 初识 Hive

9.1.1 Hive 是什么

Hive 是构建在 Hadoop 之上的一个开源的数据仓库分析系统，主要用于存储和处理海量结构化数据。这些海量数据一般存储在 Hadoop 分布式文件系统之上，Hive 可以将其上的数据文件映射为一张数据库表，赋予数据一种表结构。而且 Hive 还提供了丰富的类 SQL（这套 SQL 又称 Hive QL，简称 HQL）查询方式来分析存储在 Hadoop 分布式文件系统中的数据，实际上 Hive 对数据的分析是经过对 HQL 语句进行解析和转换，最终生成一系列基于 Hadoop 的 MapReduce 任务，通过在 Hadoop 集群上执行这些任务完成对数据的处理。这样就能使不熟悉 MapReduce 的用户也能很方便地利用 HQL 语句对数据进行查询、分析、汇总，同时，也允许熟悉 MapReduce 的开发者自定义 Mapper 和 Reducer 来处理内建的 Mapper 和 Reducer 无法完成的、复杂的分析工作。目前，Hive 已经是一个成功的 Apache 项目，很多公司和组织也早已把 Hive 当作大数据平台中用于数据仓库分析的核心组件。

9.1.2 Hive 产生的背景

Hive 的诞生源于 Facebook 的日志分析需求。面对海量的结构化数据，Hive 能够以较低的成本完成以往需要大规模数据库才能完成的任务，并且学习门槛相对较低，应用开发灵活且高效。后来 Hive 开源给了 Apache，成为 Apache 的一个顶级项目，至此在大数据应用方面得到了快速的发展和普及。

9.1.3 什么是数据仓库

1. 数据仓库（Data Warehouse）的概念

数据仓库（Data Warehouse）是一个面向主题的（Subject Oriented）、集成的（Integrate）、相对稳定的（Non-Volatile）、反映历史变化（Time Variant）的数据集合，用于支持管理决策。

- 面向主题：指数据仓库中的数据是按照一定的主题域进行组织的。
- 集成：指对原有分散的数据库数据经过系统加工、整理，消除源数据中的不一致性。
- 相对稳定：指一旦某个数据进入数据仓库以后只需要定期地加载、刷新。
- 反映历史变化：指通过这些信息，对企业的发展历程和未来趋势做出定量分析预测。

数据仓库建设是一个工程，是一个过程，而不是一种可以购买的产品。企业数据处理方式是以联机事务处理形式获取信息，并利用信息进行决策，在信息应用过程中管理信息。

2. 数据仓库和数据库的联系和区别

数据仓库的出现，并不是要取代数据库。目前，大部分数据仓库还是用关系数据库管理系统来管理的。数据仓库与数据库的主要区别在于：

- 数据库是面向事务设计的，数据仓库是面向主题设计的。
- 数据库一般存储在线交易数据，数据仓库存储的一般是历史数据。
- 数据库在设计上是尽量避免冗余，数据仓库在设计上是有意引入冗余。
- 数据库是为捕获数据而设计的，数据仓库是为分析数据而设计的。

9.1.4 Hive 在 Hadoop 生态系统中的位置

Hive 在 Hadoop 生态系统中承担数据仓库的角色，如图 9-1 所示。Hive 能够管理 Hadoop 中的数据，同时可以查询分析 Hadoop 中的数据。

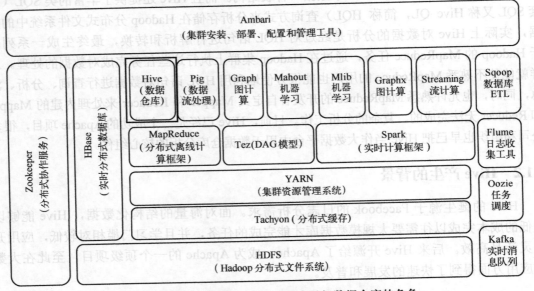

图 9-1　Hive 在 Hadoop 生态系统中承担数据仓库的角色

9.1.5 Hive 和 Hadoop 的关系

- Hive 构建在 Hadoop 之上。
- 所有的数据都存储在 Hadoop 分布式文件系统中。
- HQL 中对查询语句的解释、优化、生成查询计划是由 Hive 完成的。查询计划被转化为 MapReduce 任务，在 Hadoop 集群上执行（有些查询没有执行 MapReduce 任务，比如：select * from table）。

9.1.6 Hive 和普通关系数据库的异同

Hive 和普通关系数据库的异同如表 9-1 所示。

表 9-1 Hive 和普通关系数据库的异同

类别	Hive	普通关系数据库
查询语言	HiveQL	SQL
数据存储位置	HDFS	Raw Device 或者本地 FS
数据格式	用户定义	系统决定
数据更新	不支持	支持
索引	新版本支持，但是支持较弱	有
执行	MapReduce	Executor
执行延迟	高	低
可扩展性	高	低
数据规模	大	小

1. 查询语言

由于 SQL 被广泛地应用在数据仓库中，因此，专门针对 Hive 的特性设计了类 SQL 的查询语言 HQL。熟悉 SQL 开发的开发者可以很方便地使用 Hive 进行开发。

2. 数据存储位置

Hive 是建立在 Hadoop 之上的，所有 Hive 的数据都是存储在 HDFS 中的。而数据库则可以将数据保存在块设备或者本地文件系统中。

3. 数据格式

Hive 中没有定义专门的数据格式，数据格式可以由用户指定，用户定义数据格式需要指定三个属性：列分隔符（通常为空格、"\\t"、"\\x001"）、行分隔符（"\\n"）以及读取文件数据的方法（Hive 中默认有三个文件格式：TextFile，SequenceFile 以及 RCFile）。由于在加载数据的过程中，不需要进行从用户数据格式到 Hive 定义的数据格式的转换，因此，Hive 在加载的过程中不会对数据本身进行任何修改，而只是将数据内容复制或者移动到相应的 HDFS 目录中。而在数据库中，不同的数据库有不同的存储引擎，定义了自己的数据格式，所有数据都会按照一定的组织存储，因此，数据库加载数据的过程会比较耗时。

4. 数据更新

由于 Hive 是针对数据仓库应用设计的，而数据仓库的内容是读多写少的，因此，

Hive 不支持对数据的改写和添加，所有的数据都是在加载的时候就确定好的。而数据库中的数据需要经常进行修改，因此可以使用 INSERT INTO...VALUES 添加数据，使用 UPDATE...SET 修改数据。

5．索引

Hive 在加载数据的过程中不会对数据进行任何处理，甚至不会对数据进行扫描，因此也没有对数据中的某些 Key 建立索引。Hive 要访问数据中满足条件的特定值时，需要"暴力"扫描整个数据，因此访问延迟较高。由于 MapReduce 的引入，Hive 可以并行访问数据，因此即使没有索引，对于大数据量的访问，Hive 仍然可以体现出优势。数据库中，通常会针对一个或者几个列建立索引，因此对于少量的特定条件的数据的访问，数据库可以有很高的效率，较低的延迟。正是由于 Hive 对数据的访问延迟较高，也决定了 Hive 不适合在线数据查询。

6．执行

Hive 中大多数查询的执行是通过 Hadoop 提供的 MapReduce 来实现的（类似 select * from tbl 的查询不需要 MapReduce）。而数据库通常有自己的执行引擎。

7．执行延迟

Hive 在查询数据的时候，由于没有索引，需要扫描整个表，因此执行延迟较高。另外一个导致 Hive 执行延迟高的因素是 MapReduce 框架。由于 MapReduce 本身具有较高的延迟，因此在利用 MapReduce 执行 Hive 查询时，也会有较高的延迟。相对的，数据库的执行延迟较低。当然，这个低是有条件的，即数据规模较小，当数据规模大到超过数据库的处理能力的时候，Hive 的并行计算显然能体现出优势。

8．可扩展性

由于 Hive 是建立在 Hadoop 之上的，因此 Hive 的可扩展性是和 Hadoop 的可扩展性是一致的。而数据库由于 ACID 语义的严格限制，扩展性非常有限。目前最先进的并行数据库 Oracle 在理论上的扩展能力也只有 100 个节点左右。

9．数据规模

由于 Hive 建立在集群上并可以利用 MapReduce 进行并行计算，因此可以支持很大规模的数据处理；相应的，数据库可以支持的数据规模较小。

9.2 Hive 的原理及架构

9.2.1 Hive 的设计原理

Hive 是一种底层封装了 Hadoop 的数据仓库处理工具，使用类 SQL 的 HiveQL 语言实现数据查询，所有 Hive 的数据都存储在 Hadoop 兼容的文件系统中，比如 HDFS。Hive 在加载数据过程中不会对数据进行任何的修改，只是将数据移动到 HDFS 中 Hive 设定的目录下，因此，Hive 不支持对数据的改写和添加，所有的数据都是在加载的时候确定的。

Hive 的设计特点如下。
- 支持索引，加快数据查询。
- 不同的存储类型，例如，纯文本文件、HBase 中的文件。
- 将元数据保存在关系数据库中，大大减少了在查询过程中执行语义检查的时间。
- 可以直接使用存储在 Hadoop 文件系统中的数据。
- 内置大量用户自定义函数（user define function，UDF）来操作时间、字符串和其他数据挖掘工具，支持用户扩展 UDF 函数来完成内置函数无法实现的操作。
- 类 SQL 的查询方式，将类 SQL 查询转换为 MapReduce 的 Job 在 Hadoop 集群上执行。

9.2.2 Hive 的体系架构

Hive 的体系架构如图 9-2 所示。

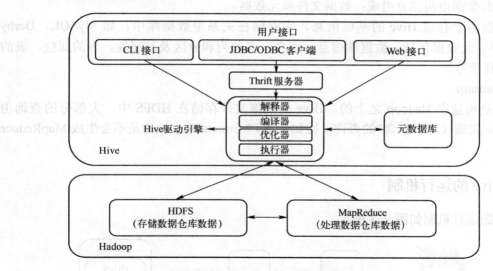

图 9-2 Hive 的体系架构

1. 用户接口

用户接口主要有三个：CLI 接口，JDBC/ODBC 客户端和 Web 接口。其中最常用的是 CLI。下面分别说明：

（1）CLI 接口

CLI 即命令行接口，CLI 启动的时候，会同时启动一个 Hive 副本。

（2）JDBC/ODBC 客户端

Client 是 Hive 的客户端，用户连接至 Hive Server。在启动 Client 模式的时候，需要指出 Hive Server 所在节点，并且在该节点启动 Hive Server。比如：

1）JDBC 客户端：封装了 Thrift 服务的 Java 应用程序，可以通过指定的主机和端口连接到在另一个进程中运行的 Hive 服务器。

2）ODBC 客户端：ODBC 驱动允许支持 ODBC 协议的应用程序连接到 Hive。
（3）Web 接口
Web 接口就是通过 Web 浏览器访问、操作、管理 Hive。

2．Thrift 服务器

Thrift 服务器基于 Socket 通信，支持跨语言。Hive Thrift 服务简化了在多编程语言中运行 Hive 的命令。绑定支持 C++、Java、PHP、Python 和 Ruby 语言。

3．Hive 驱动引擎

Hive 的核心是 Hive 驱动引擎，Hive 驱动引擎由四部分组成。
- 解释器：解释器的作用是将 HQL 语句转换为语法树。
- 编译器：编译器是将语法树编译为逻辑执行计划。
- 优化器：优化器是对逻辑执行计划进行优化。
- 执行器：执行器是调用底层的运行框架执行逻辑执行计划。

4．元数据库

Hive 的数据由两部分组成：数据文件和元数据。

元数据用于存放 Hive 的基础信息，它存储在关系型数据库中，如 MySQL、Derby（默认）中。元数据包括：数据库信息、表名、表的列和分区及其属性，表的属性，表的数据所在目录等。

5．Hadoop

Hive 是构建在 Hadoop 之上的。Hive 的数据文件存储在 HDFS 中，大部分的查询由 MapReduce 完成（对于包含*的查询，比如 select * from table；操作是不会生成 MapReduce 作业的）。

9.2.3　Hive 的运行机制

Hive 的运行机制如图 9-3 所示。

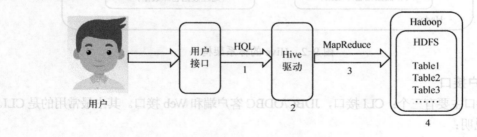

图 9-3　Hive 的运行机制

1）用户通过用户接口连接 Hive，发布 Hive QL。
2）Hive 解析查询并制定查询计划。
3）Hive 将查询转换成 MapReduce 作业。
4）Hive 在 Hadoop 上执行 MapReduce 作业。

9.2.4 Hive 编译器的运行机制

Hive 编译器的运行机制如图 9-4 所示。

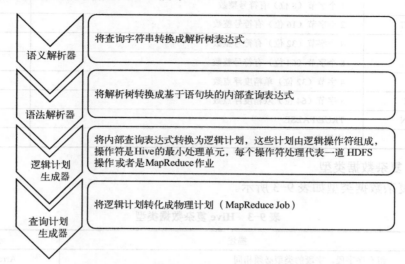

图 9-4 Hive 编译器的运行机制

9.2.5 Hive 的优缺点

1．Hive 的优点

1) Hive 适合大数据的批量处理，解决了传统关系型数据库在大数据处理上的瓶颈。

2) Hive 构建在 Hadoop 之上，充分利用了集群的存储资源、计算资源，最终实现并行计算。

3) Hive 学习使用成本低，Hive 支持标准的 SQL 语法，这样就免去了编写 MapReduce 程序的过程，减少了开发成本。

4) 具有良好的扩展性，且能够实现和其他组件的结合使用。

2．Hive 的缺点

1) HQL 的表达能力依然有限，不支持迭代计算，有些复杂的运算用 HQL 不易表达，还需要单独编写 MapReduce 来实现。

2) Hive 的运行效率低、延迟高，Hive 是转换成 MapReduce 任务来进行数据的分析的，MapReduce 是离线计算，所以 Hive 的运行效率也是很低的，而且是高延迟的。

3) Hive 的调优比较困难，由于 Hive 是构建在 Hadoop 之上的，Hive 的调优还要考虑 MapReduce 层面，所以 Hive 的整体调优会比较困难。

9.2.6 Hive 的数据类型

1．Hive 基本数据类型

Hive 的基本数据类型如表 9-2 所示。

表 9-2 Hive 基本数据类型

类型	描述	示例
TINYINT	1个字节（8位）有符号整数	1
SMALLINT	2个字节（16位）有符号整数	1
INT	4个字节（32位）有符号整数	1
BIGINT	8个字节（64位）有符号整数	1
FLOAT	4字节（32位）单精度浮点数	1.0
DOUBLE	8字节（64位）双精度浮点数	1.0
BOOLEAN	TRUE/FALSE	TRUE
STRING	字符串	'djt',"djt"

2. Hive 复杂数据类型

Hive 的复杂数据类型如表 9-3 所示。

表 9-3 Hive 复杂数据类型

类型	描述	示例
ARRAY	一组有序字段。字段的类型必须相同	Array(1,2)
MAP	一组无序的键/值对。键的类型必须是原子的，值可以是任何类型，同一个映射的键的类型必须相同，值的类型必须相同	Map('a',1,'b',2)
STRUCT	一组命名的字段，字段类型可以不同	Struct('a',1,1,0)

9.2.7 Hive 的数据存储

Hive 的存储是建立在 Hadoop 文件系统之上的。Hive 本身没有专门的数据存储格式，也不能为数据建立索引，用户可以自由地组织 Hive 中的表，只需要在创建表的时候告诉 Hive 数据中的列分隔符和行分隔符就可以解析数据了。

Hive 中主要包含四类数据模型：表（Table）、外部表（External Table）、分区（Partition）和桶（Bucket）。

1. 表（Table）

Hive 中的表和数据库中的表在概念上是类似的，每个表在 Hive 中都有一个对应的存储目录。例如一个名为 user 的表在 HDFS 中的路径为/warehouse/user，其中/warehouse 是 hive-site.xml 配置文件中由${hive.metastore.warehouse.dir}指定的数据仓库的目录。

2. 分区（Partition）

Partition 对应于数据库中的 Partition 列的密集索引，但是 Hive 中 Partition 的组织方式和传统的数据库中很不相同。在 Hive 中，表中的一个 Partition 对应于表下的一个目录，所有的 Partition 的数据都存储在对应的目录中。

例如：user 表中包含 dt 和 city 两个 Partition，则对应于 dt = 20170801, city = US 的 HDFS 子目录为：/ warehouse /user/dt=20170801/city=US；对应于 dt = 20170801,city=CA 的 HDFS 子目录为：/ warehouse /xiaojun/dt=20170801/city=CA。

3. 桶（Bucket）

Bucket 对指定列计算 Hash，根据 Hash 值切分数据，每一个 Bucket 对应一个文件。

例如：将 user 列分散至 32 个 Bucket，首先对 user 列的值计算 Hash，对应 Hash 值为 0 的 HDFS 目录为：/ warehouse /user/dt=20170801/city=US/part-00000；Hash 值为 20 的 HDFS 目录为：/ warehouse /user/dt =20170801/city=US/part-00020。

4．外部表（External Table）

External Table 指向已经在 HDFS 中存在的数据，可以创建 Partition。它和表在元数据的组织上是相同的，而实际数据的存储则有较大的差异。

表的创建过程和数据加载过程可以在同一个语句中完成。在加载数据的过程中，实际数据会被移动到数据仓库目录中，之后对数据对访问将会直接在数据仓库目录中完成。删除表时，表中的数据和元数据将会被同时删除。External Table 只有一个过程，加载数据和创建表同时完成（CREATE EXTERNAL TABLE……LOCATION），实际数据是存储在 LOCATION 后面指定的 HDFS 路径中，并不会移动到数据仓库目录中。当删除一个 External Table 时，仅删除表的元数据，而实际数据不会被删除。

9.3 Hive 的安装部署

Hive 是一个客户端工具，并没有集群的概念，所以 Hive 的安装部署相对简单。由于一般情况下 Hive 的元数据信息存储在第三方数据库中（比例 MySQL），所以在安装 Hive 之前需要首先安装 MySQL 数据库。

在安装 MySQL 数据库前，首先准备一台机器作为客户端节点。然后在这个客户端节点上安装部署 Hive 和 MySQL。客户端的安装部署的具体步骤可参照以下扩展资料。

扩展资料：Hive 客户端的安装部署可参考扩展阅读视频 6。

Hive 客户端安装成功之后，接下来就可以进行 Hive 的安装部署，具体步骤如下。

9.3.1 安装 MySQL

1．在线安装 MySQL

使用 yum 在线安装 MySQL：yum install mysql-server。

2．启动 mysql 服务

使用 service mysqld start 命令启动 MySQL 服务。

3．设置 MySQL root 用户密码

MySQL 刚刚安装完成，默认 root 用户是没有密码的，需要登录 MySQL 设置 root 用户密码，具体步骤如下。

1）因为默认没有密码，所以直接登录 MySQL 即可按〈Enter〉键。

2）然后输入如下命令设置 root 用户密码：

set password for root@localhost=password('root');

3）设置完密码之后退出并重新登录 MySQL，用户名为：root，密码为：root。此时 MySQL 的 root 用户密码设置成功。

4. 创建 Hive 账户

1）首先输入如下命令创建 Hive 账户，操作命令如下。
create user 'hive' identified by 'hive';

2）将 MySQL 所有权限授予 Hive 账户，操作命令如下所示。
grant all on *.* to 'hive'@'dajiangtai' identified by 'hive';

3）使用命令 flush privileges;使上述授权命令生效。
然后使用 Hive 账户登录 MySQL 数据库即可，具体命令如下。

mysql-h dajiangtai-u hive-p.

9.3.2 安装 Hive

1．下载 Hive

下载 Hive 安装包 apache-hive-1.0.0-bin.tar.gz（http://hive.apache.org/down/oads.html），将 Hive 安装包上传至客户端节点的/home/hadoop/app 目录下。

2．解压 Hive

使用解压命令解压 Hive：tar -zxvf apache-hive-1.0.0-bin.tar.gz。修改解压包名称为 hive:mv apache-hive-1.0.0-bin hive。

3．修改 Hive 配置 hive-site.xml

由于 hive-site.xml 文件不存在，首先需要使用命令 cp hive-default.xml.template hive-site.xml 复制一份该文件。

修改配置文件 hive-site.xml（资源路径：第 9 章/9.3/配置文件）中的如下属性：

（1）配置连接驱动名为 com.mysql.jdbc.Driver

```
<property>
    <name>javax.jdo.option.ConnectionDriverName</name>
    <value>com.mysql.jdbc.Driver</value>
    <description>Driver class name for a JDBC metastore</description>
</property>
```

（2）修改连接 MySQL 的 URL

```
<property>
    <name>javax.jdo.option.ConnectionURL</name>
    <value>jdbc:mysql://dajiangtai00:3306/hive?characterEncoding=UTF-8</value>
    <description>JDBC connect string for a JDBC metastore</description>
</property>
```

（3）修改连接数据库的用户名和密码

```
<property>
    <name>javax.jdo.option.ConnectionUserName</name>
    <value>hive</value>
    <description>Username to use against metastore database</description>
```

```xml
    </property>
    <property>
        <name>javax.jdo.option.ConnectionPassword</name>
        <value>hive</value>
        <description>password to use against metastore database</description>
    </property>
```

4．配置 Hive 环境变量

打开 vi /etc/profile 文件，添加如下内容。

```
HIVE_HOME=/home/hadoop/app/hive
PATH=$JAVA_HOME/bin: HADOOP_HOME/bin: HIVE_HOME/bin:$PATH
export JAVA_HOME   CLASSPATH PATH   HADOOP_HOME HIVE_HOME
```

保存并退出，并用命令 source /etc/profile 使配置文件生效。

5．将 MySQL 驱动包复制到 Hive 的 lib 目录

下载 mysql-connector-java-5.1.21.jar（http://central.maven.org/maven2/mysql/），并上传至 Hive 的 lib 目录下。

6．修改 Hive 数据目录

修改配置文件 vi hive-site.xml，更改相关数据目录，如下所示。

```xml
    <property>
        <name>hive.querylog.location</name>
        <value>/home/hadoop/app/hive/iotmp</value>
        <description>Location of Hive run time structured log file</description>
    </property>
    <property>
        <name>hive.exec.local.scratchdir</name>
        <value>/home/hadoop/app/hive/iotmp</value>
        <description>Local scratch space for Hive jobs</description>
    </property>
    <property>
        <name>hive.downloaded.resources.dir</name>
        <value>/home/hadoop/app/hive/iotmp</value>
        <description>Temporary local directory for added resources in the remote file system.</description>
    </property>
```

7．执行 Hive 脚本

切换到 Hive 安装目录下的 bin 目录，执行文件名为 Hive 的脚本即可。至此 Hive 就安装成功了。

9.4　Hive 数据库的相关操作

Hive 中的数据库和常见的关系型数据库中的数据库的作用几乎是一样的，在生产环境中，如果表非常多的话，一般都会用数据库把表组织起来，形成逻辑组，这样可以有效防止大规模集群中表名冲突的问题。Hive 数据库也是用来组织数据表的，它的本质就是数据仓库下的一个目录。如果用户没有显示指定数据库，那么将会使用默认的 default 数据库。那么怎么显示当前数据库是哪个数据库呢？

1. 在提示符中显示当前数据库

可以设置属性 hive.cli.print.current.db 为 true，这样在提示符中将显示当前数据库，具体代码如下所示。

```
[hadoop@dajiangtai00 root]$ hive
Logging initialized using configuration in jar:file:/home/hadoop/app/
hive1.2.2/lib/hive-common-1.2.2.jar!/hive-log4j.properties
hive> set hive.cli.print.current.db;
hive.cli.print.current.db=false
hive> set hive.cli.print.current.db=true;
hive (default)>
```

这种设置方式只是临时地在提示符中显示当前数据库，当重启 Hive 会话时就不会继续起作用，所以为了永久生效，可以把该属性和值配置到 .hiverc 隐藏文件中，这样每次当启动 Hive 时都会先执行 .hiverc 中的配置，就可以达到永久生效的目的，具体代码如下所示。

```
set hive.cli.print.current.db=true;
~
~
~
~
".hiverc" 1L, 36C
```

注意：隐藏文件 .hiverc 需要在 Hive 安装目录下的 bin 目录下提前创建，然后添加需要配置的属性和值即可。

2. 显示当前数据库

如果现在想知道 Hive 中有哪些数据库的话，可以使用命令 show databases，如下面代码所示；由于没有创建其他数据库，所以目前只有默认数据库 default。实际上，在用户没有明确指定使用哪个数据库的时候，Hive 使用的就是默认的数据库 default，比如创建的表都会放在这个默认的数据库里。

注意：default 数据库并没有像其他数据库一样以目录的形式出现在数据仓库目录下。

```
hive (dajiangtai)> show databases;
OK
default
Time taken: 0.037 seconds, Fetched: 1 row(s)
hive (dajiangtai)>
```

3. 创建数据库

由于不可能把所有的数据表都放在 default 数据库中，所以需要创建新的数据库，可以通过 CREATE DATABASE [IF NOT EXISTS] db_name;命令来创建。

注意：[IF NOT EXISTS]可有可无，它的作用主要是当没有同名数据库存在时才创建后面的数据库，如果有同名数据库存在，则该创建数据库的命令就不执行，所以也不会报数据库已存在的错误。也就是说该命令并没有对已有的同名数据库有任何影响。

（1）创建一个名为 dajiangtai 的数据库

创建该数据库的具体代码如下所示。

```
hive (default)> create database dajiangtai;
OK
Time taken: 0.322 seconds
hive (default)>
```

再用命令 show databases;查看一下，当出现对应名称的数据库就表示创建成功，具体代码如下所示。

```
hive (default)> show databases;
OK
dajiangtai
default
Time taken: 0.023 seconds, Fetched: 2 row(s)
hive (default)>
```

但是如果已经有同名数据库存在，而且又没有加 IF NOT EXISTS 关键字，那么系统就会报数据库已存在的错误提示，如下所示。

```
hive (default)> create database dajiangtai;
FAILED: Execution Error, return code 1 from org.apache.hadoop.hive.ql
.exec.DDLTask. Database dajiangtai already exists
```

如果加上 IF NOT EXISTS 关键字就没有上面的报错，具体操作如下所示。

```
hive (default)> create database if not exists dajiangtai;
OK
Time taken: 0.021 seconds
hive (default)>
```

（2）使用 comment 关键字为数据库做注释

实际上还可以在创建数据库时为这个数据库做一些注释，也就是对创建的这个数据库做一些描述，只需要加上 comment 关键字就行。比如：创建一个名为 djt 的数据库，注释为 my first database，具体代码如下所示。

```
hive (default)> create database djt
              > comment 'my first database';
OK
Time taken: 0.065 seconds
```

数据库创建成功后，可以通过命令 desc database djt;查看到注释信息。具体代码如下所示。

```
hive (default)> show databases;
OK
dajiangtai
default
djt
Time taken: 0.027 seconds, Fetched: 3 row(s)
hive (default)> desc database djt;
OK
djt    my first database    hdfs://cluster1/user/hive/warehouse/d
jt.db    hadoop    USER
Time taken: 0.039 seconds, Fetched: 1 row(s)
hive (default)>
```

但是通过如下所示的方式就不能添加注释成功，因为 dajiangtai 这个表已经存在，当用户再次创建同名的表时就会报错，由于在创建表的命令中添加了"if not exists"语句，所以创建表时会首先做一个判断，即如果创建的表不存在才创建，如果存在就不创建，所以创建表后边跟表的注释相关的语句就无法执行。这也说明了新创建的数据库并没有创建成功，并没有对之前的同名数据库有任何影响。

```
hive (default)> desc database dajiangtai;
OK
dajiangtai                hdfs://cluster1/user/hive/warehouse/dajiangta
i.db    hadoop    USER
Time taken: 0.027 seconds, Fetched: 1 row(s)
hive (default)> create database if not exists dajiangtai
             > comment 'my first database';
OK
Time taken: 0.008 seconds
hive (default)> desc database dajiangtai;
OK
dajiangtai                hdfs://cluster1/user/hive/warehouse/dajiangta
i.db    hadoop    USER
Time taken: 0.022 seconds, Fetched: 1 row(s)
hive (default)>
```

（3）在 HDFS 上查看数据库存储位置

数据库创建完了，那么它存储在哪个地方呢？前面讲过 Hive 的数据存储是借助 HDFS 来实现的，那么数据库在 HDFS 上的存储位置在哪呢？它的默认存储位置是在/user/hive/warehouse 目录下，那么这个目录是在哪配置的呢？实际上是在配置文件 hive-site.xml 中通过属性 hive.metastore.warehouse.dir 配置的，如下所示。

```xml
<property>
  <name>hive.metastore.warehouse.dir</name>
  <value>/user/hive/warehouse</value>
  <description>location of default database for the warehouse</description>
</property>
```

创建完成的数据库在 HDFS 文件系统的对应目录如图 9-5 所示。

Browse Directory

/user/hive/warehouse

Permission	Owner	Group	Size	Replication	Block Size	Name
drwxr-xr-x	hadoop	supergroup	0 B	0	0 B	dajiangtai.db
drwxr-xr-x	hadoop	supergroup	0 B	0	0 B	djt.db

图 9-5 HDFS 文件系统中对应数据库所在目录

注意：默认数据库 default 并没有以目录的方式出现在数据仓库目录下。

（4）通过 describe 关键字查看数据库的相关信息

前面已经尝试过 describe 关键字的使用，实际上除了可以通过 HDFS 查看数据库的存储路径，还可以使用 describe 关键字来查看数据库的相关信息。比如以 dajiangtai 数据库为例，如下所示。

```
hive (default)> describe database dajiangtai;
OK
dajiangtai          hdfs://cluster1/user/hive/warehouse/dajiangtai.db    hadoop  USER
Time taken: 0.025 seconds, Fetched: 1 row(s)
hive (default)>
```

（5）使用正则表达式查看数据库

假如现在有很多数据库，如果只想查询以"da"开头的数据库该怎么做呢？实际上可以使用正则表达式。如下所示，使用 like 关键字可以进行查询（操作之前可以再创建一个名为 dajiangtai01 的数据库）。

```
hive (default)> show databases;
OK
dajiangtai
dajiangtai01
default
djt
Time taken: 0.018 seconds, Fetched: 4 row(s)
hive (default)> show databases like 'da.*';
OK
dajiangtai
dajiangtai01
Time taken: 0.019 seconds, Fetched: 2 row(s)
hive (default)>
```

4．使用关键字 use 切换数据库

由于当前数据库是 default 数据库，假设现在要使用 dajiangtai01 数据库，那么就可以使用 use 关键字进行切换，操作结果如下所示。

```
hive (default)> use dajiangtai01;
OK
Time taken: 0.019 seconds
hive (dajiangtai01)>
```

5．使用关键字 drop 删除数据库

1）假设不用哪个数据库了，就可以通过命令把它删除，比如删除数据库 djt，可以通过命令语句 drop database djt;实现，操作结果如下所示。

```
hive (dajiangtai01)> drop database djt;
Moved: 'hdfs://cluster1/user/hive/warehouse/djt.db' to trash at: hdfs://cluster1/user/hadoop/.Trash/Current
OK
Time taken: 0.175 seconds
hive (dajiangtai01)> show databases;
OK
dajiangtai
dajiangtai01
default
Time taken: 0.013 seconds, Fetched: 3 row(s)
hive (dajiangtai01)>
```

2）上面对数据库的删除操作是在数据库下没有数据表的情况下直接删除，而一般情况下数据库中都会有数据表，那么再用上面的命令直接删除数据库就会报错。例如，在执行删除操作之前先在 dajiangtai01 数据库中创建一个名为 student 的数据表，操作结果如下所示。

```
hive (dajiangtai01)> create table student(
                   > id int,
                   > name string);
OK
Time taken: 0.288 seconds
hive (dajiangtai01)> show tables;
OK
student
Time taken: 0.027 seconds, Fetched: 1 row(s)
hive (dajiangtai01)>
```

接下来使用 drop 关键字删除名为 dajiangtai01 的数据库，如果如下所示，系统提数据库不为空，存在 1 个或多个数据表，无法删除。那么，这种情况该如何删除数据库呢？

```
hive (dajiangtai01)> drop database dajiangtai01;
FAILED: Execution Error, return code 1 from org.apache.hadoop.hive.ql.exec.DDLTask. InvalidOperationException(message:Database dajiangtai01 is not empty. One or more tables exist.)
hive (dajiangtai01)>
```

其一：可以先删除数据库中的数据表，然后再删除数据库，但是这种方式是比较麻烦的，尤其是当数据库下有很多数据表时就比较麻烦。

其二：可以使用关键字 cascade，它的意思是级联的意思，也就是说加上这个关键字之后，在删除数据库时，会先自动删除数据库中的数据表，然后再删除数据库。结果如下所示。

```
hive (dajiangtai01)> show databases;
OK
dajiangtai
dajiangtai01
default
Time taken: 0.017 seconds, Fetched: 3 row(s)
hive (dajiangtai01)> drop database dajiangtai01 cascade;
Moved: 'hdfs://cluster1/user/hive/warehouse/dajiangtai01.db/student' to trash at: hdfs://cluster1/user/hadoop/.Trash/Current
Moved: 'hdfs://cluster1/user/hive/warehouse/dajiangtai01.db' to trash at: hdfs://cluster1/user/hadoop/.Trash/Current
OK
Time taken: 0.383 seconds
hive (dajiangtai01)> show databases;
OK
dajiangtai
default
Time taken: 0.025 seconds, Fetched: 2 row(s)
hive (dajiangtai01)>
```

3）假设要删除的数据库不存在，系统也会报错，报错信息如下所示。

```
hive (dajiangtai01)> drop database dajiangtai01;
FAILED: SemanticException [Error 10072]: Database does not exist: dajiangtai01
hive (dajiangtai01)>
```

但是可以加上 IF EXISTS 关键字，也就是说如果数据库存在再删除，如果数据库不存在就不执行这条命令，当然也就不会报错了。命令的运行结果如下所示。

```
hive (dajiangtai01)> drop database if exists dajiangtai01;
OK
Time taken: 0.006 seconds
hive (dajiangtai01)>
```

注意：关键字 describe 和 desc 可替换，关键字 database 和 schema 也可以互换，效果都是一样的。

9.5 Hive 数据表的相关操作

9.5.1 常见数据表类型

对数据表操作之前先要明确对哪种类型的表进行操作。常见的数据表的类型有内部表、外部表、分区表、桶表，各种类型的表的特点及操作如下：

1．内部表

内部表又叫管理表（Manager Table），意味着由 Hive 来管理表中的数据，也可以叫作托管表，Hive 会默认将数据保存到数据仓库目录下。当删除管理表时，Hive 将删除管理表中的数据和元数据。

2．外部表

如果当一份数据需要被多种工具分析时，比如 Pig、Hive 等，那么就意味着这份数据的所有权并不由 Hive 拥有，那么这种情况下就可以创建一个外部表（External Table）来指向这份数据。

关键字 external 指明该表是外部表，location 子句指明数据存放在 HDFS 的某个目录下。

当要删除外部表的时候，由于这份数据并不完全由 Hive 拥有，所以 Hive 只会删除该外部表的元数据信息而不会删除该表的数据。

实际上管理表和外部表的差异并不单单区别于表的数据是否保存在 Hive 默认的数据仓库目录下，即使是管理表，在建表的时候也是可以通过指定 location 子句来指定数据的存放路径的。那么在创建表的时候是创建内部表还是外部表呢？怎么选择呢？一般情况下，当数据需要被多个工具共享的时候，最好通过创建一个外部表来明确数据的所有权。还有从数据安全性的角度考虑，为了不出现由于误删数据表而导致数据丢失，也建议使用外部表。

3．分区表

分区表就是可以将表进行水平切分，将表数据按照某种规则进行存储，然后提高数据查询的效率。Hive 也是支持对表进行分区的，而且分区表也分为内部分区表和外部分区表。

4．桶表

桶表也是 Hive 中的一种表，和其他 Hive 中的表不同的是，创建桶表时需要指定分桶的逻辑和分桶个数。而且 Hive 还可以把内部表、外部表或分区表组织成桶表。将内部表、外部表或分区表组织成桶表有以下几个目的。

第一个目的是为了取样更高效,因为在处理大规模的数据集时,在开发、测试阶段将所有的数据全部处理一遍可能不太现实,这时取样就必不可少。

第二个目的是为了获得更好的查询处理效率。

桶为表提供了额外的结构,Hive 在处理某些查询时利用这个结构能够有效地提高查询效率。

桶是通过对指定列进行哈希计算来实现的,通过哈希值将一个列名下的数据切分为一组桶,并使每个桶对应于该表名下的一个存储文件。

9.5.2 操作内部表

前面了解到表的多种类型及特点,由于不同表的处理方式会有不同,所以在操作表之前首先要明确要操作哪种类型的表,然后有针对性地去操作。

首先介绍表的通用操作:以内部表为例。

在创建数据表之前首先要明确要在哪个数据库中创建数据表,所以要首先切换到对应的数据库中,然后再进行表的相关操作。以 dajiangtai 数据库为例进行说明。

1. 创建数据表

(1) 创建表的语法结构

创建表的语句如下。

```
CREATE [EXTERNAL] TABLE [IF NOT EXISTS] 表名(
字段名1   STRING COMMENT '字段注释',
字段名2 INT COMMENT '字段注释')
COMMEN '表注释'
ROW FORMAT DELIMITED
FIELDS TERMINATED BY '\t'
LINES TERMINATED BY '\n'
STORED AS TEXTFILE
LOCATION '表所管理的数据的路径';
```

对建表语句做几点简单说明:

1) IF NOT EXISTS:如果在创建表的时候加上该关键字,如果该表已经存在,那么 Hive 会忽略掉后面的命令,但是当存在的表的数据结构和需要创建的表的数据结构不同时,Hive 会忽略掉这个差异,并不会做出任何提示。

2) 如果用户在当前数据库而并非目标数据库操作,那么必须在表名之前加上数据库的名字来指定,当然也可以在建表之前通过"use 数据库名;"命令切换到目标数据库。

3) 可以对表的字段和表添加注释:

在需要添加注释的字段后面加上"COMMENT..."。表级别的注释要在全部字段声明完之后加上"COMMENT...",这在实际开发过程中也是很重要、很常使用的。

想要查看列级注释可以使用命令:desc student;。

想要查看表级别的注释,需要使用命令:desc extended student;或 desc formatted student;。

实际开发中，后者用得多一点，因为使用 formatted 关键字列出的信息更全且可读性更好。

4）可以使用 ROW FORMAT DELIMITED 子句指定行列的数据格式或者叫分隔符，使用 STORED AS 指定文件的存储格式，默认的存储格式为 TEXTFILE。如果要使用 Hive 提供的默认值，也可以省略不写。

5）LOCATION 子句可以指定表的存储位置，如果不写，将会存储在 Hive 默认的数据仓库目录中

（2）创建一个数据表

创建一个跟学生相关的内部表 student_manager 的命令如下所示。

```
hive (dajiangtai01)> use dajiangtai;
OK
Time taken: 0.012 seconds
hive (dajiangtai)> CREATE TABLE IF NOT EXISTS student_manager(
                 > id INT COMMENT 'student id',
                 > name  STRING COMMENT 'student name',
                 > age INT COMMENT 'student age')
                 > ROW FORMAT DELIMITED
                 > FIELDS TERMINATED BY '\t'
                 > LINES TERMINATED BY '\n'
                 > STORED AS TEXTFILE;
OK
Time taken: 0.08 seconds
```

2．查看数据库中的数据表

（1）查看当前数据库中表的命令如下所示

查看当前数据库中表的命令为 show tables;命令与执行结果如下所示。

```
hive (dajiangtai)> show tables;
OK
student_manager
Time taken: 0.017 seconds, Fetched: 1 row(s)
hive (dajiangtai)>
```

（2）查看其他数据库中的表

1）先切换到要查看的那个数据库，命令为：use dajiangtai;，然后再使用 show tables; 命令查看。

2）直接使用命令：show tables in dajiangtai;查看，即在命令中指定要查看的数据库名称。

3．查看数据表的结构信息

查看数据表的结构信息的关键字为 desc，查看 student_manager 表结构信息的命令及执行结果如下所示。

```
hive (dajiangtai)> desc student_manager;
OK
id                      int                     student id
name                    string                  student name
age                     int                     student age
Time taken: 0.102 seconds, Fetched: 3 row(s)
hive (dajiangtai)>
```

查看更详细的信息，关键字 formatted 比 extended 可读性更好一点，所以也更常使

用。查看 student_manager 表结构详细信息的命令及执行结果如下所示。

```
hive (dajiangtai)> desc formatted student_manager;
OK
# col_name              data_type               comment

id                      int                     student id
name                    string                  student name
age                     int                     student age

# Detailed Table Information
Database:               dajiangtai
Owner:                  hadoop
CreateTime:             Wed Aug 16 04:38:30 CST 2017
LastAccessTime:         UNKNOWN
Protect Mode:           None
Retention:              0
Location:               hdfs://cluster1/user/hive/warehouse/dajiangtai.db/student_manager
Table Type:             MANAGED_TABLE
Table Parameters:
        transient_lastDdlTime   1502829510
```

4．通过复制另一张表的表结构来创建表

首先要注意，使用这种复制方式创建的表只复制表结构，不复制表中的数据，比如参照 dajiangtai 数据库中的 student_manager 表的结构创建表名为 student_copy 的数据表，具体命令及执行结果如下所示。

```
hive (dajiangtai)> create table if not exists student_copy LIKE dajiangtai.student_manager;
OK
Time taken: 0.113 seconds
hive (dajiangtai)> show tables;
OK
student_copy
student_manager
Time taken: 0.026 seconds, Fetched: 2 row(s)
hive (dajiangtai)>
```

5．修改表

在 Hive 中，可以使用 ALTER TABLE 子句来修改表的属性，实际上也就是修改表的元数据，而不会修改表中实际的数据。

（1）对表重命名

把 student_copy 表的表名改为 student01，具体命令为 ALTER TABLE student_copy RENAME TO student01;具体命令及执行结果如下所示。

```
hive (dajiangtai)> ALTER TABLE student_copy RENAME TO student01;
OK
Time taken: 0.16 seconds
hive (dajiangtai)> show tables;
OK
student01
student_manager
Time taken: 0.023 seconds, Fetched: 2 row(s)
hive (dajiangtai)>
```

（2）修改列信息

1）对 id 字段（列）重命名，添加注释、修改字段在表中的位置，继续以操作 student01

表为例。首先输入 desc student01;命令查看一下表的结构，以便对修改前后的效果进行对比，然后通过命令实现将 id 字段重命名为 uid，修改 id 字段的注释为"the unique id"，把 id 字段的位置放在 name 字段之后。具体操作命令及结果如下所示。可以发现，字段名、字段描述和字段顺序都按要求发生了变化。

```
hive (dajiangtai)> desc student01;
OK
id                      int                     student id
name                    string                  student name
age                     int                     student age
Time taken: 0.073 seconds, Fetched: 3 row(s)
hive (dajiangtai)> ALTER TABLE student01
                 > CHANGE COLUMN id uid INT
                 > COMMENT 'the unique id'
                 > AFTER name;
OK
Time taken: 0.091 seconds
hive (dajiangtai)> desc student01;
OK
name                    string                  student name
uid                     int                     the unique id
age                     int                     student age
Time taken: 0.088 seconds, Fetched: 3 row(s)
hive (dajiangtai)>
```

2）修改字段的类型，比如把 uid 的类型由 INT 改为 STRING，具体操作命令如下所示。

```
hive (dajiangtai)> desc student01;
OK
name                    string                  student name
uid                     int                     the unique id
age                     int                     student age
Time taken: 0.088 seconds, Fetched: 3 row(s)
hive (dajiangtai)> ALTER TABLE student01
                 > CHANGE COLUMN uid uid STRING;
OK
Time taken: 0.095 seconds
hive (dajiangtai)> desc student01;
OK
name                    string                  student name
uid                     string                  the unique id
age                     int                     student age
Time taken: 0.077 seconds, Fetched: 3 row(s)
hive (dajiangtai)>
```

3）同时修改字段名称和类型。比如下面再改回之前的定义，以避免后面字段出现混乱，具体操作命令如下所示。

```
hive (dajiangtai)> ALTER TABLE student01
                 > CHANGE COLUMN uid id INT ;
OK
Time taken: 0.115 seconds
hive (dajiangtai)> desc student01;
OK
name                    string                  student name
id                      int                     the unique id
age                     int                     student age
Time taken: 0.059 seconds, Fetched: 3 row(s)
hive (dajiangtai)>
```

（3）增加列

可以为表增加一个或多个列，比如通过 ADD COLUMNS 命令为 student01 表添加 grade 和 class 两个列，具体命令及结果如下所示。

```
hive (dajiangtai)> desc student01;
OK
name                    string                  student name
id                      int                     the unique id
age                     int                     student age
Time taken: 0.059 seconds, Fetched: 3 row(s)
hive (dajiangtai)> ALTER TABLE student01 ADD COLUMNS(grade STRING,class STRING);
OK
Time taken: 0.214 seconds
hive (dajiangtai)> desc student01;
OK
name                    string                  student name
id                      int                     the unique id
age                     int                     student age
grade                   string
class                   string
Time taken: 0.075 seconds, Fetched: 5 row(s)
hive (dajiangtai)>
```

（4）删除或替换列

删除或替换列的命令为 REPLACE COLUMNS 命令删除或替换 student01 表中的 grade 和 class 两个列，具体操作命令及结果如下所示。

```
hive (dajiangtai)> desc student01;
OK
name                    string                  student name
id                      int                     the unique id
age                     int                     student age
grade                   string
class                   string
Time taken: 0.075 seconds, Fetched: 5 row(s)
hive (dajiangtai)> ALTER TABLE student01 REPLACE COLUMNS(grade STRING,class STRING);
OK
Time taken: 0.111 seconds
hive (dajiangtai)> desc student01;
OK
grade                   string
class                   string
Time taken: 0.062 seconds, Fetched: 2 row(s)
hive (dajiangtai)>
```

从结果可以看出，该结果跟想要的有些不同，实际上，该命令是删除了 student01 表中的所有列并重新定义了指定的列。

那么如果只想删除某一列或几列，命令该如何写？

因为 REPLACE 这个关键字主要功能就是替换，所以如果想只删除某几列，可以使用同样的命令，只是里边的字段保留你想要的那些字段。

注意： ALTER TABLE 语句只是修改表的元数据，所以一定要保证表的数据和修改后的元数据模式要匹配，否则数据将会变得不可用。

（5）删除表

删除表的命令为 drop，使用 drop 命令删除 student01 表的具体操作命令及结果如下所示。

```
hive (dajiangtai)> show tables;
OK
student01
student_manager
Time taken: 0.036 seconds, Fetched: 2 row(s)
hive (dajiangtai)> drop table student01;
Moved: 'hdfs://cluster1/user/hive/warehouse/dajiangtai.db/student01' to trash at: hdf
s://cluster1/user/hadoop/.Trash/Current
OK
Time taken: 0.131 seconds
hive (dajiangtai)> show tables;
OK
student_manager
Time taken: 0.018 seconds, Fetched: 1 row(s)
hive (dajiangtai)>
```

9.5.3 操作外部表

创建外部表的具体操作命令如下所示。对外部表的其他相关操作和内部表类似,在此不再赘述。

```
hive (dajiangtai)> show tables;
OK
student_manager
Time taken: 0.049 seconds, Fetched: 1 row(s)
hive (dajiangtai)> CREATE  EXTERNAL TABLE IF NOT EXISTS student_external01(
                 > id INT COMMENT 'student id',
                 > name  STRING COMMENT 'student name',
                 > age INT COMMENT 'student age')
                 > ROW FORMAT DELIMITED
                 > FIELDS TERMINATED BY '\t'
                 > LINES TERMINATED BY '\n'
                 > STORED AS TEXTFILE
                 > LOCATION '/user/hive/external01';
OK
Time taken: 0.619 seconds
hive (dajiangtai)> show tables;
OK
student_external01
student_manager
Time taken: 0.04 seconds, Fetched: 2 row(s)
hive (dajiangtai)>
```

9.5.4 操作分区表

分区表就是可以将表进行水平切分,将表数据按照某种规则进行存储,然后提高数据查询的效率。Hive 也是支持对表进行分区的。

由于分区表相对于没有分区的表有明显的性能优势,所以在实际生产环境中,分区表的使用是非常普遍的。

1. 内部表分区

首先对内部表进行分区(也叫分区管理表),比如创建一个表名为 student_partition_manager 的内部分区表,指定 province 和 city 为分区字段。具体操作命令及结果如下所示。

```
hive (dajiangtai)> show tables;
OK
student_external01
student_manager
Time taken: 0.04 seconds, Fetched: 2 row(s)
hive (dajiangtai)> create table student_partition_manager(
                 > id INT COMMENT 'student id',
                 > name  STRING COMMENT 'student name',
                 > age INT COMMENT 'student age')
                 > PARTITIONED BY(province STRING,city STRING)
                 > ROW FORMAT DELIMITED
                 > FIELDS TERMINATED BY '\t';
OK
Time taken: 0.099 seconds
hive (dajiangtai)> show tables;
OK
student_external01
student_manager
student_partition_manager
Time taken: 0.04 seconds, Fetched: 3 row(s)
hive (dajiangtai)>
```

从创建分区表的语句上来看，除了多了 PARTITIONED BY 子句外，其他和建立普通表并没有什么区别，但是这里要注意，PARTITIONED BY 子句中定义的分区字段不能和定义表的字段重复，否则就会报错。

创建分区表是为了提高查询效率，可以这样来理解一下。因为分区表会将所有分区字段的（比如 province='henan'和 city='zhengzhou'）数据都存放在对应目录下，所以在查询数据的时候（比如查询 province='henan'和 city='zhengzhou'），Hive 只会扫描对应分区目录下的数据，减少了扫描的数据量，所以效率就会更高，尤其是对于大数据集时。分区表可以显著提高查询性能，如果没有分区表的话，Hive 就需要全表扫描，所以也可以把它理解为一种简单的索引。

在实际生产环境下，由于业务数据量比较大，一般都会对表进行分区，甚至分区的数目会很多。但是也会有一种特殊情况，比如：一条查询包含所有的分区，那么这将会耗费集群巨大的资源和时间。对于这种特殊情况，可以将 Hive 的安全措施设置为"strict"模式，比如可以修改 hive-site.xml 文件，配置属性 hive.mapred.mode 的值为 strict（默认为nostrict），或者可以通过 Hive 命令行方式输入 set hive.mapred.mode=strict;进行设置，两者唯一的区别在于属性的生效范围，修改配置文件可以对所有 Hive 会话生效，而通过命令行的方式只能对本会话有效。

将 Hive 的安全模式设置为"strict"模式之后，如果一个对分区表的查询没有对分区进行限制的话，（即没有指定哪个分区）那么该作业将会被禁止提交。

2. 外部表分区

外部表也可以有分区，比如创建一个表名为 student_partition_external 的外部分区表，指定 province 和 city 两个字段为分区字段，具体操作命令及结果如下所示。

```
hive (dajiangtai)> show tables;
OK
student_external01
student_manager
student_partition_manager
Time taken: 0.037 seconds, Fetched: 3 row(s)
hive (dajiangtai)> create external table student_partition_external(
                 > id INT COMMENT 'student id',
                 > name STRING COMMENT 'student name',
                 > age INT COMMENT 'student age')
                 > PARTITIONED BY(province STRING,city STRING)
                 > ROW FORMAT DELIMITED
                 > FIELDS TERMINATED BY '\t';
OK
Time taken: 0.095 seconds
hive (dajiangtai)> show tables;
OK
student_external01
student_manager
student_partition_external
student_partition_manager
```

和创建普通外部表不同的是，在创建外部分区表时并没有指定表的存储路径，所以在创建完外部分区表之后，通过执行查询语句是查不到任何数据的。这个时候就需要用 LOCATION 命令单独为外部表指定具体的存储位置，具体操作命令及结果如下所示。

```
hive (dajiangtai)> ALTER TABLE student_partition_external ADD PARTITION (province='he
nan',city='zhengzhou')
            > LOCATION '/user/hive/external/partition/student/henan/zhengzhou' ;
OK
Time taken: 0.167 seconds
hive (dajiangtai)> show partitions student_partition_external;
OK
province=henan/city=zhengzhou
Time taken: 0.082 seconds, Fetched: 1 row(s)
hive (dajiangtai)>
```

外部分区表的目录结构可以完全由自己通过指定 LOCATION 建立。和其他外部表一样，即使外部分区表被删除，数据也不会被删除。

不管是内部表还是外部表，一旦表存在分区，那么数据在加载时必须加载到指定分区中。

接下来，就通过 "LOAD DATA LOCAL INPATH '/home/hadoop/data/student.txt' INTO TABLE student_partition_external PARTITION (province='henan',city='zhengzhou');" 命令往分区表里加载数据。

由于前面为分区表指定分区的时候指定了 LOCATION，所以加载数据的时候直接就加载到对应的 LOCATION 目录下，具体操作命令和执行结果如下所示。

```
hive (dajiangtai)> LOAD DATA LOCAL INPATH '/home/hadoop/data/student.txt' INTO TABLE
student_partition_external
            > PARTITION (province='henan',city='zhengzhou');
Loading data to table dajiangtai.student_partition_external partition (province=henan
, city=zhengzhou)
Partition dajiangtai.student_partition_external{province=henan, city=zhengzhou} stats
: [numFiles=1, totalSize=186]
OK
Time taken: 0.864 seconds
hive (dajiangtai)>
```

注意：首先要在/home/hadoop/data/目录下创建一个 student.txt 文件，文件内容如下：

20160701	lihong	23	henan	zhengzhou
20160702	wangjai	22	beijing	beijing
20160704	lixiang	22	guangzhou	shenzhen
20160705	huanglei	24	henan	zhengzhou
20160706	wango	23	henan	zhengzhou

可以输入命令查看一下数据文件所在位置，具体操作命令和执行结果如下所示。

```
hive (dajiangtai)> dfs -ls -R /user/hive/external;
drwxr-xr-x   - hadoop supergroup          0 2017-08-17 05:17 /user/hive/external/part
ition
drwxr-xr-x   - hadoop supergroup          0 2017-08-17 05:17 /user/hive/external/part
ition/student
drwxr-xr-x   - hadoop supergroup          0 2017-08-17 05:17 /user/hive/external/part
ition/student/henan
drwxr-xr-x   - hadoop supergroup          0 2017-08-17 05:31 /user/hive/external/part
ition/student/henan/zhengzhou
-rwxr-xr-x   3 hadoop supergroup        186 2017-08-17 05:31 /user/hive/external/part
ition/student/henan/zhengzhou/student.txt
```

3．对表的分区做相应的修改

（1）增加分区

增加分区并查看（以 student_partition_external 为例），具体操作命令及执行结果如下所示。

```
hive (dajiangtai)> ALTER TABLE student_partition_external ADD PARTITION(province='gua
ngzhou',city='shenzhen')
            > LOCATION '/user/hive/external/partition/student/guangzhou/shenzhen
';
OK
Time taken: 0.096 seconds
hive (dajiangtai)> show partitions student_partition_external;
OK
province=guangzhou/city=shenzhen
province=henan/city=zhengzhou
Time taken: 0.064 seconds, Fetched: 2 row(s)
hive (dajiangtai)>
```

（2）修改分区

修改分区（比如：修改已存在的分区路径），具体操作命令及执行结果如下所示。

```
hive (dajiangtai)> ALTER TABLE student_partition_external PARTITION(province='guangzh
ou',city='shenzhen') SET LOCATION 'hdfs://cluster1/user/hive/external/guangzhou/shenz
hen';
OK
Time taken: 0.318 seconds
```

注意：这个 LOCATION 指定的路径要是绝对路径。该命令也不会将数据从旧的路径转移走，也不会删除旧的目录。

（3）删除分区

删除分区，具体操作命令及执行结果如下所示。

```
hive (dajiangtai)> show partitions student_partition_external;
OK
province=guangzhou/city=shenzhen
province=henan/city=zhengzhou
Time taken: 0.058 seconds, Fetched: 2 row(s)
hive (dajiangtai)> ALTER TABLE student_partition_external DROP PARTITION(province='gu
angzhou',city='shenzhen');
Dropped the partition province=guangzhou/city=shenzhen
OK
Time taken: 0.223 seconds
hive (dajiangtai)> show partitions student_partition_external;
OK
province=henan/city=zhengzhou
Time taken: 0.087 seconds, Fetched: 1 row(s)
hive (dajiangtai)>
```

注意：删除只是删除分区，查看分区信息的时候删除掉的分区没有了，但是文件系统上那个对应的目录还是存在的。这是因为表是外部表，删除表或者分区对实际数据并没有什么影响，只是改变了元数据，所以对数据所在的目录也没有影响，但是可以用其他方法把目录删除，比如用 dfs -rm –r 命令删除目录。

9.5.5 操作桶表

（1）开启分桶的功能

在创建桶表之前，要先通过"set hive.enforce.bucketing=true;"命令开启分桶的功能，

180

具体操作命令及执行结果如下所示。

```
hive (dajiangtai)> set hive.enforce.bucketing;
hive.enforce.bucketing=false
hive (dajiangtai)> set hive.enforce.bucketing=true;
hive (dajiangtai)> set hive.enforce.bucketing;
hive.enforce.bucketing=true
hive (dajiangtai)>
```

（2）创建桶表

创建表名为 bucket_table 的桶表，比如通过"CLUSTERED BY(id) INTO 3 BUCKETS"命令将 bucket_table 表按照 id 字段划分为 3 个桶。具体操作命令及执行结果如下所示。

```
hive (dajiangtai)> CREATE TABLE IF NOT EXISTS bucket_table(
                 > id INT COMMENT 'student id',
                 > name  STRING COMMENT 'student name',
                 > age INT COMMENT 'student age')
                 > CLUSTERED BY(id) INTO 3 BUCKETS
                 > ROW FORMAT DELIMITED
                 > FIELDS TERMINATED BY '\t';
OK
Time taken: 0.113 seconds
hive (dajiangtai)> show tables;
OK
bucket_table
student_external01
student_manager
student_partition_external
student_partition_manager
Time taken: 0.028 seconds, Fetched: 5 row(s)
hive (dajiangtai)>
```

（3）桶表中插入数据

执行 INSERT 语句把 student_partition_efternal 表中的数据查询出来，然后插入到 budcet_table 桶表中，具体操作命令及执行结果如下所示。

```
hive (dajiangtai)> INSERT OVERWRITE TABLE bucket_table SELECT id,name,age FROM studen
t_partition_external;
Query ID = hadoop_20170817062820_24946fbf-259f-4c33-bbc1-6df1154e28d7
Total jobs = 1
Launching Job 1 out of 1
Number of reduce tasks determined at compile time: 3
In order to change the average load for a reducer (in bytes):
  set hive.exec.reducers.bytes.per.reducer=<number>
In order to limit the maximum number of reducers:
  set hive.exec.reducers.max=<number>
In order to set a constant number of reducers:
  set mapreduce.job.reduces=<number>
Starting Job = job_1502897600740_0001, Tracking URL = http://dajiangtai01:8088/proxy/
application_1502897600740_0001/
Kill Command = /home/hadoop/app/hadoop/bin/hadoop job  -kill job_1502897600740_0001
Hadoop job information for Stage-1: number of mappers: 1; number of reducers: 3
2017-08-17 06:29:19,784 Stage-1 map = 0%,  reduce = 0%
2017-08-17 06:30:10,347 Stage-1 map = 100%,  reduce = 0%, Cumulative CPU 2.48 sec
2017-08-17 06:30:46,334 Stage-1 map = 100%,  reduce = 33%, Cumulative CPU 4.36 sec
2017-08-17 06:30:53,651 Stage-1 map = 100%,  reduce = 67%, Cumulative CPU 6.0 sec
2017-08-17 06:30:54,688 Stage-1 map = 100%,  reduce = 100%, Cumulative CPU 7.54 sec
```

数据将被划分为 3 个文件存放到表路径下，每个文件代表一个桶，查看 bucket_table 桶表目录下的数据文件的具体操作如下所示。

(4) 查看桶表文件内容

查看每个桶表文件内容的具体操作命令及执行结果如下所示。

9.6 Hive 的数据操作语言 DML

DML（Data Manipulation Language），即数据操作语言，是用来对 Hive 数据库里的数据进行操作的语言。数据操作主要是如何向表中装载数据和如何将表中的数据导出，主要操作命令有 LOAD、INSERT 等。

9.6.1 通过 LOAD 语句向表中装载数据

LOAD 命令可以一次性向表中装载大量的数据，以向内部表 student_manager 装载数据为例，命令语句如下所示（HDFS 的路径要换一下）。

LOAD DATA INPATH '/home/hadoop/data' INTO TABLE student_manager;

该命令就会把 HDFS 的/user/Hadoop/data 文件夹下的所有文件都追加到 test 表所在的目录下，实际上就是一个文件的移动。

如果要覆盖 test 表中已有的记录，那么还可以加上 OVERWRITE 关键字，命令语句如下所示。

LOAD DATA INPATH '/user/Hadoop/data' OVERWRITE INTO TABLE   student_manager;

如果 test 表是一个分区表，那么在命令中还需要指定分区，命令语句如下（这个前面讲分区表已经尝试过了）。

LOAD DATA INPATH '/home/hadoop/data' INTO student_partition_external PARTITION (province= 'henan' ,city= 'zhengzhou');

使用 LOCAL 关键字实现数据从本地加载到表中。

LOAD DATA LOCAL INPATH '/home/hadoop/data' INTO TABLE test;
LOAD DATA LOCAL INPATH '/home /hadoop/data' OVERWRITE INTO TABLE test;

注意：如果加上 LOCAL 关键字，Hive 会将本地文件复制一份然后再上传到指定目录，如果不加 LOCAL 关键字，Hive 只会将 HDFS 上的数据移动到指定目录。

Hive 在加载数据的时候不会对数据格式进行任何的验证，需要用户自己保证数据格式和表定义的格式一致。

9.6.2 通过 INSERT 语句向表中插入数据

Hive 除了支持加载数据到表中之外，还支持通过 INSERT 语句向表中插入数据。如下所示。

> INSERT OVERWRITE TABLE test SELECT * FROM source;

注意：要保证两个表的格式是一致的，这里的一致指的是要保证查询结果的格式和插入表的格式一致，否则会出现问题。

如果 test 是分区表的话，则必须指定分区，代码如下。

> INSERT OVERWRITE TABLE test PARTITION(part='a') SELECT id,name FROM source;

Hive 还支持一次查询多次插入。一次查询多次插入就是指只需要对源表查询一次，就可以实现把查询的结果插入到多个其他不同的表中。先参照 student_partition_external 表再创建 3 个相同表结构的表，具体操作命令及执行结果如下所示。

```
hive (dajiangtai)> create table if not exists student01 like student_partition_external;
OK
Time taken: 0.629 seconds
hive (dajiangtai)> create table if not exists student02 like student_partition_external;
OK
Time taken: 0.1 seconds
hive (dajiangtai)> create table if not exists student03 like student_partition_external;
OK
Time taken: 0.114 seconds
hive (dajiangtai)> show tables;
OK
bucket_table
student01
student02
student03
student_external01
student_manager
student_partition_external
student_partition_manager
Time taken: 0.047 seconds, Fetched: 8 row(s)
hive (dajiangtai)>
```

输入命令实现一次查询多次插入，具体操作命令及执行结果如下所示。

```
hive (dajiangtai)> FROM student_partition_external
    > INSERT OVERWRITE TABLE student01 PARTITION(province='henan',city='zhengzhou')
    > SELECT id,name,age WHERE age=22
    > INSERT OVERWRITE TABLE student02 PARTITION(province='henan',city='zhengzhou')
    > SELECT id,name,age WHERE age=24
    > INSERT OVERWRITE TABLE student03 PARTITION(province='henan',city='zhengzhou')
    > SELECT id,name,age WHERE age=23;
Query ID = hadoop_20170821234218_eb693c43-dee9-4e53-bba6-9de060dbc4f8
Total jobs = 7
Launching Job 1 out of 7
Number of reduce tasks is set to 0 since there's no reduce operator
Starting Job = job_1503329346654_0001, Tracking URL = http://dajiangtai01:8088/proxy/application_1503329346654_0001/
Kill Command = /home/hadoop/app/hadoop/bin/hadoop job  -kill job_1503329346654_0001
Hadoop job information for Stage-3: number of mappers: 1; number of reducers: 0
2017-08-21 23:43:17,781 Stage-3 map = 0%,  reduce = 0%
2017-08-21 23:44:04,144 Stage-3 map = 100%,  reduce = 0%, Cumulative CPU 2.52 sec
MapReduce Total cumulative CPU time: 2 seconds 520 msec
Ended Job = job_1503329346654_0001
Stage-6 is selected by condition resolver.
Stage-5 is filtered out by condition resolver.
Stage-7 is filtered out by condition resolver.
```

查看 student01、student02、student03 表所对应的数据文件内容的具体操作命令及执行结果如下所示。

```
hive (dajiangtai)> dfs -cat /user/hive/warehouse/dajiangtai.db/student01/province=henan/city=zhengzhou/000000_0;
20160702    wangjai 22
20160704    lixiang 22
hive (dajiangtai)> dfs -cat /user/hive/warehouse/dajiangtai.db/student02/province=henan/city=zhengzhou/000000_0;
20160705    huanglei    24
hive (dajiangtai)> dfs -cat /user/hive/warehouse/dajiangtai.db/student03/province=henan/city=zhengzhou/000000_0;
20160701    lihong  23
20160706    wango   23
hive (dajiangtai)>
```

注意：如果要使用这个特性，必须让 FROM 子句写在前面。

如果运行完出现上面的结果，就表示实现了一次查询多次插入的功能。

9.6.3 利用动态分区向表中插入数据

虽然说 Hive 可以实现一次查询多次插入，但如果说分区非常多的时候，就需要写很多的 INSERT 语句，这样 Hive 语句就会显得非常庞大。实际上 Hive 还有另外一个特性，就是动态分区，它可以实现基于查询参数自动推断出需要创建的分区。

Hive 默认没有开启动态分区的功能，所以在执行上面语句之前，必须对 Hive 进行一些参数设置，比如设置 hive.exec.dynamic.partition 属性为 true，表示开启动态分区的功能，具体操作命令如下所示。

```
hive (dajiangtai)> set hive.exec.dynamic.partition;
hive.exec.dynamic.partition=false
hive (dajiangtai)> set hive.exec.dynamic.partition=true;
hive (dajiangtai)> set hive.exec.dynamic.partition;
hive.exec.dynamic.partition=true
hive (dajiangtai)>
```

Hive 默认不允许所有的分区都是动态的，并且静态分区（即指定具体分区字段的值）必须位于动态分区（即只需指定分区字段，不用指定具体分区字段的值）之前。

为了实现允许所有分区都是动态的，需要设置属性 hive.exec.dynamic.partition.mode 的值为 nostrict，具体操作命令如下所示。

```
hive (dajiangtai)> set hive.exec.dynamic.partition.mode;
hive.exec.dynamic.partition.mode=strict
hive (dajiangtai)> set hive.exec.dynamic.partition.mode=nostrict;
hive (dajiangtai)> set hive.exec.dynamic.partition.mode;
hive.exec.dynamic.partition.mode=nostrict
hive (dajiangtai)>
```

设置完动态分区相关属性之后，接下来就可以按照如下步骤来实现具体的动态分区操作。

1）准备两个表：一个普通外部表 student_external01，一个分区外部表 student02。而且要保证分区表结构 student02 和 student_external01 一致。

以 student_external01 表为例，但是 student_external01 表少两个分区字段，所以需要为 student_external01 表再增加两个字段，具体操作命令及执行结果如下所示。

```
hive (dajiangtai)> desc student_external01;
OK
id                      int
name                    string
age                     int
Time taken: 0.083 seconds, Fetched: 3 row(s)
hive (dajiangtai)> ALTER TABLE student_external01 ADD COLUMNS(province STRING,city STRING);
OK
Time taken: 0.093 seconds
hive (dajiangtai)> desc student_external01;
OK
id                      int
name                    string
age                     int
province                string
city                    string
Time taken: 0.072 seconds, Fetched: 5 row(s)
hive (dajiangtai)>
```

2）先往外部表 student_external01 中加载数据，具体操作命令及执行结果如下所示。

```
hive (dajiangtai)> dfs -ls /user/hive/external01;
hive (dajiangtai)> LOAD DATA LOCAL INPATH '/home/hadoop/data/student.txt' INTO TABLE student_external01;
Loading data to table dajiangtai.student_external01
Table dajiangtai.student_external01 stats: [numFiles=0, numRows=0, totalSize=0, rawDataSize=0]
OK
Time taken: 0.311 seconds
hive (dajiangtai)> dfs -ls /user/hive/external01;
Found 1 items
-rwxr-xr-x   3 hadoop supergroup        186 2017-08-22 02:10 /user/hive/external01/student.txt
hive (dajiangtai)>
```

3）查看 student_external01 表中数据，具体操作命令及执行结果如下所示。

```
hive (dajiangtai)> select * from student_external01;
OK
20160701    lihong    23    henan        zhengzhou
20160702    wangjai   22    beijing      beijing
20160704    lixiang   22    guangzhou    shenzhen
20160705    huanglei  24    henan        zhengzhou
20160706    wango     23    henan        zhengzhou
Time taken: 0.084 seconds, Fetched: 5 row(s)
```

4）利用动态分区向表中插入数据，具体操作命令及执行结果如下所示。

```
hive (dajiangtai)> INSERT OVERWRITE TABLE student02 PARTITION(province,city) SELECT * FROM student_external01 ;
Query ID = hadoop_20170822022318_476f6ad5-9930-4377-9577-a0e3ca5e6fc7
Total jobs = 3
Launching Job 1 out of 3
Number of reduce tasks is set to 0 since there's no reduce operator
Starting Job = job_1503329346654_0002, Tracking URL = http://dajiangtai01:8088/proxy/application_1503329346654_0002/
Kill Command = /home/hadoop/app/hadoop/bin/hadoop job  -kill job_1503329346654_0002
Hadoop job information for Stage-1: number of mappers: 1; number of reducers: 0
2017-08-22 02:24:20,256 Stage-1 map = 0%,  reduce = 0%
2017-08-22 02:25:09,232 Stage-1 map = 100%,  reduce = 0%, Cumulative CPU 1.97 sec
MapReduce Total cumulative CPU time: 1 seconds 970 msec
Ended Job = job_1503329346654_0002
Stage-4 is selected by condition resolver.
Stage-3 is filtered out by condition resolver.
Stage-5 is filtered out by condition resolver.
Moving data to: hdfs://cluster1/user/hive/warehouse/dajiangtai.db/student02/.hive-staging_hive_2017-08-22_02-23-18_997_70
90148639014150518-1/-ext-10000
Loading data to table dajiangtai.student02 partition (province=null, city=null)
```

5）查看结果检验是否实现动态分区，具体操作命令及执行结果如下所示。

```
hive (dajiangtai)> show partitions student02;
OK
province=beijing/city=beijing
province=guangzhou/city=shenzhen
province=henan/city=zhengzhou
Time taken: 0.092 seconds, Fetched: 3 row(s)
hive (dajiangtai)>
```

也可以通过命令查看一下各分区数据，具体操作命令及执行结果如下所示。

```
hive (dajiangtai)> dfs -cat /user/hive/warehouse/dajiangtai.db/student02/province=beijing/city=beijing/000000_0;
20160702        wangjai 22
hive (dajiangtai)> dfs -cat /user/hive/warehouse/dajiangtai.db/student02/province=guangzhou/city=shenzhen/000000_0;
20160704        lixiang 22
hive (dajiangtai)> dfs -cat /user/hive/warehouse/dajiangtai.db/student02/province=henan/city=zhengzhou/000000_0;
20160701        lihong  23
20160705        huanglei        24
20160706        wango   23
```

出现如上结果就说明已经实现了数据的动态分区。

9.6.4 通过 CTAS 加载数据

CTAS 是 CREATE TABLE …AS SELECT 的缩写，意味着在一条语句中创建表并加载数据，Hive 支持这样的操作。比如使用 CTAS 创建一个表名为 ctas01 的表同时，把 student_external01 表中的数据查询出来插入到 ctas01 表中，具体操作命令及执行结果如下所示。

```
hive (dajiangtai)> CREATE TABLE ctas01 AS SELECT id,name,age FROM student_external01;
Query ID = hadoop_20170822030018_155ac7c1-452b-421e-bf39-89bf2cd78a8d
Total jobs = 3
Launching Job 1 out of 3
Number of reduce tasks is set to 0 since there's no reduce operator
Starting Job = job_1503329346654_0003, Tracking URL = http://dajiangtai01:8088/proxy/application_1503329346654_0003/
Kill Command = /home/hadoop/app/hadoop/bin/hadoop job  -kill job_1503329346654_0003
Hadoop job information for Stage-1: number of mappers: 1; number of reducers: 0
2017-08-22 03:01:14,753 Stage-1 map = 0%,  reduce = 0%
2017-08-22 03:01:57,439 Stage-1 map = 100%,  reduce = 0%, Cumulative CPU 1.82 sec
MapReduce Total cumulative CPU time: 1 seconds 820 msec
```

查询 ctas01 表中数据，具体操作如下所示。将看到如下结果，这就说明 CTAS 语法结构已经在创建表的同时把 student_external01 表中的数据查询出来并插入到了 ctas01 表中。

```
hive (dajiangtai)> select * from ctas01;
OK
ctas01.id       ctas01.name     ctas01.age
20160701        lihong  23
20160702        wangjai 22
20160704        lixiang 22
20160705        huanglei        24
20160706        wango   23
Time taken: 0.092 seconds, Fetched: 5 row(s)
hive (dajiangtai)>
```

9.6.5 导出数据

使用 INSERT 子句将数据导出到 HDFS，比如将 ctas01 表中的数据导出到"/user/hive/data/ctas"目录下的具体操作命令及执行结果如下所示。

```
hive (dajiangtai)> INSERT OVERWRITE DIRECTORY '/user/hive/data/ctas' SELECT * FROM ctas01;
Query ID = hadoop_20170822043254_bfaddfde-8413-49a5-8fc4-32ae0590a03d
Total jobs = 3
Launching Job 1 out of 3
Number of reduce tasks is set to 0 since there's no reduce operator
Starting Job = job_1503329346654_0009, Tracking URL = http://dajiangtai01:8088/proxy/application_1503329346654_0009/
Kill Command = /home/hadoop/app/hadoop/bin/hadoop job  -kill job_1503329346654_0009
Hadoop job information for Stage-1: number of mappers: 1; number of reducers: 0
2017-08-22 04:33:45,543 Stage-1 map = 0%,  reduce = 0%
2017-08-22 04:34:38,692 Stage-1 map = 100%,  reduce = 0%, Cumulative CPU 1.92 sec
MapReduce Total cumulative CPU time: 1 seconds 920 msec
Ended Job = job_1503329346654_0009
Stage-3 is selected by condition resolver.
Stage-2 is filtered out by condition resolver.
Stage-4 is filtered out by condition resolver.
Moving data to: hdfs://cluster1/user/hive/data/ctas/.hive-staging_hive_2017-08-22_04-32-54_651_799911039257996229-1/-ext-10000
Moving data to: /user/hive/data/ctas
MapReduce Jobs Launched:
Stage-Stage-1: Map: 1   Cumulative CPU: 1.92 sec   HDFS Read: 3171 HDFS Write: 98 SUCCESS
Total MapReduce CPU Time Spent: 1 seconds 920 msec
```

查看导出结果，具体操作命令及执行结果如下所示。

```
hive (dajiangtai)> dfs -ls /user/hive/data/ctas;
Found 1 items
-rwxr-xr-x   3 hadoop supergroup         98 2017-08-22 04:42 /user/hive/data/ctas/000000_0
hive (dajiangtai)> dfs -cat /user/hive/data/ctas/000000_0;
20160701lihong23
20160702wangjai22
20160704lixiang22
20160705huanglei24
20160706wango23
hive (dajiangtai)>
```

使用 INSERT 子句将数据导出到本地文件系统，仍以表 ctas01 为例，将该表的数据导出，具体操作命令及执行结果如下所示。

```
hive (dajiangtai)> INSERT OVERWRITE LOCAL DIRECTORY '/home/hadoop/data_ctas' SELECT * FROM ctas01;
Query ID = hadoop_20170822041427_f4bbfedb-99cc-4768-804b-9eb11c7d5ff9
Total jobs = 1
Launching Job 1 out of 1
Number of reduce tasks is set to 0 since there's no reduce operator
Starting Job = job_1503329346654_0008, Tracking URL = http://dajiangtai01:8088/proxy/application_1503329346654_0008/
Kill Command = /home/hadoop/app/hadoop/bin/hadoop job  -kill job_1503329346654_0008
Hadoop job information for Stage-1: number of mappers: 1; number of reducers: 0
2017-08-22 04:15:17,705 Stage-1 map = 0%,  reduce = 0%
2017-08-22 04:15:51,937 Stage-1 map = 100%,  reduce = 0%, Cumulative CPU 1.46 sec
MapReduce Total cumulative CPU time: 1 seconds 460 msec
Ended Job = job_1503329346654_0008
Copying data to local directory /home/hadoop/data_ctas
Copying data to local directory /home/hadoop/data_ctas
MapReduce Jobs Launched:
Stage-Stage-1: Map: 1   Cumulative CPU: 1.46 sec   HDFS Read: 3198 HDFS Write: 98 SUCCESS
Total MapReduce CPU Time Spent: 1 seconds 460 msec
OK
ctas01.id       ctas01.name     ctas01.age
Time taken: 85.212 seconds
hive (dajiangtai)>
```

查看导出结果，具体操作命令及执行结果如下所示。

```
hive (dajiangtai)> !ls /home/hadoop/data_ctas;
000000_0
hive (dajiangtai)> !cat /home/hadoop/data_ctas/000000_0;
20160701lihong23
20160702wangjai22
20160704lixiang22
20160705huanglei24
20160706wango23
hive (dajiangtai)>
```

注意：如果 Hive 表中的数据和用户需要的数据格式一致，那么直接复制文件或目录就可以了，操作命令如下所示。

hadoop fs –cp /user/hive/warehouse/source_table   /user/hadoop/

9.7 Hive 的数据查询语言 DQL

DQL（Data Query Language），即数据查询语言，实现数据的简单查询，主要操作命令有 SELECT、WHERE 等。当然也可以在查询时对数据进行排序，比如 SORT BY、ORDER BY，具体如何使用下面将会详细讲解。

9.7.1 SELECT…FROM 语句

SELECT…FROM 语句的主要作用就是从 FROM 指定的表中查询 SELECT 相关的数据。SELECT 后面跟要查询的字段，FROM 后面跟要查询表的表名。如下所示。

SELECT col1，col2 FROM table;

还可以为列和表加上别名，如下所示。

SELECT t.col1 c1,t.col2 c2 FROM table t;

尤其是在做嵌套查询时，为表和列取别名就很重要了。比如为 SELECT id, name FROM left 查询的结果取个别名为英文字母"l"，为 SELECT id, course FROM right 查询的结果取个别名为"r"，这样查询语句的结构会更加清晰。具体语句如下所示。

SELECT l.name,r.course FROM (SELECT id,name FROM left) l JOIN (SELECT id,course FROM right) r ON l.id=r.id;

除了通过列名直接指定要查询的列之外，还可以通过正则表达式来指定查询的列，如下所示。

SELECT 'user.*' FROM test;   //即从表 test 中查询出前缀为 user 的列

如果只需要结果集的部分数据，可以通过指定 LIMIT 子句来限制返回的行数，如下所示。

SELECT * FROM test LIMIT 100；   //这时结果集就只会返回前 100 条数据。

如果需要在 SELECT 语句中根据某列的值进行相应的处理，Hive 还支持在 SELECT 语句中使用 CASE…WHEN…THEN 的语法形式，比如把城市（city）是北京（beijing）和深圳（shenzhen）的标记为特大城市，把城市（city）是郑州（zhengzhou）的标记为一线城市，使用 CASE…WHEN…THEN 语法的具体操作命令如下所示。

```
hive (dajiangtai)> SELECT id,name,city,
                 > CASE
                 > WHEN city='beijing' THEN '特大城市'
                 > WHEN city='zhengzhou' THEN '一线城市'
                 > WHEN city='shenzhen' THEN '特大城市'
                 > ELSE '无效数据'
                 > END
                 > FROM student_external01;
OK
id          name        city        _c3
20160701    lihong      zhengzhou   一线城市
20160702    wangjai     beijing     特大城市
20160704    lixiang     shenzhen    特大城市
20160705    huanglei    zhengzhou   一线城市
20160706    wango       zhengzhou   一线城市
Time taken: 0.1 seconds, Fetched: 5 row(s)
hive (dajiangtai)>
```

9.7.2 WHERE 语句

如果需要对查询条件进行限制的话，可以使用 WHERE 语句。比如从 student_external01 表中查询年龄（age）为 22 的用户信息，具体操作命令及执行结果如下所示。

```
hive (dajiangtai)> SELECT * FROM student_external01 WHERE age=22;
OK
student_external01.id   student_external01.name student_external01.age  student_external01.province     student_external01.city
20160702        wangjai 22      beijing beijing
20160704        lixiang 22      guangzhou       shenzhen
Time taken: 0.087 seconds, Fetched: 2 row(s)
hive (dajiangtai)>
```

还可以在 WHERE 语句中使用谓词表达式 AND，比如从 student_external01 表中查询年龄（age）为 22 且城市（city）是北京（beijing）的用户信息，具体操作命令及执行结果如下所示。

```
hive (dajiangtai)> select * from student_external01 where age=22 AND city='beijing';
OK
student_external01.id   student_external01.name student_external01.age  student_external01.province     student_external01.city
20160702        wangjai 22      beijing beijing
Time taken: 0.08 seconds, Fetched: 1 row(s)
```

在 WHERE 语句中使用谓词表达式 OR，比如从 student_external01 表中查询年龄（age）为 22 或者城市（city）是郑州（zhengzhou）的用户信息，具体操作命令及执行结果如下所示。

```
hive (dajiangtai)> select * from student_external01 where age=22 OR city='zhengzhou';
OK
student_external01.id   student_external01.name student_external01.age  student_external01.province     student_external01.city
20160701        lihong  23      henan   zhengzhou
20160702        wangjai 22      beijing beijing
20160704        lixiang 22      guangzhou       shenzhen
20160705        huanglei        24      henan   zhengzhou
20160706        wango   23      henan   zhengzhou
Time taken: 0.072 seconds, Fetched: 5 row(s)
hive (dajiangtai)>
```

9.7.3 数据的递归查询

数据查询是 Hive 最主要的功能，但是在查询数据的时候，如果数据文件同级目录还有其他目录，那么则会查不出数据且会报目录下没文件的错误，所以要提前规划好目录，保证数据目录下存的是数据文件而没有其他的目录，否则的话还要设置 Hive 支持递归子目录作为输入。

比如我们创建一个外部表 student_external02，且指定 LOCATION 为 /user/hive/data。具体操作命令如下所示。

```
hive (dajiangtai)> CREATE EXTERNAL TABLE IF NOT EXISTS student_external02(
                 > id INT COMMENT 'student id',
                 > name STRING COMMENT 'student name',
                 > age INT COMMENT 'student age')
                 > ROW FORMAT DELIMITED
                 > FIELDS TERMINATED BY '\t'
                 > LINES TERMINATED BY '\n'
                 > STORED AS TEXTFILE
                 > LOCATION '/user/hive/data';
OK
Time taken: 0.219 seconds
```

然后查询表中数据结果,但是我们发现查询不到任何数据,操作命令及执行结果如下所示。

```
hive (dajiangtai)> select * from student_external02;
OK
student_external02.id    student_external02.name student_external02.age
Failed with exception java.io.IOException:java.io.IOException: Not a file: hdfs://cluster1/user/hive/data/ctas
Time taken: 0.158 seconds
hive (dajiangtai)>
```

这就是因为实际数据是在 LOCATION 指定目录的子目录下(即/user/hive/data/ctas 目录下,而不是 LOCATION 指定的/user/hive/data 目录下)。而默认情况下,Hive 不支持对子目录下数据的递归查询,所以我们要通过设置属性"hive.mapred.supports.subdirectories"和"mapreduce.input.fileinputformat.input.dir.recursive"的值为 true,让 Hive 支持递归子目录的数据作为输入。具体操作命令及执行结果如下所示。

```
hive (dajiangtai)> set hive.mapred.supports.subdirectories;
hive.mapred.supports.subdirectories=false
hive (dajiangtai)> set hive.mapred.supports.subdirectories=true;
hive (dajiangtai)> set hive.mapred.supports.subdirectories;
hive.mapred.supports.subdirectories=true

hive (dajiangtai)> set mapreduce.input.fileinputformat.input.dir.recursive;
mapreduce.input.fileinputformat.input.dir.recursive=false
hive (dajiangtai)> set mapreduce.input.fileinputformat.input.dir.recursive=true;
hive (dajiangtai)> set mapreduce.input.fileinputformat.input.dir.recursive;
mapreduce.input.fileinputformat.input.dir.recursive=true
```

两个属性设置成功之后,我们再来查看表中数据,具体操作命令及执行结果如下所示。

```
hive (dajiangtai)> select * from student_external02;
OK
student_external02.id    student_external02.name student_external02.age
NULL    NULL    NULL
NULL    NULL    NULL
NULL    NULL    NULL
NULL    NULL    NULL
NULL    NULL    NULL
Time taken: 0.136 seconds, Fetched: 5 row(s)
```

我们发现,结果全部为 NULL。这个结果主要还是由于数据文件和表定义的分割符不一致导致的,这也说明了我们前面将表中数据导出时数据的分隔符使用的是默认的分隔符,而我们创建表时使用的是制表符,所以就会导致查询结果为 NULL 的问题。

下面我们再创建一个不指定分隔符(即使用默认分隔符)的表 student_external03,具体操作命令如下所示。

```
hive (dajiangtai)> CREATE  EXTERNAL TABLE IF NOT EXISTS student_external03(
                 > id INT COMMENT 'student id',
                 > name  STRING COMMENT 'student name',
                 > age INT COMMENT 'student age')
                 > ROW FORMAT DELIMITED
                 > LINES TERMINATED BY '\n'
                 > STORED AS TEXTFILE
                 > LOCATION '/user/hive/data';
OK
Time taken: 0.051 seconds
```

然后我们再来查看一下表中数据，结果如下所示，发现能够正常查看到表中的数据。这就说明 Hive 已经能够实现递归读取子目录下的数据文件了。

```
hive (dajiangtai)> select * from student_external03;
OK
student_external03.id   student_external03.name student_external03.age
20160701        lihong  23
20160702        wangjai 22
20160704        lixiang 22
20160705        huanglei        24
20160706        wango   23
Time taken: 0.076 seconds, Fetched: 5 row(s)
hive (dajiangtai)>
```

9.7.4　GROUP BY 语句和 HAVING 语句

GROUP BY 语句的作用是对数据进行分组，HAVING 语句一般用在 GROUP BY 语句之后，用于对分组进行条件过滤。

GROUP BY 语句通常会和聚合函数一起使用，先按照一个列或多个列对结果进行分组，再执行聚合操作。

使用 GROUP BY 子句时，如果查询字段没有出现在 GROUP BY 子句后面，那么必须使用聚合函数，错误的操作命令如下所示。

```
hive (dajiangtai)> SELECT name,AVG(age) FROM student_external01 GROUP BY city;
FAILED: SemanticException [Error 10025]: Line 1:7 Expression not in GROUP BY key 'name'
hive (dajiangtai)>
```

正确的操作命令及执行结果如下所示。

```
hive (dajiangtai)> SELECT COUNT(*),city FROM student_external01 GROUP BY city;
Query ID = hadoop_20170822054020_8a5a77c1-8386-48c2-8241-74e895466dcc
Total jobs = 1
Launching Job 1 out of 1
Number of reduce tasks not specified. Estimated from input data size: 1
In order to change the average load for a reducer (in bytes):
  set hive.exec.reducers.bytes.per.reducer=<number>
In order to limit the maximum number of reducers:
  set hive.exec.reducers.max=<number>
In order to set a constant number of reducers:
  set mapreduce.job.reduces=<number>
Starting Job = job_1503329346654_0010, Tracking URL = http://dajiangtai01:8088/proxy/application_1503329346654_0010/
Kill Command = /home/hadoop/app/hadoop/bin/hadoop job  -kill job_1503329346654_0010
Hadoop job information for Stage-1: number of mappers: 1; number of reducers: 1
2017-08-22 05:41:11,425 Stage-1 map = 0%,  reduce = 0%
2017-08-22 05:41:45,099 Stage-1 map = 100%,  reduce = 0%, Cumulative CPU 2.31 sec
2017-08-22 05:42:03,805 Stage-1 map = 100%,  reduce = 100%, Cumulative CPU 3.81 sec
MapReduce Total cumulative CPU time: 3 seconds 810 msec
Ended Job = job_1503329346654_0010
MapReduce Jobs Launched:
Stage-Stage-1: Map: 1  Reduce: 1   Cumulative CPU: 3.81 sec   HDFS Read: 7722 HDFS Write: 33 SUCCESS
Stage-Stage-1: Map: 1  Reduce: 1   Cumulative CPU: 3.81 sec   HDFS Read: 7722 HDFS Write: 33 SUCCESS
Total MapReduce CPU Time Spent: 3 seconds 810 msec
OK
_c0     city
1       beijing
1       shenzhen
3       zhengzhou
Time taken: 105.595 seconds, Fetched: 3 row(s)
hive (dajiangtai)>
```

注意：COUNT(*)指符合条件的记录的条数，比如 city=zhengzhou 的记录有三条，则结果就返回 3。

如果想对分组结果进行条件过滤，可以使用 HAVING 子句，具体操作命令及执行结果如下所示。

```
hive (dajiangtai)> SELECT AVG(age),city FROM  student_external01 GROUP BY city HAVING AVG(age)>22;
Query ID = hadoop_20170822055410_ed8c7f41-b34b-49e6-b338-5b2f06b6396f
Total jobs = 1
Launching Job 1 out of 1
Number of reduce tasks not specified. Estimated from input data size: 1
In order to change the average load for a reducer (in bytes):
  set hive.exec.reducers.bytes.per.reducer=<number>
In order to limit the maximum number of reducers:
  set hive.exec.reducers.max=<number>
In order to set a constant number of reducers:
  set mapreduce.job.reduces=<number>
Starting Job = job_1503329346654_0012, Tracking URL = http://dajiangtai01:8088/proxy/application_1503329346654_0012/
Kill Command = /home/hadoop/app/hadoop/bin/hadoop job  -kill job_1503329346654_0012
Hadoop job information for Stage-1: number of mappers: 1; number of reducers: 1
2017-08-22 05:55:09,074 Stage-1 map = 0%,  reduce = 0%
2017-08-22 05:56:09,129 Stage-1 map = 0%,  reduce = 0%
2017-08-22 05:56:16,210 Stage-1 map = 100%,  reduce = 0%, Cumulative CPU 1.88 sec
2017-08-22 05:56:56,662 Stage-1 map = 100%,  reduce = 100%, Cumulative CPU 4.69 sec
MapReduce Total cumulative CPU time: 4 seconds 690 msec
Ended Job = job_1503329346654_0012
MapReduce Jobs Launched:
Ended Job = job_1503329346654_0012
MapReduce Jobs Launched:
Stage-Stage-1: Map: 1  Reduce: 1   Cumulative CPU: 4.69 sec   HDFS Read: 8681 HDFS Write: 29 SUCCESS
Total MapReduce CPU Time Spent: 4 seconds 690 msec
OK
_c0                city
23.333333333333332            zhengzhou
Time taken: 168.51 seconds, Fetched: 1 row(s)
```

9.7.5　ORDER BY 语句和 SORT BY 语句

ORDER BY 语句的主要作用是对数据做全局排序（即对所有数据进行排序），SORT BY 语句的主要作用是对数据做局部排序（即对所有数据分成多个部分，然后分别对部分数据进行排序）。

ORDER BY 执行全局排序，就是把所有要排序的数据放到一个文件中，而一个 Reducer 任务对应一个输出文件，那么这就要求必须由一个 Reducer 任务来完成全局排序功能，否则无法达到全局排序的要求。比如用 ORDER BY 语句对 student_external01 表中的数据按照 id 字段进行全局降序排序，具体操作命令及结果如下所示。从结果可以看出，student_external01 表中的所有记录就是按照 id 字段进行了降序排序。

```
hive (dajiangtai)> SELECT * FROM student_external01 ORDER BY id DESC;
Query ID = hadoop_20170823001320_9640d529-1c4b-406e-a2ba-a62e7eb7765c
Total jobs = 1
Launching Job 1 out of 1
Number of reduce tasks determined at compile time: 1
In order to change the average load for a reducer (in bytes):
  set hive.exec.reducers.bytes.per.reducer=<number>
In order to limit the maximum number of reducers:
  set hive.exec.reducers.max=<number>
In order to set a constant number of reducers:
  set mapreduce.job.reduces=<number>
Starting Job = job_1503417332435_0004, Tracking URL = http://dajiangtai02:8088/proxy/application_1503417332435_0004/
Kill Command = /home/hadoop/app/hadoop/bin/hadoop job  -kill job_1503417332435_0004
Hadoop job information for Stage-1: number of mappers: 1; number of reducers: 1
2017-08-23 00:14:10,396 Stage-1 map = 0%,  reduce = 0%
2017-08-23 00:14:42,419 Stage-1 map = 100%,  reduce = 0%, Cumulative CPU 1.21 sec
2017-08-23 00:15:16,699 Stage-1 map = 100%,  reduce = 100%, Cumulative CPU 2.85 sec
MapReduce Total cumulative CPU time: 2 seconds 850 msec
Ended Job = job_1503417332435_0004
MapReduce Jobs Launched:
Stage-Stage-1: Map: 1  Reduce: 1   Cumulative CPU: 2.85 sec   HDFS Read: 7262 HDFS Write: 181 SUCCESS
Stage-Stage-1: Map: 1  Reduce: 1   Cumulative CPU: 2.85 sec   HDFS Read: 7262 HDFS Write: 181 SUCCESS
Total MapReduce CPU Time Spent: 2 seconds 850 msec
OK
student_external01.id   student_external01.name student_external01.age  student_external01.province     student_external0
1.city
20160706        wango   23      henan   zhengzhou
20160705        huanglei        24      henan   zhengzhou
20160704        lixiang 22      guangzhou       shenzhen
20160702        wangjai 22      beijing beijing
20160701        lihong  23      henan   zhengzhou
Time taken: 117.426 seconds, Fetched: 5 row(s)
hive (dajiangtai)>
```

SORT BY 语句执行局部排序，即在一个或多个 Reducer 任务中分别进行排序，比如用 SORT BY 语句对 student_external01 表中的数据按照 id 字段进行降序排序，具体操作命令及结果如下所示。可以看出 student_external01 表中所有记录就是按照，id 字段进行了降序排序。

```
hive (dajiangtai)> SELECT * FROM student_external01 SORT BY id DESC ;
Query ID = hadoop_20170823002007_bfd30b30-f079-45c8-b2ba-2cbaac09597c
Total jobs = 1
Launching Job 1 out of 1
Number of reduce tasks not specified. Estimated from input data size: 1
In order to change the average load for a reducer (in bytes):
  set hive.exec.reducers.bytes.per.reducer=<number>
In order to limit the maximum number of reducers:
  set hive.exec.reducers.max=<number>
In order to set a constant number of reducers:
  set mapreduce.job.reduces=<number>
Starting Job = job_1503417332435_0005, Tracking URL = http://dajiangtai02:8088/proxy/application_1503417332435_0005/
Kill Command = /home/hadoop/app/hadoop/bin/hadoop job  -kill job_1503417332435_0005
Hadoop job information for Stage-1: number of mappers: 1; number of reducers: 1
2017-08-23 00:20:56,357 Stage-1 map = 0%,  reduce = 0%
2017-08-23 00:21:38,380 Stage-1 map = 100%,  reduce = 0%, Cumulative CPU 1.16 sec
2017-08-23 00:21:58,853 Stage-1 map = 100%,  reduce = 100%, Cumulative CPU 2.66 sec
MapReduce Total cumulative CPU time: 2 seconds 660 msec
Ended Job = job_1503417332435_0005
MapReduce Jobs Launched:
Stage-Stage-1: Map: 1  Reduce: 1   Cumulative CPU: 2.66 sec   HDFS Read: 7262 HDFS Write: 181 SUCCESS
Stage-Stage-1: Map: 1  Reduce: 1   Cumulative CPU: 2.66 sec   HDFS Read: 7262 HDFS Write: 181 SUCCESS
Total MapReduce CPU Time Spent: 2 seconds 660 msec
OK
student_external01.id    student_external01.name student_external01.age  student_external01.province     student_external0
1.city
20160706        wango   23      henan   zhengzhou
20160705        huanglei 24     henan   zhengzhou
20160704        lixiang 22      guangzhou shenzhen
20160702        wangjai 22      beijing beijing
20160701        lihong  23      henan   zhengzhou
Time taken: 112.275 seconds, Fetched: 5 row(s)
hive (dajiangtai)>
```

从以上演示结果可以发现，当 Reduce 任务个数是 1 时，ORDER BY 和 SORT BY 语句的执行结果没有任何区别。但是当把 Reduce 任务个数设置成 2 个时，效果就不一样了。首先设置 Reduce 任务的个数，具体操作命令及执行结果如下所示。

```
hive (dajiangtai)> set mapred.reduce.tasks;
mapred.reduce.tasks=1
hive (dajiangtai)> set mapred.reduce.tasks=2;
hive (dajiangtai)> set mapred.reduce.tasks;
mapred.reduce.tasks=2
hive (dajiangtai)>
```

再次使用 SORT BY 语句进行排序，执行结果如下所示，就不是全局排序了。因为设置了两个 Reducer 任务，每个 Reducer 任务处理的数据是有序的，但是两个 Reducer 任务的结果放在一起就不一定有序了。

```
hive (dajiangtai)> SELECT * FROM student_external01 SORT BY id DESC ;
Query ID = hadoop_20170823002658_793d82bd-0ff7-4830-bf81-0d6df7c0bc66
Total jobs = 1
Launching Job 1 out of 1
Number of reduce tasks not specified. Defaulting to jobconf value of: 2
In order to change the average load for a reducer (in bytes):
  set hive.exec.reducers.bytes.per.reducer=<number>
In order to limit the maximum number of reducers:
  set hive.exec.reducers.max=<number>
In order to set a constant number of reducers:
  set mapreduce.job.reduces=<number>
Starting Job = job_1503417332435_0006, Tracking URL = http://dajiangtai02:8088/proxy/application_1503417332435_0006/
Kill Command = /home/hadoop/app/hadoop/bin/hadoop job  -kill job_1503417332435_0006
Hadoop job information for Stage-1: number of mappers: 1; number of reducers: 2
2017-08-23 00:27:48,499 Stage-1 map = 0%,  reduce = 0%
2017-08-23 00:28:20,792 Stage-1 map = 100%,  reduce = 0%, Cumulative CPU 1.09 sec
2017-08-23 00:28:38,512 Stage-1 map = 100%,  reduce = 50%, Cumulative CPU 2.65 sec
2017-08-23 00:28:55,098 Stage-1 map = 100%,  reduce = 100%, Cumulative CPU 4.35 sec
MapReduce Total cumulative CPU time: 4 seconds 350 msec
Ended Job = job_1503417332435_0006
MapReduce Jobs Launched:
Ended Job = job_1503417332435_0006
MapReduce Jobs Launched:
Stage-Stage-1: Map: 1  Reduce: 2   Cumulative CPU: 4.35 sec   HDFS Read: 10501 HDFS Write: 181 SUCCESS
Total MapReduce CPU Time Spent: 4 seconds 350 msec
OK
student_external01.id    student_external01.name student_external01.age  student_external01.province     student_external0
1.city
20160706        wango   23      henan   zhengzhou
20160705        huanglei 24     henan   zhengzhou
20160704        lixiang 22      guangzhou shenzhen
20160701        lihong  23      henan   zhengzhou
20160702        wangjai 22      beijing beijing
```

再次使用 ORDER BY 进行排序，会发现 Reducer 的个数还是 1 个，所以结果还是全局有序的，具体操作结果如下所示。

```
hive (dajiangtai)> SELECT * FROM student_external01 ORDER BY id DESC;
Query ID = hadoop_20170823003242_7c3b4877-14cf-4a2e-b21f-b1fd33060342
Total jobs = 1
Launching Job 1 out of 1
Number of reduce tasks determined at compile time: 1
In order to change the average load for a reducer (in bytes):
  set hive.exec.reducers.bytes.per.reducer=<number>
In order to limit the maximum number of reducers:
  set hive.exec.reducers.max=<number>
In order to set a constant number of reducers:
  set mapreduce.job.reduces=<number>
Starting Job = job_1503417332435_0007, Tracking URL = http://dajiangtai02:8088/proxy/application_1503417332435_0007/
Kill Command = /home/hadoop/app/hadoop/bin/hadoop job  -kill job_1503417332435_0007
Hadoop job information for Stage-1: number of mappers: 1; number of reducers: 1
2017-08-23 00:33:30,846 Stage-1 map = 0%,  reduce = 0%
2017-08-23 00:34:05,127 Stage-1 map = 100%,  reduce = 0%, Cumulative CPU 2.24 sec
2017-08-23 00:34:37,518 Stage-1 map = 100%,  reduce = 100%, Cumulative CPU 3.75 sec
MapReduce Total cumulative CPU time: 3 seconds 750 msec
Ended Job = job_1503417332435_0007
MapReduce Jobs Launched:
Stage-Stage-1: Map: 1  Reduce: 1   Cumulative CPU: 3.75 sec   HDFS Read: 7262 HDFS Write: 181 SUCCESS
Stage-Stage-1: Map: 1  Reduce: 1   Cumulative CPU: 3.75 sec   HDFS Read: 7262 HDFS Write: 181 SUCCESS
Total MapReduce CPU Time Spent: 3 seconds 750 msec
OK
student_external01.id    student_external01.name   student_external01.age   student_external01.province   student_external0
1.city
20160706        wango     23      henan      zhengzhou
20160705        huanglei  24      henan      zhengzhou
20160704        lixiang   22      guangzhou  shenzhen
20160702        wangjai   22      beijing    beijing
20160701        lihong    23      henan      zhengzhou
Time taken: 117.456 seconds, Fetched: 5 row(s)
hive (dajiangtai)>
```

实际上，两种排序方式的语法结构完全一样，当 Reducer 任务个数只有 1 个时，ORDER BY 语句和 SORT BY 语句的执行结果完全相同，但是当 Reducer 任务个数不止一个时，两个语句的执行结果就可能不相同了。

9.7.6　DISTRIBUTE BY 语句

DISTRIBUTE BY 语句对于 Hive 的意义等同于 Partitioner 对于 MapReduce 的意义。Hive 可以通过 DISTRIBUTE BY 语句控制 Mapper 任务的输出数据来决定 Reducer 任务的输入数据。通过 DISTRIBUTE BY 语句可以自定义分发规则从而使某些数据进入同一个 Reducer 任务。比如用 DISTRIBUTE BY 语句对 student_external01 表中的数据按照 age 字段进行分区排序，具体操作命令及执行结果如下所示。

```
hive (dajiangtai)> SELECT id,age FROM student_external01 DISTRIBUTE BY age SORT BY age,id ;
Query ID = hadoop_20170823015744_eada7392-c944-4cc0-a883-885b75387d8d
Total jobs = 1
Launching Job 1 out of 1
Number of reduce tasks not specified. Defaulting to jobconf value of: 2
In order to change the average load for a reducer (in bytes):
  set hive.exec.reducers.bytes.per.reducer=<number>
In order to limit the maximum number of reducers:
  set hive.exec.reducers.max=<number>
In order to set a constant number of reducers:
  set mapreduce.job.reduces=<number>
Starting Job = job_1503417332435_0010, Tracking URL = http://dajiangtai02:8088/proxy/application_1503417332435_0010/
Kill Command = /home/hadoop/app/hadoop/bin/hadoop job  -kill job_1503417332435_0010
Hadoop job information for Stage-1: number of mappers: 1; number of reducers: 2
2017-08-23 01:58:35,988 Stage-1 map = 0%,  reduce = 0%
2017-08-23 01:59:09,913 Stage-1 map = 100%,  reduce = 0%, Cumulative CPU 1.36 sec
2017-08-23 01:59:28,485 Stage-1 map = 100%,  reduce = 50%, Cumulative CPU 3.24 sec
2017-08-23 01:59:43,981 Stage-1 map = 100%,  reduce = 100%, Cumulative CPU 5.14 sec
MapReduce Total cumulative CPU time: 5 seconds 140 msec
Ended Job = job_1503417332435_0010
MapReduce Jobs Launched:
Ended Job = job_1503417332435_0010
MapReduce Jobs Launched:
Stage-Stage-1: Map: 1  Reduce: 2   Cumulative CPU: 5.14 sec   HDFS Read: 9304 HDFS Write: 60 SUCCESS
Total MapReduce CPU Time Spent: 5 seconds 140 msec
OK
id       age
20160702  22
20160704  22
20160705  24
20160701  23
20160706  23
Time taken: 120.882 seconds, Fetched: 5 row(s)
hive (dajiangtai)>
```

DISTRIBUTE BY 语句保证了 age 字段相同的数据一定进入同一个 Reducer，在 Reducer 中再按照 id 和 age 字段的顺序进行排序。

9.7.7 CLUSTER BY 语句

CLUSTER BY 语句可以同时实现分区和排序的功能。如果 DISTRIBUTE BY 和 SORT BY 指定的列完全相同时，并且采用升序排列，那么可以使用 CLUSTER BY 语句替代，比如用 CLUSTER BY 语句对 student_external01 表中的数据按 age 字段进行分区和排序，具体操作命令及执行结果如下所示。

```
hive (dajiangtai)> SELECT id,age FROM student_external01 CLUSTER BY age;
Query ID = hadoop_20170823023549_e68b844b-855c-422b-996b-bb70150afa82
Total jobs = 1
Launching Job 1 out of 1
Number of reduce tasks not specified. Defaulting to jobconf value of: 2
In order to change the average load for a reducer (in bytes):
  set hive.exec.reducers.bytes.per.reducer=<number>
In order to limit the maximum number of reducers:
  set hive.exec.reducers.max=<number>
In order to set a constant number of reducers:
  set mapreduce.job.reduces=<number>
Starting Job = job_1503417332435_0011, Tracking URL = http://dajiangtai02:8088/proxy/application_1503417332435_0011/
Kill Command = /home/hadoop/app/hadoop/bin/hadoop job  -kill job_1503417332435_0011
Hadoop job information for Stage-1: number of mappers: 1; number of reducers: 2
2017-08-23 02:36:38,651 Stage-1 map = 0%,  reduce = 0%
2017-08-23 02:37:14,004 Stage-1 map = 100%,  reduce = 0%, Cumulative CPU 1.28 sec
2017-08-23 02:37:47,257 Stage-1 map = 100%,  reduce = 50%, Cumulative CPU 2.87 sec
2017-08-23 02:37:48,304 Stage-1 map = 100%,  reduce = 100%, Cumulative CPU 4.59 sec
MapReduce Total cumulative CPU time: 4 seconds 590 msec
Ended Job = job_1503417332435_0011
MapReduce Jobs Launched:
Ended Job = job_1503417332435_0011
MapReduce Jobs Launched:
Stage-Stage-1: Map: 1  Reduce: 2   Cumulative CPU: 4.59 sec   HDFS Read: 9182 HDFS Write: 60 SUCCESS
Total MapReduce CPU Time Spent: 4 seconds 590 msec
OK
id      age
20160704        22
20160702        22
20160705        24
20160706        23
20160701        23
Time taken: 119.939 seconds, Fetched: 5 row(s)
hive (dajiangtai)>
```

9.8 实战：通过 Hive 分析股票走势规律

本节通过使用 Hive 对股票历史数据进行统计分析，找出每只股票在一段时间内的走势规律，发现每只股票每天的最高值。

1. 项目需求分析

通过 Hive 对 204001 这只股票的数据信息进行分析，统计出这只股票每日买入价格（buyprice）和卖出价格（sellprice）的最大、最小值，还要统计出这只股票每分钟的平均价格，发现这只股票当日的最高点。

2. 项目数据集

下载数据集 stock.rar（资源路径：配套资源/第 9 章/9.8/数据集），项目示例数据如图 9-6 所示。

195

Tradedate	tradetime	stockid	buyprice	buysize	sellprice	sellsize
20130722	130042	131810	3.415	915890	3.42	8960
20130722	130516	131810	3.421	405180	3.422	14950
20130722	130752	131810	3.431	232070	3.435	620

图 9-6 项目示例数据

数据格式如下：
tradedate：交易日期。
tradetime：交易时间。
stockid：股票 id。
buyprice：买入价格。
buysize：买入数量。
sellprice：卖出价格。
sellsize：卖出数量。

3. 项目实现步骤

基于项目的需求，可以使用 Hive 工具完成数据的分析。
（1）准备数据
首先将数据集 total.csv 导入 Hive 中，具体步骤如下：
1）创建数据表 stock。

```
hive> CREATE TABLE IF NOT EXISTS stock(tradedate STRING, tradetime STRING, stockid STRING, buyprice DOUBLE, buysize INT, sellprice DOUBLE, sellsize INT) ROW FORMAT DELIMITE FIELDS TERMINATED BY ',' STORED AS TEXTFILE;
```

2）将 HDFS 中的股票历史数据导入 stock 表中。

```
hive> LOAD DATA LOCAL INPATH '/home/hadoop/data/stock.csv' INTO TABLE stock;
```

3）创建分区表 stock_partition，用日期作为分区表的分区 ID。

```
hive> CREATE TABLE IF NOT EXISTS stock_partition(tradetime STRING, stockid STRING, buyprice DOUBLE, buysize INT, sellprice DOUBLE, sellsize INT) PARTITIONED BY (tradedate STRING) ROW FORMAT DELIMITE FIELDS TERMINATED BY ',';
```

4）设置动态分区。

```
hive> SET hive.exec.dynamic.partition.mode=nonstrict;
```

5）创建动态分区，将 stock 表中的数据导入 stock_partition 表中。

```
hive> INSERT OVERWRITE TABLE stock_partition PARTITION(tradedate) SELECT tradetime, stockid, buyprice, buysize, sellprice, sellsize, tradedate FROM stock DISTRIBUTE BY tradedate;
```

最终部分结果如图 9-7 所示：这样就实现了把数据源导入到 stock_partition 分区表中，接下来就可以依据分区表的数据进行相关的分析处理。

```
093812  204001  3.45    8800     3.455   10200   20130722
093807  204001  3.45    36900    3.455   15500   20130722
093552  204001  3.46    97900    3.465   300     20130722
094157  204001  3.48    36300    3.485   15100   20130722
093947  204001  3.46    527300   3.465   9500    20130722
094047  204001  3.46    326100   3.465   6400    20130722
093702  204001  3.455   99700    3.46    25100   20130722
094137  204001  3.47    86100    3.475   14200   20130722
093832  204001  3.415   1467800  3.45    33600   20130722
094012  204001  3.465   22300    3.47    23000   20130722
```

图 9-7 数据源导入 stock_partition 的结果

（2）自定义函数实现股票最高和最低价的统计分析

选取自己的股票编号 stockid（204001），分别统计该股票产品每日的最高价和最低价。由于要对股票价格进行比较分析，所以需要用户自定义比较函数（资源路径：配套资源/第 9 章/9.8/代码/股票项目代码.rar）。函数定义如下。

1) 自定义 priceMax 函数统计最大值。

```
import org.apache.hadoop.hive.ql.exec.UDF;
public class priceMax extends UDF {
public Double evaluate(Double a, Double b) {
if (a == null) {
a = 0.0;
}
if (b == null) {
b = 0.0;
}
return a >= b ? a : b;
}
}
```

2) 自定义 priceMin 函数统计最小值。

```
import org.apache.hadoop.hive.ql.exec.UDF;
public class priceMin extends UDF {
public Double evaluate(Double a, Double b) {
if (a == null) {
a = 0.0;
}
if (b == null) {
b = 0.0;
}
return a >= b ? b : a;
}
}
```

3) 将自定义的两个函数分别打包成 maxUDF.jar 和 minUDF.jar，然后上传到/home/hadoop/app/hive 目录下，添加 maxUDF.jar 和 minUDF.jar 到 hive 中，具体命令如下：

至/home/hadoop/app/hive 目录下，添加 Hive 自定义的 UDF 函数
hive> add jar /home/hadoop/app/hive/maxUDF.jar;
hive> add jar /home/hadoop/app/hive/minUDF.jar;

4）创建 Hive 自定义的临时方法 maxprice 和 minprice。

hive> create temporary function maxprice as 'hadoop.priceMax';
hive> create temporary function minprice as 'hadoop.priceMin';

5）统计 204001 股票，每日的最高价格和最低价格。

hive> select collect_set(stockid),tradedate,max(maxprice(buyprice,sellprice)),min(minprice(buyprice,sell price)) from stock_partition where stockid='204001' group by tradedate;

结果如图 9-8 所示。从结果来看，已经统计出了 204001 股票每日的最高价格和最低价格。

```
["204001"]    20130722    4.05    0.0
["204001"]    20130723    4.48    2.2
["204001"]    20130724    4.65    2.205
["204001"]    20130725    11.9    8.7
["204001"]    20130726    12.3    5.2
```

图 9-8 股票 204001 的最大值最小值统计结果

（3）统计分析股票每分钟的均价
以分钟作为最小单位，统计出所选股票每天每分钟的平均价格。

hive>select stockid,tradedate,substring(tradetime,0,4),sum(buyprice+sellprice)/(count(*)*2) from stock_partition where stockid='204001' group by stockid, tradedate,substring(tradetime,0,4);

统计结果如图 9-9 所示。从结果来看，已经统计出了 204001 股票每天每分钟的平均价格。

```
204001    20130726    1428    7.261874999999999
204001    20130726    1429    7.285
204001    20130726    1430    7.22825
204001    20130726    1431    7.181136363636364
204001    20130726    1432    7.0785
204001    20130726    1433    6.9795
204001    20130726    1434    6.983333333333334
204001    20130726    1435    7.049375
204001    20130726    1436    7.195227272727274
204001    20130726    1437    7.22090909090909
204001    20130726    1438    7.329375
204001    20130726    1439    7.635833333333334
204001    20130726    1440    8.230500000000001
204001    20130726    1441    9.382727272727273
204001    20130726    1442    10.332222222222223
204001    20130726    1443    10.305416666666668
204001    20130726    1444    10.857916666666668
204001    20130726    1445    10.710833333333333
204001    20130726    1446    10.681363636363635
```

图 9-9 股票 204001 每分钟平均价格统计结果

根据上边的方法统计出每只股票每天的最高价格、最低价格以及每分钟的均价之后，我们就可以总结出每只股票在一段时间内的走势规律。

本章小结

本章对 Hive 的基本原理架构和重点操作做了详细介绍，Hive 已经非常成熟，而且使用的人也越来越多。它的学习成本低、使用简单的优点让那些不会编码的数据分析师也能够轻松地利用 Hadoop 平台对海量数据进行简单的分析，但是复杂的业务逻辑还需要写 MapReduce 来实现。

本章习题

1. 比较 Hive 数据仓库和普通关系型数据库的异同。
2. Hive 中内部表和外部表的区别，以及在使用时该如何选择。
3. 简述 ORDER BY 语句和 SORT BY 语句在使用上的区别和联系。

第 10 章　HBase 分布式数据库

学习目标
- 理解 HBase 架构原理
- 掌握 HBase 数据模型及核心知识
- 熟练搭建 HBase 分布式集群
- 熟练使用 HBase Shell 和 Java 客户端

Hbase 是一个在 HDFS 上开发的面向列的分布式数据库。如果需要实时地随机读写超大规模数据集，就可以使用 HBase 来进行处理。

相比于 HBase，虽然传统数据库存储和检索的实现可以选择很多不同的策略，但大多数的解决办法并不是为了大规模可伸缩的分布式处理而设计的。很多厂商只是提供了复制和分区的解决方案，让数据库能够对单个节点进行扩展，但是这些附加的技术大多属于弥补的解决办法，而且安装和维护成本比较高。

而 HBase 是自底向上地进行构建，能够简单地通过增加节点来达到线性扩展，从而解决可伸缩性的问题。HBase 并不是关系型数据库，它不支持 SQL，但是它能在廉价硬件构成的集群上管理超大规模的稀疏表。

本章节先对 HBase 进行概述，然后通过数据模型和核心概念深入学习 HBase，最后介绍 HBase 集群的搭建、Shell 工具以及 Java 客户端的使用。

10.1　HBase 概述

10.1.1　HBase 是什么

HBase 是一个高可靠、高性能、面向列、可伸缩的分布式存储系统，利用 Hbase 技术可在廉价的 PC Server 上搭建大规模结构化存储集群。

HBase 是 Google Bigtable 的开源实现，与 Google Bigtable 利用 GFS 作为其文件存储系统类似，HBase 利用 Hadoop HDFS 作为其文件存储系统；Google 运行 MapReduce 来处理 Bigtable 中的海量数据，HBase 同样利用 Hadoop MapReduce 来处理 HBase 中的海量数据；Google Bigtable 利用 Chubby 作为协同服务，而 HBase 利用 Zookeeper 作为协同服务。

10.1.2　Hbase 的特点

HBase 作为一个典型的 NoSQL 数据库，可以通过行键（Rowkey）检索数据，仅支持单行事务,主要用于存储非结构化(不方便用数据库二维逻辑表来表现的数据,比如图片,文件,视频)和半结构化(介于完全结构化数据和完全无结构的数据之间的数据,XML、HTML文档就属于半结构化数据。它一般是自描述的,数据的结构和内容混在一起,没有明显的区分)的松散数据。与Hadoop类似,HBase设计目标主要依靠横向扩展,通过不断增加廉价的商用服务器来增加计算和存储能力。

与传统数据库相比,HBase具有很多与众不同的特性,下面介绍HBase具备的一些重要的特性。
- 容量巨大:单表可以有百亿行、数百万列。
- 无模式:同一个表的不同行可以有截然不同的列。
- 面向列:HBase是面向列的存储和权限控制,并支持列独立索引。
- 稀疏性:表可以设计得非常稀疏,值为空的列并不占用存储空间。
- 扩展性:HBase底层文件存储依赖HDFS,它天生具备可扩展性。
- 高可靠性:HBase提供了预写日志(WAL)和副本(Replication)机制,防止数据丢失。
- 高性能:底层的LSM(Log-Structured Merge Tree)数据结构和Rowkey有序排列等架构上的独特设计,使得HBase具备非常高的写入性能。

10.2 HBase 数据模型

10.2.1 Hbase 逻辑模型

HBase是一个类似Google Bigtable的开源分布式数据库,大部分特征和BigTable相同。

HBase中最基本的单位是列,一列或者多列构成了行,行有行键(Rowkey),每一行的行键都是唯一的,对相同行键的插入操作被认为是对同一行的操作,多次插入操作其实就是对该行数据的更新操作。

HBase中的一个表有若干行,每行有很多列,列中的值可以有多个版本,每个版本的值称为一个单元格,每个单元格存储的是不同时间该列的值。接下来通过HBase示例表的结构来详细了解它的逻辑模型,如图10-1所示。

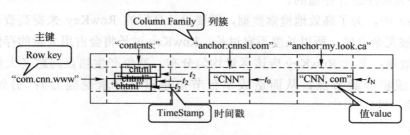

图10-1 HBase表的逻辑模型

从图10-1中可以看出,Hbase表包含两个列簇(Column Family):contents和anchor。

在该示例中，列簇 anchor 有两个列（anchor:cnnsi.com 和 anchor:my.look.ca），列簇 contents 仅有一个列 contents：html。其中，列名是由列簇前缀和修饰符（Qualifier）连接而成，分隔符是英文冒号。例如，列 anchor:my.look.ca 是由列簇 anchor 前缀和修饰符 my.look.ca 组成。所以在提到 HBase 的列的时候应该使用的方式是"列簇前缀+修饰符"。

另外从图 10-1 可以看出，在 HBase 表的逻辑模型中，所有的列簇和列都紧凑地挨在一起，并没有展示它的物理存储结构。该逻辑视图可以让大家更好地、更直观地理解 HBase 的数据模型，但它并不是实际数据存储的形式。

10.2.2　HBase 数据模型的核心概念

HBase 是一种列式存储的分布式数据库，其核心概念是表（Table）。与传统关系型数据库一样，HBase 的表也是由行和列组成，但 HBase 同一列可以存储不同时刻的值，同时多个列可以组成一个列簇（Column Family），这种组织形式主要是出于存取性能的考虑。理解 HBase 的核心概念非常重要，因为数据模型设计的好坏将直接影响业务的查询性能。接下来将介绍 HBase 数据模型的核心概念。

1．表

在 HBase 中数据是以表的形式存储的，通过表可以将某些列放在一起访问，同一个表中的数据通常是相关的，可以通过列簇进一步把列放在一起进行访问。用户可以通过命令行或者 Java API 来创建表，创建表时只需要指定表名和至少一个列簇。Hbase 的表名作为 HDFS 存储路径的一部分来使用，因此必须符合文件名规范。因为 HBase 底层数据存储在 HDFS 文件系统中，所以在 HDFS 中可以看到每个表的表名都作为独立的目录结构。

HBase 的列式存储结构允许用户存储海量的数据到相同的表中，而在传统数据库中，海量数据需要被切分成多个表进行存储。从逻辑上看，HBase 的表是由行和列组成，但是从物理结构上看，表存储在不同的分区，也就是不同的 Region。每个 Region 只在一个 RegionServer 中提供服务，而 Region 直接向客户端提供存储和读取服务。

2．行键

RowKey 既是 HBase 表的行键，也是 HBase 表的主键。HBase 表中的记录是按照 Rowkey 的字典顺序进行存储的。

在 HBase 中，为了高效地检索数据，需要设计良好的 RowKey 来提高查询性能。首先 RowKey 被冗余存储，所以长度不宜过长，RowKey 过长将会占用大量的存储空间同时会降低检索效率；其次 RowKey 应该尽量均匀分布，避免产生热点问题（大量用户访问集中在一个或极少数节点，从而造成单台节点超出自身承受能力）；另外需要保证 RowKey 的唯一性。

3．列簇

HBase 表中的每个列都归属于某个列簇，一个列簇中的所有列成员有着相同的前缀。比如，列 anchor:cnnsi.com 和 anchor:my.look.ca 都是列簇 anchor 的成员。列簇是表的 Schema

的一部分，必须在使用表之前定义列簇，但列却不是必需的，写数据的时候可以动态加入。一般将经常一起查询的列放在一个列簇中，合理划分列簇将减少查询时加载到缓存的数据，提高查询效率，但也不能有太多的列簇，因为跨列簇访问是非常低效的。

4．单元格

HBase 中通过 Row 和 Column 确定的一个存储单元称为单元格（Cell）。每个单元格都保存着同一份数据的多个版本，不同时间版本的数据按照时间顺序倒序排序，最新时间的数据排在最前面，时间戳是 64 位的整数，可以由客户端在写入数据时赋值，也可以由 RegionServer 自动赋值。

为了避免数据存在过多版本造成的管理（包括存储和索引）负担，HBase 提供了两种数据版本回收方式。一是保存数据的最后 n 个版本；二是保存最近一段时间内的数据版本，比如最近七天。用户可以针对每个列簇进行设置。

10.2.3 Hbase 的物理模型

虽然在逻辑模型中，表可以被看成是一个稀疏的行的集合。但在物理上，表是按列分开存储的。HBase 的列是按列簇分组的，HFile 是面向列的，存放行的不同列的物理文件，一个列簇的数据存放在多个 HFile 中，最重要的是一个列簇的数据会被同一个 Region 管理，物理上存放在一起。表 10-1 展示了列簇 contents 的集中存储，表 10-2 展示了列簇 anchor 的集中存储。

表 10-1　列簇 contents 存储模型

RowKey	TimeStamp	ColumnFamily "contents:"
"com.cnn.www"	t6	contents:html = "<html>..."
"com.cnn.www"	t5	contents:html = "<html>..."
"com.cnn.www"	t3	contents:html = "<html>..."

表 10-2　列簇 anchor 存储模型

RowKey	TimeStamp	ColumnFamily anchor
"com.cnn.www"	t9	anchor:cnnsi.com = "CNN"
"com.cnn.www"	t8	anchor:my.look.com = "CNN.com"

HBase 的表被设计成可以不禁用表而随时加入新的列，因此可以将新列直接加入一个列簇而无须声明。

HBase 表中的所有行都按照 Rowkey 的字典序排列，在行的方向上分割为多个 Region（region 是 HBase 数据管理的基本单位。数据移动、数据的负载均衡以及数据的分裂都是按照 Region 为单位来进行操作的），如图 10-2 所示。

HBase 表默认最初只有一个 Region，随着记录数

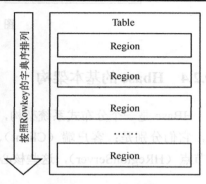

图 10-2　Region 划分

不断增加而变大后，会逐渐分裂成多个 Region，一个 Region 由[startkey,endkey]表示，不同的 Region 会被 Master 分配给相应的 RegionServer 进行管理。

Region 是 HBase 中分布式存储和负载均衡的最小单元。不同 Region 分布到不同 Region Server 上，Region 负载均衡如图 10-3 所示。

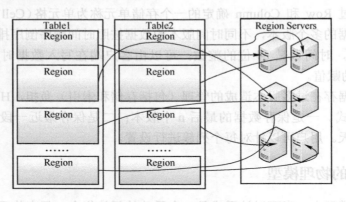

图 10-3　Region 负载均衡

Region 虽然是分布式存储的最小单元，但并不是存储的最小单元。Region 由一个或者多个 Store 组成，每个 Store 保存一个 Column Family。每个 Store 又由一个 MemStore 和零至多个 StoreFile 组成。MemStore 存储在内存中，StoreFile 存储在 HDFS 上。Region 的组成结构如图 10-4 所示。

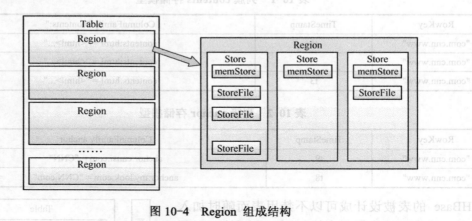

图 10-4　Region 组成结构

10.2.4　Hbase 的基本架构

HBase 是一个分布式系统架构，除了底层存储 HDFS 外，HBase 包含 4 个核心功能模块，它们分别是：客户端（Client）、协调服务模块（Zookeeper）、主节点（HMaster）和从节点（HRegionServer），这些核心模块之间的关系如图 10-5 所示。

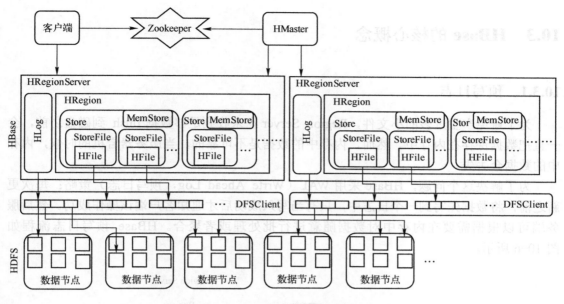

图 10-5 HBase 系统架构图

1. Client

Client 是整个 HBase 系统的入口，可以通过 Client 直接操作 HBase。Client 使用 HBase 的 RPC 机制与 HMaster 和 HRegionServer 进行通信。对于管理方面的操作，Client 与 HMaster 进行 RPC 通信；对于数据的读写操作，Client 与 HRegionServer 进行 RPC 交互。HBase 有很多个客户端模式，除了 Java 客户端模式外，还有 Thrift、Avro、Rest 等客户端模式。

2. Zookeeper

Zookeeper 负责管理 HBase 中多个 HMaster 的选举，保证在任何时候集群中只有一个 Active HMaster；存储所有 Region 的寻址入口；实时监控 HRegionServer 的上线和下线信息，并实时通知给 HMaster；存储 HBase 的 Schema 和 Table 元数据。

3. HMaster

HMaster 没有单点故障问题，在 HBase 中可以启动多个 HMaster，通过 Zookeeper 的 Master 选举机制保证总有一个 HMaster 正常运行并提供服务，其他 HMaster 作为备选时刻准备提供服务。HMaster 主要负责表和 HRegion 的管理工作包括：

- 管理用户对表的增、删、改、查操作。
- 管理 HRegionServer 的负载均衡，调整 HRegion 的分布。
- 在 HRegion 分裂之后，负责新 HRegion 的分配。
- 在 HRegionServer 停机后，负责失效 HRegionServer 上的 HRegions 的迁移工作。

4. HRegionServer

HRegionServer 主要负责响应用户的 I/O 请求，是 HBase 的核心模块。HRegionServer 内部管理了一系列 HRegion 对象，每个 HRegion 对应表中的一个 Region。HRegion 由多个 HStore 组成，每个 HStore 对应表中的一个列簇（Column Family）。每个列簇就是一个集中的存储单元，因此将具备相同 I/O 特性的列放在同一个列簇中，能提高读写性能。

10.3 HBase 的核心概念

10.3.1 预写日志

为了避免产生过多的小文件，Region Server 在未收到足够数据 flush 到磁盘之前，会一直把数据保存在内存中。然而，内存中的数据是不可靠的，当服务器宕机的时候，内存中的数据会丢失。

为了解决这个问题，HBase 采用 WAL（Wrrte Ahead Log，预写日志）策略：每次更新之前，将数据先写到一个日志中，只有当写入成功后才通知客户端该操作成功。然后服务端可以根据需要在内存中对数据随意进行批处理或者聚合。HBase 预写日志流程如图 10-6 所示。

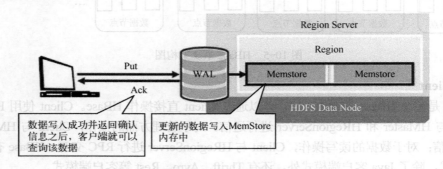

图 10-6　数据更新流程图

类似 MySQL 中的 bin-log，WAL 会记录下针对数据的所有更新操作。如果数据在内存中出现问题，可以通过日志回放，恢复到服务器宕机之前的状态。如果在记录写入 WAL 过程中失败了，那么整个操作也必须认为是失败的。

预写日志的流程如下。

1）客户端发起数据更新操作，比如执行 put()、delete() 及 incr() 操作，每个更新操作都会包装为一个 Key-Value 对象，然后通过 RPC 调用发送出去，该请求会发送到对应 Region 的某个 HRegionServer 上。

2）Key-Value 对象到达 HRegionServer 端后，会被发送到指定的 Rowkey 所对应的 HRegion 上。这时数据会先写入 WAL，然后再写入相应的 MemStore 中。

3）如果 MemStore 达到阈值，数据就会异步持久化到文件系统中。如果 MemStore 没有到达阈值，会继续往 MemStore 写数据，在此期间数据都存储在内存中，WAL 可以保证数据不会丢失。

10.3.2 Region 定位

HBase 的表是按照 Region 来切分的，客户端操作某一个 Rowkey 的时候，定位当前

Rowkey 的 Region 是在哪台 RegionServer 上的流程如图 10-7 所示。

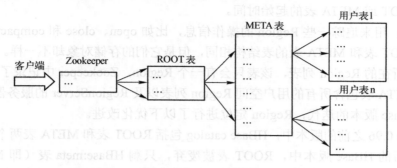

图 10-7　Region 定位

1）首先要访问 Zookeeper 查找 ROOT 表的位置，因为 ROOT 表记录了 META 表的 Region 位置。ROOT 表只存储在一个 Region 上，Zookeeper 记录了 ROOT 表的位置。

2）找到 ROOT 表之后，从 ROOT 表中获取 META 表所在的 RegionServer。

3）找到 META 表，根据 Rowkey 查询它所在的 Region 以及该 Region 所在的 RegionServer。因为 META 表记录了用户表的 Region 位置，META 表可以包含多个 Region。

4）发送请求到对应 RegionServer，找到 Rowkey 所在的 Region，然后对该 Rowkey 进行操作。

前面三个步骤是为了定位 Rowkey 所在的 Region，第四步是操作该 Region 上面的数据。Region 定位需要三次网络 I/O，为了提升性能，客户端会缓存数据。客户端第一次操作的时候，需要经历以上四个步骤，第一次操作的时候会将 ROOT 表位置和 META 表位置缓存到本地。从下一次操作开始，可以从本地读取 ROOT 表和 META 表，直接定位到具体的 RegionServer 及 Region，这样可以大大提高数据操作效率。

上面提到的 ROOT 表和 META 表可以看作成 HBase 普通的表，它们也有自己的表结构，并且这两张表结构是一样的，如表 10-3 所示。

表 10-3　ROOT 表和 META 表表结构

RowKey	info			historian
	regioninfo	server	serverstartcode	
TableName, StartKey, TimeStamp	StartKey, EndKey, FamilyList（Family, BloomFilter, Compress, TTL, InMemory, BlockSize, BlockCache）	address		

从上表可以看出，ROOT 表和 META 表的表结构跟普通的 HBase 表结构一样包含主键（Rowkey）和列簇。接下来详细分析它们的表结构。

Rowkey：包含 TableName、StartKey 和 TimeStamp。如果该表为 ROOT 表，那么 TableName 为 META 表；如果该表为 META 表，那么 TableName 为具体的用户表。

Info：Info 是列簇，包含三个列：regioninfo, server, serverstartcode。regioninfo 包含 Region 的详细信息，如 StartKey、EndKey 和 FamilyList 等信息；server 存储 Region 所在的

address（RegionServer 地址），其格式为：server:port；serverstartcode 存储了 RegionServer 进程拥有 ROOT 或 META 表的起始时间。

historian：用来追踪一些 Region 的操作信息，比如 open、close 和 compact 等操作。

虽然 ROOT 表和 META 表的表结构相同，但是它们的存储对象却不一样。ROOT 表包含 META 表所在的 Region 列表，该表只会有一个 Region，Zookeeper 中记录了 ROOT 表的 Location。META 表包含所有的用户空间 Region 列表以及 RegionServer 的服务器地址。

随着 HBase 版本的迭代，Region 定位进行了以下优化改进。

在 HBase 0.96 之前的版本中，HBase catalog 包括 ROOT 表和 META 表两个表，但是在 0.96 以及之后的 HBase 版本中，ROOT 表被废弃，只剩 HBase:meta 表（即 META 表）。HBase 的 meta 信息存储在表 HBase:meta 中，该表也是一个 HBase 表，但是在 HBase Shell 下执行 list 命令时，会将该表过滤掉，不会显示。

在 HBase:meta 表中，存储着所有 Regions 的信息，且该表的位置直接记录在 Zookeeper 中，而无需 ROOT 表。

10.3.3 写入流程

众所周知，HBase 默认适用于写多读少的应用，一个 100 台 RegionServer 的集群可以轻松地支撑每天 10TB 的写入量。当然，为了支持更高吞吐量的写入，HBase 还在不断地进行优化和修正。HBase 的写入流程分为客户端和服务端两个部分，如图 10-8 所示。

图 10-8　HBase 数据写流程图

接下来分别从不同的角色共同阐述 HBase 写入数据的流程。

1. 客户端数据写入流程

1）批量提交请求。用户提交 Put 请求后，HBase 客户端会将 Put 请求添加到本地 Buffer 中，符合一定条件就会通过 AsyncProcess 异步批量提交。HBase 的默认配置为 autoflush=true，表示 Put 请求会直接提交给服务器进行处理。修改之后的配置为 autoflush=false，表示 Put 请求会首先放到本地 Buffer，等本地 Buffer 的大小超过一定阈值（默认为 2MB）之后才会提交。很显然，后者采用 Group Commit 机制提交请求，可以极大地提升写入性能，但是因为没有保护机制，如果客户端崩溃的话会导致提交的请求丢失。

2）Region 定位。在请求提交之前，HBase 会在元数据表 META 中根据 RowKey 找到它们归属的 RegionServer，这个定位的过程是通过 HConnection 的 locateRegion()方法来完成。如果是批量请求还会把这些 RowKey 按照 HRegionLocation 分组，每个分组可以对应一次 RPC 请求。

3）RPC 请求：HBase 会为每个 HRegionLocation 构造一个远程 RPC 请求 MultiServerCallable<Row>，然后通过 rpcCallerFactory.<MultiResponse> newCaller()执行调用，忽略掉失败、重新提交和错误处理，客户端的提交操作到此结束。

2．服务器端数据更新流程

服务器端 RegionServer 接收到客户端的写入请求后，首先会反序列化为 Put 对象，然后执行各种检查操作，比如检查 Region 是否是只读、MemStore 大小是否超过 blockingMemstoreSize 大小等。检查完成之后，就会执行核心操作，如图 10-9 所示。

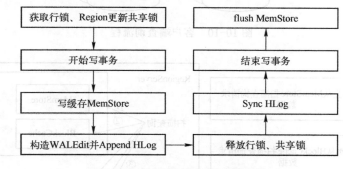

图 10-9　服务器端数据更新流程

1）获取行锁、Region 更新共享锁：HBase 中使用行锁保证对同一行数据的更新都是互斥操作，用以保证更新的原子性，要么更新成功，要么失败。

2）开始写事务：获取 write number，用于实现 MVCC（多版本并发控制），实现数据的非锁定读，在保证读写一致性的前提下提高读取性能。

3）写缓存 MemStore：HBase 中每个列族都会对应一个 Store，用来存储该列数据。每个 Store 都会有个写缓存 MemStore，用于缓存写入数据。HBase 并不会直接将数据落盘，而是先写入缓存，等缓存满足一定大小之后再一起落盘。

4）Append HLog：HBase 使用 WAL 机制保证数据可靠性，即首先写日志再写缓存，即使发生宕机，也可以通过恢复 HLog 还原出原始数据。该步骤就是将数据构造为 WALEdit 对象，然后顺序写入 HLog 中，此时不需要执行 sync 操作。0.98 版本之后采用了新的写线程模式实现 HLog 日志的写入，可以使得整个数据更新性能得到极大提升。

5）释放行锁以及共享锁。

6）Sync HLog：HLog 真正 Sync 到 HDFS，在释放行锁之后执行 Sync 操作是为了尽量减少持锁时间，提升写性能。如果 Sync 失败，执行回滚操作将 MemStore 中已经写入的数据移除。

7）结束写事务：此时该线程的更新操作才会对其他读请求可见，更新才实际生效。

8）flush MemStore：当缓存写满 64MB 之后，会启动 flush 线程将数据刷新到硬盘。

10.3.4　查询流程

HBase 的查询流程也分为客户端和服务端两个部分，如图 10-10、图 10-11 所示。

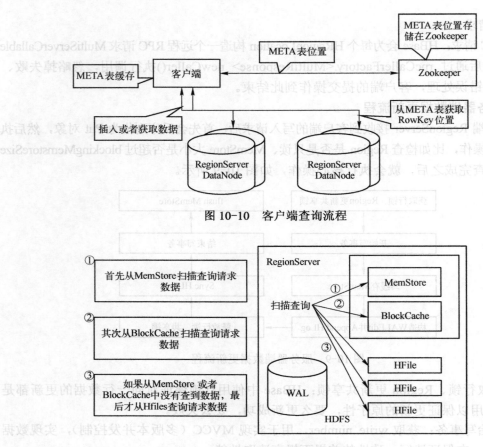

图 10-10 客户端查询流程

图 10-11 服务端查询流程

1. 客户端查询流程

1）客户端首先会访问 Zookeeper 集群，获取 META 表的位置。

2）然后访问 META 表所在的 RegionServer，客户端会将 META 表加载到本地并进行缓存。接着在 META 表中找到待检索 RowKey 所在的 Region 的 RegionServer 位置。

3）最后，客户端会向该 RegionServer 发送或者获取数据请求。

2. 服务端查询流程

1）RegionServer 接收到客户端的读请求之后，会找到对应 RowKey 所在的 Region 的 RegionServer 位置。

2）首先到 MemStore（写缓存）查询数据，如果查询到所需数据即刻返回。

3）如果 MemStore 查不到数据，就会到 BlockCache（读缓存）查询数据，如果查询到所需数据即刻返回执行成功信息。

4）如果 BlockCache 也查不到数据，就会读相应 Hfile 文件中的一个 Block 的数据，如果还没有查到想要的数据，就会将该 Block 放到 HRegion Server 的 Blockcache 中，然后读取下一个 Block 的数据，一直这样迭代下去，直到查询到请求的数据并返回结果为止。如果没有查到请求的数据，最后直接返回 null，表示没有找到匹配的数据。

10.3.5 容错性

HBase 是一个分布式、实时数据库,实时对外提供服务,这就需要 HBase 具有高可用、高容错的特性。HBase 从以下几个方面进行容错。

- Master 容错:在实际生产环境中,HBase 一般配置多个 Master,当对外提供服务的 Master 挂掉之后,Zookeeper 会重新选举一个新的 Master。无 Master 过程中,数据读取仍照常进行,只是 Region 切分、负载均衡等无法进行。
- RegionServer 容错:RegionServer 定时向 Zookeeper 汇报心跳,如果一段时间内未出现心跳,Master 会将该 RegionServer 上的 Region 重新分配到其他 RegionServer 上。失效服务器上的"预写"日志,由主服务器进行分割并派送给新的 RegionServer。
- Zookeeper 容错:Zookeeper 可以为 HBase 提供一个可靠的服务,一般配置 3、5、7 等奇数个实例,且实例自身是高可用的。

10.4 HBase 集群安装部署

HBase 是构建在 HDFS 之上的分布式列存储数据库,所以搭建 HBase 环境需要依赖 HDFS,而 HBase 和 HDFS 又依赖 Zookeeper 提供服务。前面章节已经搭建起 Hadoop 分布式集群,所以 Zookeeper 和 HDFS 的安装就不再赘述,这里只需要直接安装 HBase 即可。

10.4.1 集群规划

1. 主机规划

Hadoop 集群安装使用了 3 个节点,HBase 又构建在 HDFS 之上,那么相关角色规划如表 12-4 所示。

表 12-4 角色规划

	master	slave1	slave2
NameNode	是	是	
DataNode		是	是
Zookeeper	是	是	是
Hmaster	是	是	
HRegionServer		是	是

2. 软件规划

HBase 集群的安装需要考虑与 Hadoop 版本的兼容性问题,否则 HBase 可能无法正常运行,其相关软件版本如表 12-5 所示。

表 12-5 软件规划

软件	版本	位数	说明
CentOS	6.5	64	稳定
JDK	1.7	64	稳定
Zookeeper	3.4.6		稳定
Hadoop	2.6.0		较新、稳定
HBase	hbase-0.98.13-hadoop2		与 Hadoop 兼容

3. 用户规划

HBase 集群安装用户保持与 Hadoop 集群安装用户一致即可，但不要使用 root 用户来安装。HBase 安装用户规划如表 12-6 所示。

表 12-6 用户规划

节点	用户组	用户
Master	hadoop	hadoop
Slave1	hadoop	hadoop
Slave2	hadoop	hadoop

4. 数据目录规划

在正式安装 HBase 之前，需要规划好所有的软件目录和数据存放目录，便于后期的管理与维护。HBase 目录规划如表 12-7 所示。

表 12-7 目录规划

目录名称	目录路径
Hbase 软件安装目录	/home/hadoop/app
RegionServer 共享目录	Hdfs://cluster1/hbase
Zookeeper 数据目录	/home/hadoop/data/zookeeper

10.4.2 HBase 集群安装

1. 下载并解压 HBase

下载 hbase-0.98.13-hadoop2-bin.tar.gz 安装包（下载地址：http://archive.apache.org/dist/hbase），将 HBase 安装包上传至 Master 节点的/home/hadoop/app 目录下进行解压安装，操作命令如下。

```
[hadoop@master app]$ ls
hbase-0.98.13-hadoop2-bin.tar.gz
[hadoop@master app]$ tar –zxvf hbase-0.98.13-hadoop2-bin.tar.gz
[hadoop@master app]$ ln –s hbase-0.98.13-hadoop2-bin hbase
```

2. 设置配置文件

前一步是下载并解压 HBase，接下来需要对 HBase conf 目录下的文件进行配置。通过设置 hbase-site.xml 配置文件进行个性化配置，从而覆盖默认的 hbase-default.xml 配置内容；通过设置 hbase-en.sh 文件，添加 HBase 启动时使用到的环境变量；通过设置 RegionServers 文件，使得 HBase 能启动所有 Region 服务器进程；通过设置 backup-masters 文件，可以实现 HBase HMaster 的高可用。以下为四个配置文件的具体配置内容（随书配套资源提供配置文件下载，资源路径：配套资源/第 10 章/10.4/配置文件）。

（1）配置 hbase-site.xml 文件（资源路径：第 10 章/10.4/配置文件）

进入 HBase 根目录下的 conf 文件夹中，修改 hbase-site.xml 配置文件，具体内容如下。

```
[hadoop@master conf]$ vi hbase-site.xml
<configuration>
    <property>
        <name>hbase.zookeeper.quorum</name>
        <value>master,slave1,slave2</value>
        <!--指定 Zookeeper 集群节点-->
    </property>
    <property>
        <name>hbase.zookeeper.property.dataDir</name>
        <value>/home/hadoop/data/zookeeper</value>
        <!--指定 Zookeeper 数据存储目录-->
    </property>
    <property>
        <name>hbase.zookeeper.property.clientPort</name>
        <value>2181</value>
        <!--指定 Zookeeper 端口号-->
    </property>
    <property>
        <name>hbase.rootdir</name>
        <value>hdfs://cluster1/hbase</value>
        <!--指定 HBase 在 HDFS 上的根目录-->
    </property>
    <property>
        <name>hbase.cluster.distributed</name>
        <value>true</value>
        <!--指定 true 为分布式集群部署-->
    </property>
</configuration>
```

（2）配置 RegionServers 文件

进入 HBase 根目录下 conf 文件夹中，修改 RegionServers 配置文件，具体内容如下。

```
[hadoop@master conf]$ vi RegionServers
master
slave1
slave2
```

按照上面角色的规划，master、slave1 和 slave2 都配置为 RegionServers。

（3）配置 backup-masters 文件

进入 HBase 根目录下 conf 文件夹中，修改 backup-masters 配置文件，具体内容如下。

```
[hadoop@master conf]$ vi backup-masters
slave1
```

因为 HBase 的 HMaster 需要高可用，所以这里选择 slave1 作为备用节点。

（4）配置 hbase-env.sh

进入 HBase 根目录下 conf 文件夹中，修改 hbase-env.sh 配置文件，具体内容如下。

```
[hadoop@master conf]$ vi hbase-env.sh
export JAVA_HOME=/home/hadoop/app/jdk
<!-- 配置 jdk 安装路径-->
export HBASE_MANAGES_ZK=false
<!-- 使用独立的 Zookeeper 集群>
```

3．配置环境变量

编辑 vi ~/.bashrc 文件修改环境变量，添加如下内容。

```
JAVA_HOME=/home/hadoop/app/jdk
ZOOKEEPER_HOME=/home/hadoop/app/zookeeper
HADOOP_HOME=/home/hadoop/app/hadoop
HBASE_HOME=/home/hadoop/app/hbase
CLASSPATH=.:$JAVA_HOME/lib/dt.jar:$JAVA_HOME/lib/tools.jar
PATH=$JAVA_HOME/bin:$HADOOP_HOME/bin:$ZOOKEEPER_HOME/bin:$HBASE_HOME/bin:$PATH
export JAVA_HOME CLASSPATH PATH HADOOP_HOME ZOOKEEPER_HOME HBASE_HOME
```

4．集群分发

将 master 节点中配置好的 HBase 安装目录，分发给 slave1 和 slave2 节点，因为 HBase 集群配置都是一样的。这里仍然使用 deploy.sh 脚本进行分发。

```
[hadoop@master app]$ deploy.sh hbase-0.98.13-hadoop2-bin /home/hadoop/app/ slave
```

5．启动 HBase 集群

（1）启动 Zookeeper 集群

通过 runRemoteCmd.sh 脚本启动 Zookeeper 集群，命令如下。

```
[hadoop@master app]$ runRemoteCmd.sh "/home/hadoop/app/zookeeper-3.4.6/bin/zkServer.sh start" zookeeper
```

查看 Zookeeper 集群状态，命令如下。

```
[hadoop@master app]$ runRemoteCmd.sh "/home/hadoop/app/zookeeper-3.4.6/bin/zkServer.sh status" zookeeper
```

查看集群节点 Zookeeper 服务状态，如图 10-12 所示，如果出现一个 Leader 和两个

Follower 状态,说明 Zookeeper 集群启动正常。

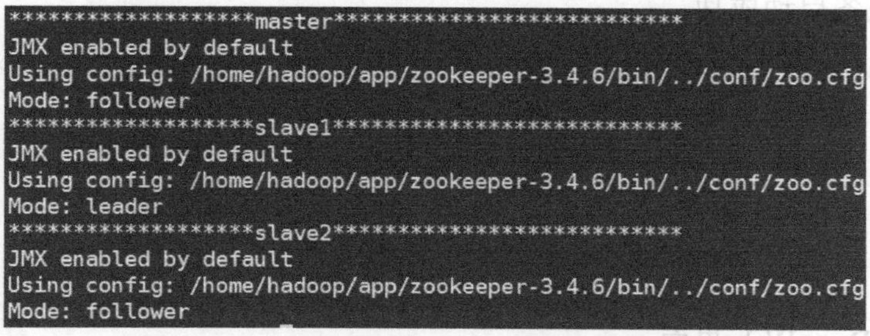

图 10-12　Zookeeper 进程状态

（2）启动 HDFS 集群

通过 HDFS 的一键启动命令启动 HDFS 集群，命令如下。

> [hadoop@master hadoop]$ sbin/start-dfs.sh

（3）启动 HBase 集群

通过 HBase 的一键启动命令启动 HBase 集群，命令如下。

> [hadoop@master hbase]$ bin/start-hbase.sh

（4）查看 HBase 启动进程

查看 master 节点进程，如图 10-13 所示，如果出现 HMaster 进程和 HRegionServer 进程，说明 master 节点的 HBase 服务启动成功。

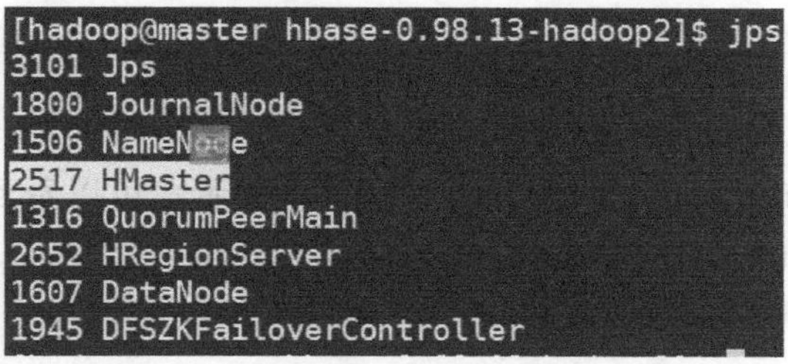

图 10-13　master 节点进程

查看 slave1 节点进程，如图 10-14 所示，如果出现 HMaster 进程和 HRegionServer 进程，说明 slave1 节点的 HBase 服务启动成功。

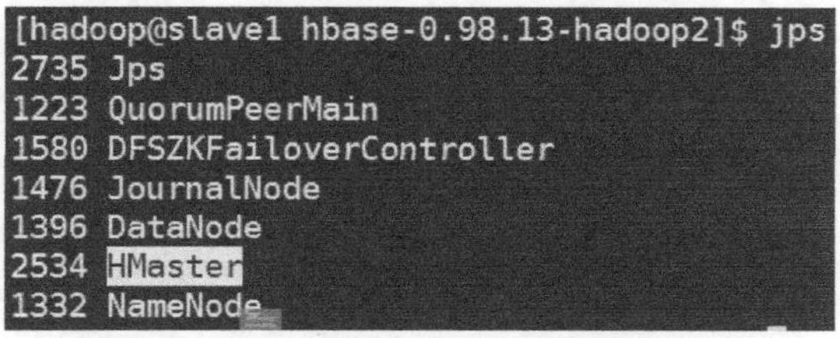

图 10-14　slave1 节点进程

215

查看 slave2 节点进程，如图 10-15 所示，如果出现 HRegionServer 进程，说明 slave2 节点的 HBase 服务启动成功。

图 10-15　slave2 节点进程

（5）查看 HBase Web 界面

查看 HBase 主节点 Web 界面，如图 10-16 所示，可以看到主机名为 master 的节点的角色为 Master，RegionServer 列表为 master 和 slave2 节点，slave1 还在启动当中。

图 10-16　主节点 Web 界面

查看 HBase 备用节点 Web 界面，如图 10-17 所示，可以看到主机名为 slave1 的节点，角色为 Backup Master。

图 10-17　备用节点 Web 界面

如果上述操作正常，说明 HBase 集群已经成功搭建。

10.5　HBase Shell 工具

访问 HBase 数据库的方式有很多种，其中包括原生 Java 客户端、HBase Shell、Thrift、REST、MapReduce、Web 界面等，这些客户端有些与编程 API 相关，有些与状态统计相关。其中原生 Java 客户端和 HBase Shell 工具比较常用，本小节先介绍 HBase Shell 工具，后续内容再逐步介绍 Java 客户端。

HBase 的 Shell 工具（HBase 提供了一个 Shell 的终端给用户，用户通过终端输入命令可以对 HBase 数据库进行增、删、改、查等各种操作）是很常用的工具，该工具是由 Ruby 语言编写的，并且使用了 JRuby 解释器。该 Shell 工具具有两种常用的模式：交互式模式和命令批处理模式。交互式模式用于实时随机访问，而命令批处理模式通过使用 Shell 编程来批量、流程化处理访问命令，常用于 HBase 集群运维和监控中的定时执行任务。本节主要介绍 Shell 简单的交互模式。

10.5.1　命令分类

选择一台 HBase 客户端节点，配置跟 HBase 集群配置完全一致，进入 HBase 安装目录执行 bin/hbase shell 命令，如下所示。

```
[hadoop@client hbase]$ bin/hbase shell
HBase Shell; enter 'help<RETURN>' for list of supported commands.
Type "exit<RETURN>" to leave the HBase Shell
Version 0.98.13-hadoop2, r8f54f8daf8cf4d1a629f8ed62363be29141c1b6e, Wed Jun 10 23:01:33 PDT 2015
```

此时已经进入 HBase Shell 交互模式，在该模式中执行 help 命令，之后部分输出信息如下所示。

```
hbase(main):001:0>help
COMMAND GROUPS:
  Group name: general
  Commands: status, table_help, version, whoami

  Group name: ddl
  Commands: alter, alter_async, alter_status, create, describe, disable, disable_all, drop, drop_all, enable, enable_all, exists, get_table, is_disabled, is_enabled, list, show_filters

  Group name: dml
  Commands: append, count, delete, deleteall, get, get_counter, get_splits, incr, put, scan, truncate, truncate_preserve

  Group name: tools
```

```
            Commands: assign, balance_switch, balancer, balancer_enabled, catalogjanitor_enabled,
catalogjanitor_run, catalogjanitor_switch, close_region, compact, compact_rs, flush, hlog_roll, major_compact,
merge_region, move, split, trace, unassign, zk_dump

            Group name: replication
            Commands: add_peer, disable_peer, disable_table_replication, enable_peer, enable_table_
replication, list_peers, list_replicated_tables, remove_peer, set_peer_tableCFs, show_peer_tableCFs

            Group name: security
            Commands: grant, revoke, user_permission
```

从上面的输出信息可以看到，Shell 的命令主要分为以下几类。

- General 命令：即常规命令，比如集群状态命令 status 和 HBase 版本命令 version。
- DDL（Data Definition Language）命令：DDL 命令即数据定义语言命令，包含的命令非常丰富，用于管理表相关的操作，包括创建表、修改表、上线和下线表、删除表、罗列表等操作。
- DML（Data Manipulation Language）命令：DML 命令即数据操纵语言命令，包含的命令非常丰富，用于数据的写入、修改、删除、查询、清空等操作。
- 工具命令 Tools：HBase Shell 工具提供了一些工具命令，组名称为 Tools，这些命令多用于 HBase 集群管理和调优。这些命令涵盖了合并、分裂、负载均衡、日志回滚、Region 分配和移动以及 Zookeeper 信息查看等方面。每种命令的使用方法有很多，适用于不同的场景。例如合并命令 compact，可以合并一张表、一个 Region 的某个列簇，或一张表的某个列簇。
- 复制命令 Replication：复制命令用于 HBase 高级特性——复制的管理，可以进行添加、删除、启动和停止复制功能相关操作。
- 安全命令 Security：安全命令属于 DCL（Data Control Language，数据控制语言）的范畴，用于为 HBase 提供安全管控能力。

10.5.2 基本操作

下面对 HBase Shell 常用的命令进行介绍。在此只介绍具体命令语句，操作执行结果不再赘述。

（1）创建 course 表

```
hbase(main):002:0> create 'course','cf'
```

（2）查看所有表

```
hbase(main):003:0> list
```

（3）查看 course 表结构

```
hbase(main):004:0> describe 'course'
```

(4）向 course 表插入数据

```
hbase(main):005:0> put 'course','001','cf:cname','hbase'
hbase(main):006:0> put 'course','001','cf:score','95'
hbase(main):007:0> put 'course','002','cf:cname','sqoop'
hbase(main):008:0> put 'course','002','cf:score','85'
hbase(main):009:0> put 'course','003','cf:cname','flume'
hbase(main):010:0> put 'course','003','cf:score','98'
```

（5）查询 course 表中的所有数据

```
hbase(main):011:0> scan 'course'
```

（6）根据 RowKey 查询 course 表
1）查询 RowKey 整条记录。

```
hbase(main):012:0> get 'course','001'
```

2）查询 RowKey 一个列簇数据。

```
hbase(main):013:0> get 'course','001','cf'
```

3）查询 Rowkey 其中一个列簇的一个列。

```
hbase(main):014:0> get 'course','001','cf:cname'
```

（7）更新 course 表数据

```
hbase(main):015:0> put 'course','001','cf:score','99'
hbase(main):016:0> get 'course','001','cf'
```

（8）查询 course 表总记录

```
hbase(main):017:0> count 'course'
```

（9）删除 course 表数据
1）删除列簇中的一个列。

```
hbase(main):021:0> delete 'course','003','cf:score'
```

2）删除整行记录。

```
hbase(main):022:0> deleteall 'course','002'
hbase(main):023:0> scan 'course'
```

（10）清空 course 表

```
hbase(main):024:0> truncate 'course'
hbase(main):025:0> scan 'course'
```

219

(11) 删除 course 表

```
hbase(main):026:0> disable 'course'
hbase(main):027:0> drop    'course'
```

(12) 查看表是否存在

```
hbase(main):028:0> exists 'course'
```

10.6 HBase Java 客户端

HBase 官方代码包里面包含了原生访问客户端，由 Java 语言实现，同时它也是最主要、最高效的客户端。通过 Java 客户端编程接口，可以很容易操作 HBase 数据库，它相关的类都在 org.apche.hadoop.hbase.client 包中，涵盖增、删、改、查等所有 API。主要的类包含 HTable、HBaseAdmin、Put、Get、Scan、Increment 和 Delete 等。

10.6.1 客户端配置

使用原生 Java 客户端之前首先要配置客户端，需要创建配置类、创建 Connection 类、定义 Zookeeper 端口、定义 Zookeeper 队列名称以及需要操作的表的名称。相应的代码如下所示。

```java
public class HBaseManager {
    private Connection connection;
    private Admin admin;
    /**
     * 构造方法
     */
    private HBaseManager() {
        Configuration conf = HBaseConfiguration.create();
        conf.set("hbase.zookeeper.quorum", "master,slave1,slave2");
        conf.set("hbase.zookeeper.property.clientPort", "2181");
        try {
            connection = ConnectionFactory.createConnection(conf);
            admin = connection.getAdmin();
        } catch (IOException e) {
            e.printStackTrace();
        }
    }

    /**
     * 获取表
     */
    public Table getTable(String tableName) {
```

```java
            Table table = null;
            try {
                table = connection.getTable(TableName.valueOf(tableName));
            } catch (Exception e) {
                e.printStackTrace();
            }
            return table;
        }
        /**
         * 关闭 table
         */
        public static void closeTable(Table table) {
            if (table != null) {
                try {
                    table.close();
                } catch (Exception e) {
                    e.printStackTrace();
                }
            }
        }

        /**
         * 关闭 connection
         */
        public void close() {
            if (connection != null && !connection.isClosed()) {
                try {
                    connection.close();
                } catch (IOException e) {
                    e.printStackTrace();
                }
            }
        }
    }
```

在构造方法 HBaseManager() 中，Configuration 是用于客户端的配置类，设置 hbase.zookeeper.quorum、hbase.zookeeper.property.clientPort 分别表示 Zookeeper 队列名和 Zookeeper 端口。Connection 用于连接 HBase。Admin 提供了管理 HBase 数据库的一些操作、元数据的操作和一些基本的管理方法。在 getTable() 方法中，Table 则用于返回 HBase 相关表对象。closeTable() 方法用于释放对象，close() 方法用于释放 HBase 数据库连接。

10.6.2 创建表

接下来尝试使用原生 Java 客户端的方式创建 HBase 表，下面的代码中将通过 creatTable() 方法创建一个名为 course 的 HBase 表，该表拥有一个列簇 cf。

```java
/**
 * 创建表
 */
public   void createTable(String tableName, String[] cols) throws IOException {
    TableName tablename = TableName.valueOf(tableName);
    if (!admin.tableExists(tablename)) {
        HTableDescriptor hTableDescriptor = new HTableDescriptor(tableName);
        for (String col : cols) {
            HColumnDescriptor hColumnDescriptor = new HColumnDescriptor(col);
            hTableDescriptor.addFamily(hColumnDescriptor);
        }
        admin.createTable(hTableDescriptor);
    } else {
        System.out.println("table is exists!");
    }

}
public static void main(String[] args) throws IOException {
    HBaseManager hbaseManager = new HBaseManager();
    //创建表
    hbaseManager.createTable("course",new String[]{"cf"});
}
```

10.6.3 删除表

使用原生 Java 客户端删除表与创建表的操作不同，删除一张表需要分两步进行：第一步通过 disableTable()方法下线表；第二步通过 deleteTable()方法删除表。

```java
/**
 * 删除表     */
public void deleteTable(String tableName){
    TableName tablename = TableName.valueOf(tableName);
    try {
        if(admin.tableExists(tablename)){
            admin.disableTable(tablename);      //下线表
            admin.deleteTable(tablename);       //删除表
            System.out.println("table is deleted successfully!");
        }else{
            System.out.println("table is not exists!");
        }
    } catch (IOException e) {
        // TODO Auto-generated catch block
        e.printStackTrace();
    }
}
public static void main(String[] args) throws IOException {
```

```
              HBaseManager hbaseManager = new HBaseManager();
              //删除表
              hbaseManager.deleteTable("course");
       }
```

10.6.4 插入数据

前面的操作已经创建了一张 course 表，接下来通过 put()方法向该表中插入 3 条数据，RowKey 分别为 "001"、"002"、"003"。代码如下所示。

```
       /**
        * 插入数据
        */
       public void put(String tableName,String row,String columnFaily,String column,String value) throws IOException{
              Table table = getTable(tableName);
              Put put = new Put(Bytes.toBytes(row));
              put.add(Bytes.toBytes(columnFaily), Bytes.toBytes(column), Bytes.toBytes(value));
              table.put(put);
       }
       public static void main(String[] args) throws IOException {
              HBaseManager hbaseManager = new HBaseManager();
              //插入数据
              hbaseManager.put("course", "001", "cf", "cname", "hbase");
              hbaseManager.put("course", "001", "cf", "score", "95");
              hbaseManager.put("course", "002", "cf", "cname", "sqoop");
              hbaseManager.put("course", "002", "cf", "score", "85");
              hbaseManager.put("course", "003", "cf", "cname", "flume");
              hbaseManager.put("course", "003", "cf", "score", "98");
       }
```

10.6.5 查询数据

原生 Java 客户端有两种查询数据的方式：单行读和扫描读。其中，单行读使用 Table 类的 get(Get)方法，参数是 Get 实体类；扫描读使用 Table 类的 getScanner(Scan)方法，参数是 Scan 实体类。

1．单行读

单行读就是查询表中的某一行记录，可以是一行记录的全部字段，也可以是某个列簇的全部字段，或者是某一个字段。可以通过 get()方法从 course 表中查询 RowKey 为 "001" 的单行数据记录。具体的示例代码如下。

```
       /**
        * 单行查询
        */
```

223

```java
        public void get(String tableName,String row) throws IOException{
            Table table = getTable(tableName);
            Get get = new Get(Bytes.toBytes(row));
            Result result = table.get(get);
            if(!result.isEmpty()){
                String cname = Bytes.toString(CellUtil.cloneValue(result.getColumnLatestCell (Bytes.toBytes ("cf"), Bytes.toBytes("cname"))));
                String score = Bytes.toString(CellUtil.cloneValue(result.getColumnLatestCell (Bytes.toBytes("cf"), Bytes.toBytes("score"))));
                System.out.println(row+":"+cname+","+score);
            }
        }
        public static void main(String[] args) throws IOException {
            HBaseManager hbaseManager = new HBaseManager();
            //单行查询
            hbaseManager.get("course", "001");
        }
```

2. 扫描读

扫描读一般是在不确定行键 RowKey 的情况下，遍历全表或者表的部分数据。通过 scan()方法，从 course 表中查询起始 RowKey 为"001"，结束 RowKey 为"003"的多行数据记录，示例代码如下。

```java
        /**
         * 扫描读
         */
        public void scan(String tableName,String start,String end) throws IOException{
            Table table = getTable(tableName);
            Scan scan = new Scan();
            scan.setStartRow(Bytes.toBytes(start));
            scan.setStopRow(Bytes.toBytes(end));
            ResultScanner scanner = table.getScanner(scan);
            for(Result s:scanner){
                String rowkey = new String(s.getRow());
                String cname = Bytes.toString(CellUtil.cloneValue(s.getColumnLatestCell(Bytes. toBytes ("cf"), Bytes.toBytes("cname"))));
                String score = Bytes.toString(CellUtil.cloneValue(s.getColumnLatestCell (Bytes. toBytes ("cf"), Bytes.toBytes("score"))));
                System.out.println(rowkey+":"+cname+","+score);
            }
        }
        public static void main(String[] args) throws IOException {
            HBaseManager hbaseManager = new HBaseManager();
            //扫描读
            hbaseManager.scan("course", "001","003");
        }
```

10.6.6 删除数据

删除操作也是原生 Java 客户端所支持的 CRUD（Create：增加，Retrieve：查询，Update 更新，Delete：删除）操作之一，下面将介绍如何使用 Table 类实现删除数据。具体代码如下，通过 deleteRecerd()方法，删除 course 表中 RowKey 为"003"的数据记录。

```java
/**
 * 删除数据 */
public void deleteRecord(String tableName,String row) throws IOException{
    Table table = getTable(tableName);
    Delete delete = new Delete(row.getBytes());
    table.delete(delete);
}
public static void main(String[] args) throws IOException {
    HBaseManager hbaseManager = new HBaseManager();
    //删除数据
    hbaseManager.deleteRecord("course", "003");
}
```

10.6.7 过滤查询

前面已经讲到 Get 和 Scan 实例都可以配置过滤器，应用于 RegionServer 以提升查询性能。本小节简单了解一下查询中使用过滤器，具体代码如下，通过 scanAndFilter()方法，从 course 表中查询起始于 RowKey 为"001"，并且列簇 cf 下的 score 列值大于 90 分的数据记录。

```java
/**
 * 过滤查询 */
public void scanAndFilter(String tableName,String row) throws IOException{
    Table table = getTable(tableName);
    Scan scan = new Scan();
    scan.setStartRow(Bytes.toBytes(row));
    FilterList filterList = new FilterList(FilterList.Operator.MUST_PASS_ONE);
    filterList.addFilter(new SingleColumnValueFilter(
            Bytes.toBytes("cf"),
            Bytes.toBytes("score"),
            CompareOp.GREATER,
            Bytes.toBytes("90")
    ));
    scan.setFilter(filterList);
    ResultScanner scanner = table.getScanner(scan);
    for(Result s:scanner){
        String rowkey = new String(s.getRow());
        String cname = Bytes.toString(CellUtil.cloneValue(s.getColumnLatestCell(Bytes.toBytes("cf"), Bytes.toBytes("cname"))));
```

```
                String score = Bytes.toString(CellUtil.cloneValue(s.getColumnLatestCell(Bytes.toBytes
("cf"), Bytes.toBytes("score"))));
                System.out.println(rowkey+":"+cname+","+score);
        }
    }
    public static void main(String[] args) throws IOException {
        HBaseManager hbaseManager = new HBaseManager();
        //过滤查询
        hbaseManager.scanAndFilter("course", "001");
    }
```

10.7 实战：MapReduce 批量操作 HBase

1. 项目背景

HBase 是一个非常成熟的 NoSQL 数据库，在线操作时可以在数据读取和写入操作上拥有毫秒级的延时。但是这并不表示 HBase 只能支撑在线实时访问，它也支持一些离线计算的应用场景。

MapReduce 专门用于批量分布式计算的框架，其优势在于并行分块计算以获得最大吞吐量，特点是用于离线计算场景。而 HBase 底层数据存储在 HDFS 且大表（存储海量数据的表称为大表）按行键切分为 Region 的特性，非常适合使用 MapReduce 进行 HBase 数据的离线批处理。

2. 项目需求

HBase 可以作为 MapReduce 的输入数据源，MapReduce 读取 HBase 表中的数据，然后对读取的数据进行相关的统计分析，最后将统计结果输出到非 HBase 的存储介质中，比如 RDBMS、HDFS 或者其他 NoSQL 数据库，本项目选择将统计结果输出到 HDFS。

3. 项目数据集

wordcount 表中的测试数据，可以通过 HBase Shell 方式插入。

1）创建 wordcount 表命令如下所示。

```
create 'wordcount','cf'
```

2）插入测试数据的命令如下所示。

```
put 'wordcount','1','cf:word','hadoop,storm,spark'
put 'wordcount','2','cf:word','hbase,spark,flume'
put 'wordcount','3','cf:word','spark,dajiangtai,spark'
put 'wordcount','4','cf:word','hdfs,mapreduce,spark'
put 'wordcount','5','cf:word','hive,hdfs,solr'
put 'wordcount','6','cf:word','spark,flink,storm'
put 'wordcount','7','cf:word','hbase,storm,es'
put 'wordcount','8','cf:word','solr,dajiangtai,scala'
```

```
put'wordcount','9','cf:word','linux,java,scala'
put'wordcount','10','cf:word','python,spark,mlib'
put'wordcount','11','cf:word','kafka,spark,mysql'
put'wordcount','12','cf:word','spark,es,scala'
put'wordcount','13','cf:word','azkaban,oozie,mysql'
put'wordcount','14','cf:word','storm,storm,storm'
put'wordcount','15','cf:word','scala,mysql,es'
put'wordcount','16','cf:word','spark,spark,spark'
```

通过 scan'wordcount'命令查看 HBase 表中的数据如图 10-18 所示。

```
hbase(main):056:0> scan 'wordcount'
ROW                    COLUMN+CELL
 1                     column=cf:word, timestamp=1515040038803, value=hadoop,storm,spark
 10                    column=cf:word, timestamp=1515040039285, value=python,spark,mlib
 11                    column=cf:word, timestamp=1515040039339, value=kafka,spark,mysql
 12                    column=cf:word, timestamp=1515040039381, value=spark,es,scala
 13                    column=cf:word, timestamp=1515040039433, value=azkaban,oozie,mysql
 14                    column=cf:word, timestamp=1515040039476, value=storm,storm,storm
 15                    column=cf:word, timestamp=1515040039599, value=scala,mysql,es
 16                    column=cf:word, timestamp=1515040040390, value=spark,spark,spark
 2                     column=cf:word, timestamp=1515040038867, value=hbase,spark,flume
 3                     column=cf:word, timestamp=1515040038917, value=spark,dajiangtai,spark
 4                     column=cf:word, timestamp=1515040038958, value=hdfs,mapreduce,spark
 5                     column=cf:word, timestamp=1515040039027, value=hive,hdfs,solr
 6                     column=cf:word, timestamp=1515040039071, value=spark,flink,storm
 7                     column=cf:word, timestamp=1515040039123, value=hbase,storm,es
 8                     column=cf:word, timestamp=1515040039178, value=solr,dajiangtai,scala
 9                     column=cf:word, timestamp=1515040039230, value=linux,java,scala
16 row(s) in 0.0940 seconds
```

图 10-18 项目测试数据

4. 项目思路分析

基于项目的需求，通过下面两个步骤来实现。

1）以 HBase 中的 wordcount 表作为数据源，编写 Mapper 类读取 wordcount 表中的数据并解析数据。

2）编写 Reducer 类，统计每个单词的词频数并将数据输出到 HDFS。

5. 项目代码实现

首先定义 WordCountHBaseMapper（资源路径：第 10 章/10.7/代码/MapReduceReaderHbaseDriver.java）类，读取 HBase 中 wordcount 表中的数据，并进行解析，然后输出 KeyValue 键值对，Key 为每个单词本身，Value 为词频 1。

```java
public static class WordCountHBaseMapper extends TableMapper<Text, IntWritable> {
    private final static IntWritable one = new IntWritable(1);
    private Text word = new Text();
    @Override
    protected void map(ImmutableBytesWritable key, Result values,
            Context context) throws IOException, InterruptedException {
        //读取 hbase 表中列的数据
        List<KeyValue> column = values.getColumn("cf".getBytes(), "word".getBytes());
        //cf 列簇只有一个列，所以只取第一个值即可
        String text = Bytes.toString(column.get(0).getValue());
        //对单词进行切分
```

```
                    String[] splits = text.split(",");
                    //循环每个单词
                    for(String split:splits){
                        word.set(split);
                        context.write(word, one);
                    }
                }
            }
```

然后编写 WordCountHBaseReducer 类，统计相同单词的词频总数，并将结果输出到 HDFS。

```
            public static class WordCountHBaseReducer extends
                    Reducer<Text, IntWritable, Text, Text> {
                private Text result = new Text();

                public void reduce(Text key, Iterable<IntWritable> values,
                        Context context) throws IOException, InterruptedException {
                    //累计词频统计
                    int sum = 0;
                    for (IntWritable val : values) {
                        sum += val.get();
                    }
                    result.set(sum+"");
                    //输出统计的词频
                    context.write(key , result);
                }
            }
```

最后设置 Job 执行所需要的相关参数。

```
            public static void main(String[] args)throws Exception {
                //HBase 表名称
                String tableName = "wordcount";
                //实例化 Configuration
                Configuration conf=HBaseConfiguration.create();
                //设置 zk 地址
                conf.set("hbase.zookeeper.quorum", "master,slave1,slave2");
                //设置 zk 端口
                conf.set("hbase.zookeeper.property.clientPort", "2181");

                Job job=new Job(conf,"import from hbase to hdfs");
                job.setJarByClass(MRReadHBase.class);

                job.setReducerClass(WordCountHBaseReducer.class);
                //设置读取 HBase 时的相关操作
```

228

```
                TableMapReduceUtil.initTableMapperJob(tableName, new Scan(), WordCountHBaseMapper.
class, Text.class, Text.class, job, false);
                //设置输出路径
                FileOutputFormat.setOutputPath(job, new Path("hdfs://master:8030/dajiangtai/wordcount"));
                job.setMapOutputKeyClass(Text.class);
                job.setMapOutputValueClass(IntWritable.class);
                job.setOutputKeyClass(Text.class);
                job.setOutputValueClass(Text.class);
                System.exit(job.waitForCompletion(true) ? 0 : 1);
        }
```

6. 项目运行

项目代码编写完成之后，可以通过以下几步运行项目。

1) 保证 Hadoop 集群和 HBase 集群正常启动。
2) 创建 HBase 表 wordcount，并插入测试数据。
3) 将代码复制到 Eclipse 工具对应的包中。
4) 修改程序代码中 HBase 相关配置，以及 HDFS 输出路径。
5) 运行 MRReadHBase 主程序，执行：Run As->Java Application。
6) 通过 HDFS Shell 命令查看运行结果如下所示。

```
[hadoop@master hadoop]$ bin/hdfs dfs -cat /dajiangtai/wordcount/*
azkaban    1
dajiangtai 2
es    3
flink 1
flume    1
hadoop    1
hbase 2
hdfs 2
hive 1
java 1
kafka 1
linux 1
mapreduce 1
mlib 1
mysql    3
oozie 1
python    1
scala 4
solr  2
spark 12
storm 6
```

比对单词统计结果，如果跟预期一致，说明 MapReduce 批量操作 HBase 成功。

229

本章小结

本章节首先介绍了 HBase 的定义、特点、系统架构、数据模型以及核心概念，让大家从整体上理解 HBase 数据库，接着详细讲解了 HBase 分布式集群的搭建，最后介绍了通过 HBase Shell 和 HBase Java 客户端来访问 HBase，从而能够熟练掌握 HBase 基本操作。

本章习题

根据下面给出的表格，用 HBase Shell 模式设计 Score 成绩表，并对表进行操作。

Score 成绩表

name	score		
	Chinese	Math	English
Lucy	95	90	86
Lily	90	76	88
Jack	85	92	78

1. 查看 Score 表结构。
2. 查询 Jack 同学的 Chinese 成绩。
3. 将 Lucy 同学的 English 成绩修改为 90 分。

第 11 章　Hadoop 生态系统常用开发技术

学习目标
- 熟悉 Hadoop 生态系统常用组件的架构原理
- 掌握 Hadoop 生态系统常用组件的环境搭建
- 熟练掌握 Hadoop 生态系统常用组件的基本操作

Hadoop 2.0 的核心技术包括 HDFS、MapReduce 和 YARN。但整个大数据开发过程中涉及数据采集、数据过滤清洗、数据离线统计分析和实时统计分析以及数据的入库查询等方方面面，除了前面讲到的 Zookeeper、Hive 和 HBase 等技术，还需要 Hadoop 生态系统中的其他技术来共同完成。本章先讲解 Sqoop 和 Flume 数据采集技术，然后介绍 Kafka 消息队列以及 ElasticSearch 全文检索技术，最后介绍 Storm 和 Spark 实时计算框架。通过本章节的学习，将能构建起 Hadoop 生态系统的完整技术体系。

11.1　Sqoop 数据导入导出工具

Hadoop 平台的最大优势在于它支持使用不同形式的数据。HDFS 能够可靠地存储日志和来自不同渠道的其他数据，MapReduce 程序能够解析多种数据格式，抽取相关信息并将多个数据集组合成非常有用的结果。

但为了能够和 HDFS 之外的数据存储进行交互，MapReduce 程序需要使用外部 API 来访问数据。一般情况下，有价值的数据都存储在传统关系型数据库系统（RDBMS）中。Sqoop 是一个开源工具，它允许用户将数据从 RDBMS 中抽取到 Hadoop，用于进一步的处理。抽取出的数据可以被 MapReduce 程序使用，也可以被其他类似于 Hive 的工具使用。统计分析出汇总结果后，可以使用 Sqoop 将其导回 RDBMS，方便其他客户端使用。

11.1.1　Sqoop 概述

Apache Sqoop（SQL-to-Hadoop）项目旨在协助 RDBMS 与 Hadoop 之间进行高效的大数据交流。用户可以在 Sqoop 的帮助下，轻松地把 RDBMS 中的数据导入到 Hadoop 或者与其相关的系统（如 HBase 和 Hive）中；同时也可以把数据从 Hadoop 系统里抽取并导出到 RDBMS。因此，可以说 Sqoop 就是一个桥梁，连接了 RDBMS 与 Hadoop。Sqoop 工作流程示意图如图 11-1 所示。

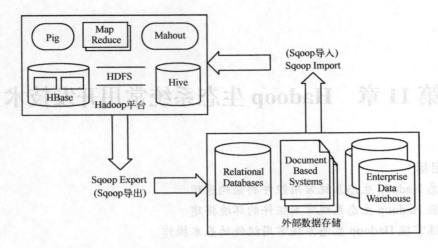

图 11-1 Sqoop 工作流程示意图

通过 Sqoop 可以将外部存储系统中的 Relational Databases（关系型数据库）、Document Based Systems（基于文档的系统）和 Enterprise Data Warehouse（企业级数据仓库）中的数据导入 Hadoop 平台，比如 HDFS、Hive 或者 HBase。Sqoop 也可以将 Hadoop 平台中的数据导出到外部存储系统中。

11.1.2 Sqoop 的优势

Sqoop 的优势包括以下三个方面。
- Sqoop 可以高效地、可控地利用资源，可以通过调整任务数来控制任务的并发度。另外它还可以配置数据库的访问时间。
- Sqoop 可以自动地完成数据库与 Hadoop 系统中数据类型的映射与转换。
- Sqoop 支持多种数据库，比如，MySQL、Oracle 和 PostgreSQL 等数据库。

11.1.3 Sqoop 的架构与工作机制

Sqoop 的架构是非常简单的，它主要由三个部分组成：提交命令的 Sqoop 客户端、Hadoop 平台、外部存储系统。Sqoop 的架构图如图 11-2 所示。

从图 11-2 可以看出 Sqoop 数据导入导出的基本原理。用户向 Sqoop 发起一个命令之后，这个命令会转换为一个基于 Map 任务的 Map Reduce 作业。Map 任务会访问数据库的元数据信息，通过并行的 Map 任务将 RDBMS 的数据读取出来，然后导入 Hadoop 中。当然也可以将 Hadoop 中的数据导入 RDBMS 中。它的核心思想就是通过基于 Map 任务（只有 Map）的 MapReduce 作业来实现数据的并发复制和传输，这样可以大大提高效率。

11.1.4 Sqoop Import 流程

Sqoop Import 的功能是将数据从 RDBMS 导入 HDFS 中，其流程图如图 11-3 所示。

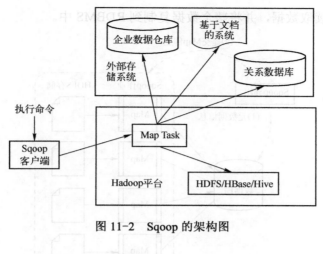

图 11-2 Sqoop 的架构图

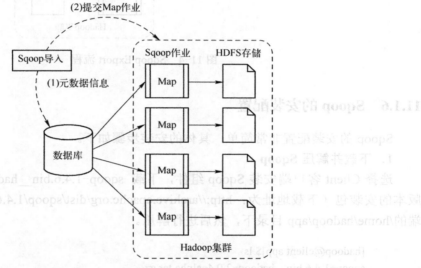

图 11-3 Sqoop Import 流程

Sqoop 数据导入流程是：首先用户输入一条 Sqoop Import 命令，Sqoop 会从 RDBMS 中获取元数据信息，比如要操作数据库表的 schema 是什么结构，这个表有哪些字段，这些字段都是什么数据类型等。它获取这些信息之后，会将输入命令转化为基于 Map 的 MapReduce 作业。MapReduce 作业中有很多 Map 任务，每个 Map 任务从数据库中读取一片数据，多个 Map 任务实现并发的复制，将整个数据快速地复制到 HDFS 上。

11.1.5　Sqoop Export 流程

Sqoop Export 的功能是将数据从 HDFS 导入 RDBMS 中，其流程图如 11-4 所示。

Sqoop 数据导出流程是：首先用户输入一条 Sqoop Export 命令，Sqoop 会获取 RDBMS 的 schema，建立 Hadoop 字段与数据库表字段的映射关系。然后会将输入命令转化为基于 Map 的 MapReduce 作业，这样 MapReduce 作业中将会有很多个 Map 任务，它们并行地从 HDFS 读取数据，并将整个数据复制到 RDBMS 中。

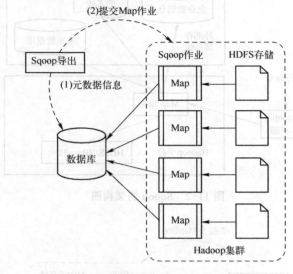

图 11-4　Sqoop Export 流程

11.1.6　Sqoop 的安装配置

Sqoop 的安装配置非常简单，具体的安装步骤如下。
1．下载并解压 Sqoop

选择 Client 客户端安装 Sqoop 组件，下载 sqoop-1.4.6.bin__hadoop-2.0.4-alpha.tar.gz 版本的安装包（下载地址为：http://archive.apache.org/dist/sqoop/1.4.6/），然后上传至客户端的 /home/hadoop/app 目录下，然后进行解压。

```
[hadoop@client app]$ ls
sqoop-1.4.6.bin__hadoop-2.0.4-alpha.tar.gz
[hadoop@client app]$ tar -zxvf sqoop-1.4.6.bin__hadoop-2.0.4-alpha.tar.gz
[hadoop@client app]$ rm -rf sqoop-1.4.6.bin__hadoop-2.0.4-alpha.tar.gz
[hadoop@client app]$ ln -s sqoop-1.4.6.bin__hadoop-2.0.4-alpha sqoop
sqoop sqoop-1.4.6.bin__hadoop-2.0.4-alpha
```

2．修改配置文件

进入 Sqoop 安装目录的 conf 目录下，修改 sqoop-env.sh 配置文件，具体修改如下所示。

```
[hadoop@client conf]$ mv sqoop-env-template.sh sqoop-env.sh
[hadoop@client conf]$ vi sqoop-env.sh
#Set path to where bin/hadoop is available
export HADOOP_COMMON_HOME=/home/hadoop/app/hadoop

#Set path to where hadoop-*-core.jar is available
```

```
export HADOOP_MAPRED_HOME=/home/hadoop/app/hadoop

#set the path to where bin/hbase is available
export HBASE_HOME=/home/hadoop/app/hbase

#Set the path to where bin/hive is available
export HIVE_HOME=/home/hadoop/app/hive

#Set the path for where zookeper config dir is
export ZOOCFGDIR=/home/hadoop/app/zookeeper
```

3．配置环境变量

修改 hadoop 用户下的配置文件~/.bashrc，具体修改如下所示。

```
[hadoop@client conf]$ vi ~/.bashrc
SQOOP_HOME=/home/hadoop/app/sqoop
PATH=$JAVA_HOME/bin:$SQOOP_HOME/bin:$PATH
export JAVA_HOME   CLASSPATH PATH SQOOP_HOME
```

4．添加数据库驱动包

Sqoop 需要操作 Hadoop 平台与传统数据库之间数据的导入和导出，而这里选择的是 MySQL 数据库，所以需要先导入 MySQL 的驱动包。下载 mysql-connector-java-5.1.38.jar（下载地址：http://central.maven.org/maven2/mysql/mysql-connector-java/5.1.38）并上传至 Sqoop 的 lib 目录。

```
[hadoop@client lib]$ ls
mysql-connector-java-5.1.38.jar
```

5．测试运行

在 Sqoop 根目录下输入 help 命令可以查看 Sqoop 基本用法。Sqoop 的基本用法如下所示。

```
[hadoop@client sqoop]$ bin/sqoop help
17/07/17 15:51:27 INFO sqoop.Sqoop: Running Sqoop version: 1.4.6
usage: sqoop COMMAND [ARGS]
Available commands:
  codegen            Generate code to interact with database records
  create-hive-table  Import a table definition into Hive
  eval               Evaluate a SQL statement and display the results
  export             Export an HDFS directory to a database table
  help               List available commands
  import             Import a table from a database to HDFS
  import-all-tables  Import tables from a database to HDFS
  import-mainframe   Import datasets from a mainframe server to HDFS
  job                Work with saved jobs
  list-databases     List available databases on a server
```

```
        list-tables       List available tables in a database
        merge             Merge results of incremental imports
        metastore         Run a standalone Sqoop metastore
        version           Display version information
See 'sqoop help COMMAND' for information on a specific command.
```

如果 help 命令执行没有问题，说明 Sqoop 安装成功。

11.1.7 Sqoop 实战

Sqoop 客户端安装成功之后，接下来以 MySQL 和 HDFS 系统为例，使用 Sqoop 工具分别实现数据从 MySQL 导入 HDFS 和 HDFS 导出到 MySQL。

1. 数据导入：MySQL 导入 HDFS

（1）构建 MySQL 数据源

在 MySQL 的 djtdb_test 数据库中，新建一个 djt_user 表，添加数据如图 11-5 所示。

id	name	sex	age	profile
1	王菲	female	36	歌手
2	谢霆锋	male	30	歌手
3	周杰伦	male	33	导演
4	王力宏	male	40	演员

图 11-5 djt_user 表中的数据

（2）MySQL 数据导入 HDFS

执行 Sqoop Import 命令将 MySQL 数据导入 HDFS，其操作命令如下所示。

```
bin/sqoop import \
--connect 'jdbc:mysql://192.168.8.200/djtdb_test?useUnicode=true&characterEncoding=utf-8' \
--username root \
--password 111111    \
--table djt_user \
--target-dir /sqoop/djt_user \
-m 2 \
--fields-terminated-by "@" \
;
```

Sqoop Import 的相关执行参数解释如下：

- --connect：连接 MySQL 的 url。
- --username：连接 MySQL 的用户名。
- --password：连接 MySQL 的密码。
- --table：从 MySQL 导出的表名称。
- --target-dir：表数据导入 HDFS 的位置。
- -m：Map 任务的并行度。
- --fields-terminated-by：HDFS 文件数据分隔符。

（3）查询导入的数据

进入 HDFS Web 界面，查看 Sqoop 导入数据结果，如图 11-6 所示。

进入 HDFS Shell 界面，查看 Sqoop 导入数据结果，如图 11-7 所示。
从结果可以看出，Sqoop Import 操作成功，MySQL 数据导入了 HDFS。

图 11-6　Web 界面查看结果

图 11-7　Shell 命令查看结果

2．数据导出：HDFS 数据导出到 MySQL
（1）MySQL 建表
要将 HDFS 中的数据导入 MySQL，则需要提前在 MySQL 中创建表接收 HDFS 中的数据。在 MySQL 中创建 djt_user_copy 表，如图 11-8 所示。

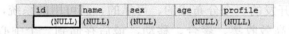

图 11-8　djt_user_copy 表

（2）HDFS 数据导入 MySQL
将之前导入 HDFS 的数据再次执行 Sqoop Export 命令，将其导入 MySQL 的 djt_user_copy 表中，其操作命令如下所示。

```
bin/sqoop export \
--connect 'jdbc:mysql://192.168.8.200/djtdb_test?useUnicode=true&characterEncoding=utf-8' \
--username root \
--password 111111    \
--table djt_user_copy \
--export-dir /sqoop/djt_user \
--input-fields-terminated-by "@" \
-m 2；
```

接下来对 Sqoop Export 相关执行参数进行解释：
- --connect：连接 MySQL 的 url。
- --username：连接 MySQL 的用户名。
- --password：连接 MySQL 的密码。

- --table：数据导入 MySQL 的表名称。
- --export-dir：导出数据在 HDFS 的位置。
- -m：Map 任务的并行度。
- --fields-terminated-by：HDFS 文件数据分隔符。

(3) 查询导出结果

在 MySQL 数据库中，打开 djt_user_copy 表，查看数据导出结果，如图 11-9 所示。

id	name	sex	age	profile
1	王菲	female	36	歌手
2	谢霆锋	male	30	歌手
3	周杰伦	male	33	导演
4	王力宏	male	40	演员
(NULL)	(NULL)	(NULL)	(NULL)	(NULL)

图 11-9　djt_user_copy 表中的数据

从结果可以看出，Sqoop Export 操作成功。

11.2　Flume 日志采集系统

11.2.1　Flume 概述

Flume 是 Cloudera 开发的一个分布式的、可靠的、高可用的系统，它能够将不同数据源的海量日志数据进行高效收集、聚合、移动，最后存储到一个中心化的数据存储系统中。随着互联网的发展，特别是移动互联网的兴起，产生了海量的用户日志信息，为了实时分析和挖掘用户需求，需要使用 Flume 高效快速采集用户日志，同时对日志进行聚合避免小文件的产生，然后将聚合后的数据通过管道移动到存储系统进行后续的数据分析和挖掘。

Flume 发展到现在，已经由原来的 Flume OG 版本更新到现在的 Flume NG 版本，进行了架构重构，并且现在 NG 版本完全不兼容原来的 OG 版本。经过架构重构后，Flume NG 更像是一个轻量的小工具，非常简单，容易适应各种方式的日志收集，并支持 Failover（比如其中一个聚合的 Flume 节点宕机了，数据会经过另外一个 Flume 节点进行聚合）和负载均衡（比如 Flume 数据采集节点会将采集过来的数据，以随机或者轮询的方式发送给不同的 Flume 聚合节点，避免单个 Flume 聚合节点承受过大的压力）。

11.2.2　Flume NG 的架构及工作机制

Flume 之所以比较强大，是源于它自身的一个设计——Agent。Agent 本身是一个 Java 进程，它运行在日志收集节点（所谓日志收集节点就是日志服务器节点）之上。Agent 里面包含 3 个核心的组件：Source、Channel 和 Sink，其架构如图 11-10 所示。

Flume NG 数据采集的工作机制如下。

Source 可以接收外部源发送过来的数据。不同的 Source 可以接收不同的数据格式。比如目录池（Spooling Directory）数据源，可以监控指定文件夹中的新文件变化，如果目录中有新文件产生，就会立刻读取其内容。

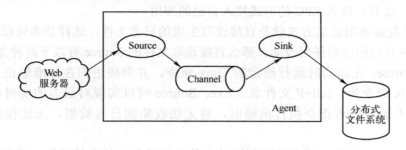

图 11-10　Flume NG 架构

Channel 是一个存储地，接收 Source 的输出，直到有 Sink 消费掉 Channel 中的数据。Channel 中的数据直到进入下一个 Agent 的 Channel 中或者进入终端系统才会被删除。当 Sink 写入失败后可以自动重启，不会造成数据丢失，因此很可靠。

Sink 会消费 Channel 中的数据，然后发送给外部源（比如数据可以写入到 HDFS 或者 HBase 中）或者下一个 Agent 的 Source。

11.2.3　Flume NG 的核心功能模块

Flume NG 是一种分布式的数据采集系统，其核心是 Agent。一个 Flume Agent 由 Source、Channel 和 Sink 组成，消息是以 Event 的形式在不同 Agent 之间传递。深入理解 Flume 的这些核心功能模块是很重要的，因为 Flume 架构设计的好坏直接关系着 Flume 集群是否能满足需求，是否是高可用的。接下来介绍 Flume NG 的核心功能模块。

1. Agent

Flume 被设计成为一个灵活的分布式系统，可以很容易扩展，而且是高度可定制化的。一个配置正确的 Flume Agent 和由相互连接的 Agent 创建的 Agent 的管道，保证数据传输过程中不会丢失数据，提供持久的 Channel。

Flume 部署的最简单元是 Flume Agent。一个 Flume Agent 可以连接一个或者多个其他 Agent。一个 Agent 也可以从一个或者多个 Agent 接收数据。通过相互连接的 Agent，可以建立一个流作业。这个 Flume Agent 链条可以用于将数据从一个位置移动到另一个位置。

每个 Flume Agent 都有三个组件：Source、Channel 和 Sink。Source 负责获取 Event 到 Flume Agent；而 Sink 负责从 Agent 移走 Event 并转发它们到拓扑结构中的下一个 Agent，或者到 HDFS、HBase、Solr 等；Channel 是一个存储 Source 已经接收到的数据的缓冲区，直到 Sink 已经将数据成功写入下一个阶段或者最终目的地。

实际上，一个 Flume Agent 中的数据流是以这几种方式运行的：采集到的数据源可以写入一个或者多个 Channel，一个或者多个 Sink 从 Channel 读取这些 Event，然后推送它们到下一个 Agent 或者外部存储系统。

239

2. Source

Flume 支持多种数据源，比如 Avro、Log4j、Syslog 和 Http。Flume 自带有很多 Source 可以直接采集各种数据源，比如 Avro Source、SyslogTcp Source；Flume 也可以自定义 Source，以 IPC 或者 RPC 的方式接入自己的应用。

Flume 开发成本最低的方式就是直接读取生成的日志文件，这样基本可以实现无缝对接，无需对现有的程序做任何改动。那么直接读取文件的 Source 有以下两种方式。

Exec Source：在启动时运行给定的 Unix 命令，并期望进程在标准输出上产生连续的数据，Unix 命令为：tail-F 文件名。Exec Source 可以实现对日志的实时收集，但是存在 Flume 不运行或者指令执行出错时，将无法收集到日志数据，无法保证日志数据的完整性。

Spool Source：监测配置目录下新增的文件，并采集文件中的数据。需要注意两点：复制到 spool 目录下的文件不可以再打开编辑；spool 目录下不可以包含相应的子目录。

Flume Source 支持的常用类型如表 11-1 所示。

表 11-1　Flume Source 类型

Source 类型	说　明
Avro Source	支持 Avro 协议，内置支持
Spooling Directory Source	监控指定目录内数据变更
Exec Source	监控指定文件内数据变更
Taildir Source	可以监控一个目录，并且使用正则表达式匹配该目录中的文件名进行实时收集
Kafka Source	采集 Kafka 消息系统数据
NetCat Source	监控某个端口，将流经端口的每一个文本行数据作为 Event 输入
Syslog Sources	读取 Syslog 数据，产生 Event，支持 UDP 和 TCP 两种协议
HTTP Source	基于 HTTP POST 或 GET 方式的数据源，支持 JSON、BLOB 表示形式

3. Channel

Channel 是中转 Event 的一个临时存储，保存由 Source 组件传递过来的 Event，目前比较常用的 Channel 有两种。

- Memory Channel：Memory Channel 是一个不稳定的隧道，其原因是它在内存中存储所有 Event。如果 Java 进程死掉，任何存储在内存的 Event 将会丢失。另外，内存的空间受到 RAM 大小的限制，而 File Channel 在这方面是它的优势，只要磁盘空间足够，它就可以将所有 Event 数据存储到磁盘上。
- File Channel：File Channel 是一个持久化的隧道，它持久化所有的 Event，并将其存储到磁盘中。因此，即使 Java 虚拟机挂掉，或者操作系统崩溃或重启，再或者 Event 没有在管道中成功地传递到下一个代理（Agent），这一切都不会造成数据丢失。

Flume Channel 支持的常用类型如表 11-2 所示。

表 11-2 Flume Channel 类型

Channel 类型	说明
Memory Channel	Event 数据存储在内存中
JDBC Channel	Event 数据持久化存储，当前 Flume Channel 内置支持 Derby
File Channel	Event 数据存储在磁盘文件中
Kafka Channel	Event 数据存储在 Kafka 集群中

4. Sink

Sink 在设置存储数据时，可以向文件系统、数据库、Hadoop 中存储数据。在日志数据较少时，可以将数据存储在文件系统中，并且设定一定的时间间隔保存数据。在日志数据较多时，可以将相应的日志数据存储到 Hadoop 中，便于日后进行相应的数据分析。

Flume Sink 支持的常用类型如表 11-3 所示。

表 11-3 Flume Sink 类型

Sink 类型	说明
HDFS Sink	数据写入 HDFS
Logger Sink	数据写入日志文件
Avro Sink	数据被转换成 Avro Event，然后发送到配置的 RPC 端口上
File Roll Sink	存储数据到本地文件系统
HBase Sink	数据写入 HBase 数据库
ElasticSearch Sink	数据发送到 Elastic Search 搜索服务器
Kafka Sink	数据发送到 Kafka 集群

5. Event

Event 是 Flume 中数据的基本表现形式，每个 FlumeEvent 包含 header 的一个 Map 集合和一个 body，它是表示为字节数组的有效负荷。为了深入了解 Event，需要熟悉 Event 内部编程接口，下列代码展示了所有 Event 接口。

```
package org.apache.flume
public interface Event {
    public Map<String,String> getHeaders();
    public void setHeaders(Map<String,String> headers);
    public byte[] getBody();
    public void setBody(byte[] body);
}
```

从中可以看出，Event 接口不同实现类的数据内部表示可能不同，只要其显示接口是指定格式的 header 和 body 即可。通常大多数应用程序使用 Flume 的 EventBuilder API 创建 Event。EventBuilder API 提供了几个静态方法来创建 Event。在任何情况下，API 本身不会对提交的数据进行修改，不论是 header 还是 body。EventBuilder API 提供了 4 个常用方法来创建 FlumeEvent。具体方法如下所示。

```
public class EventBuilder{
        public static Event withBody(byte[] body,Map<String,String> headers);
    public static Event withBody(byte[] body);
    public static Event withBody(String body,Charset charset,Map<String,String> headers);
    public static Event withBody(String body, Charset charset);
}
```

第一个方法只是将 body 看作成字节数组，header 看作 Map 集合。第二个方法将 body 看作字节数组，但是不设置 header。第三个和第四个方法可以用来创建 Java String 实例的 Event，使用提供的字符集转换为编码的字节数组，然后用作 FlumeEvent 的 body。

11.2.4 Flume NG 的数据可靠性

Flume 的核心功能是把数据从数据源收集过来，再发送到目的地。为了保证输送一定成功，在送到目的地之前，Flume 会先缓存数据，待数据真正到达目的地后，再删除自己缓存的数据。

在这个过程中，Flume 使用事务的方式保证传送 Event 整个过程的可靠性。Sink 必须在 Event 被存入 Channel 后，或者已经被传达到下一站 Agent 里，又或者已经被存入外部数据目的地之后，才能把 Event 从 Channel 中 remove 掉。这样数据流里的 Event 无论是在一个 Agent 里还是多个 Agent 之间流转，都能保证可靠，因为以上的事务保证了 Event 会被成功存储起来。而 Channel 的多种实现在可恢复性上有不同的保证，也保证了 Event 不同程度的可靠性。比如 File Channel 支持在本地保存一份数据作为备份，保证数据不会丢失；而 Memory Channel 将 Event 保存在内存的队列中，虽然速度比较快，但如果数据丢失将无法恢复。

11.2.5 Flume NG 的应用场景

Flume 在数据采集的过程中比较方便，也比较灵活，适应以下不同的应用场景。

1. 多个 Agent 顺序连接

可以将多个 Agent 顺序连接起来，将最初的数据源经过收集，存储到最终的存储系统中。这是最简单的情况，一般情况下，应该控制这种顺序连接的 Agent 的数量，因为数据流经的路径变长了，如果出现故障，将会影响整个 Flow 上的 Agent 收集服务。其架构如图 11-11 所示。

从图中可以看出，名称为 foo 的 Agent 使用 AvroSink 连接名称为 bar 的 Agent 的 AvroSource，它们之间通过 RPC 协议实现通信，将数据从 foo Agent 发送给 bar Agent。

2. 多个 Agent 的数据汇聚到同一个 Agent

这种应用场景比较常见，比如收集 Web 服务器的用户行为日志，Web 服务器为了提高可用性，使用负载均衡的集群模式，每个节点都产生用户行为日志，这样可以为每个节点都配置一个 Agent 来单独收集日志数据，然后将多个 Agent 中的数据再汇聚到一个

Agent 中来，最后将数据持久化到存储系统，比如 HDFS 分布式文件系统。架构如图 11-12 所示。

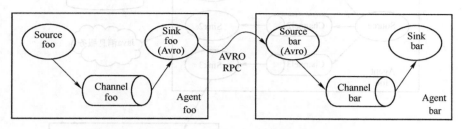

图 11-11　多个 Agent 架构

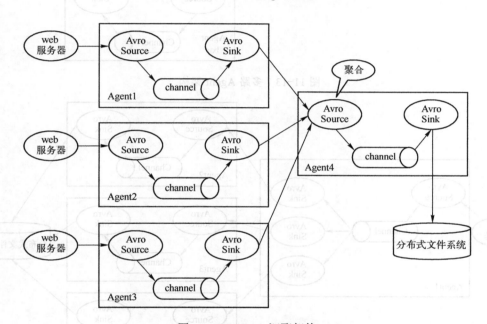

图 11-12　Agent 汇聚架构

3．多路（Multiplexing）Agent

这种模式有两种实现方式：一种是复制（Replication），另一种是分流（Multiplexing）。Replication 方式，可以将最前端的数据源复制多份，分别传递到多个 Channel 中，每个 Channel 接收到的数据都是相同的；Multiplexing 方式，数据源根据不同的条件选择不同的 Channel 进行分流，每个 Channel 接收到的数据是不相同的。多路 Agent 的架构如图 11-13 所示。

4．实现负载均衡（Load balance）和故障切换（Failover）

Flume 数据采集的过程中，既要考虑数据的负载均衡又要考虑到高可用。其具体架构如图 11-14 所示。

Load balance：Load balance 由 Load balancing Sink Processor 来实现。图中的 Agent1 是一个路由节点，负责将 Channel 暂存的 Event 均衡到对应的多个 Sink 组件上，而每个 Sink 组件分别连接到一个独立的 Agent 上。

243

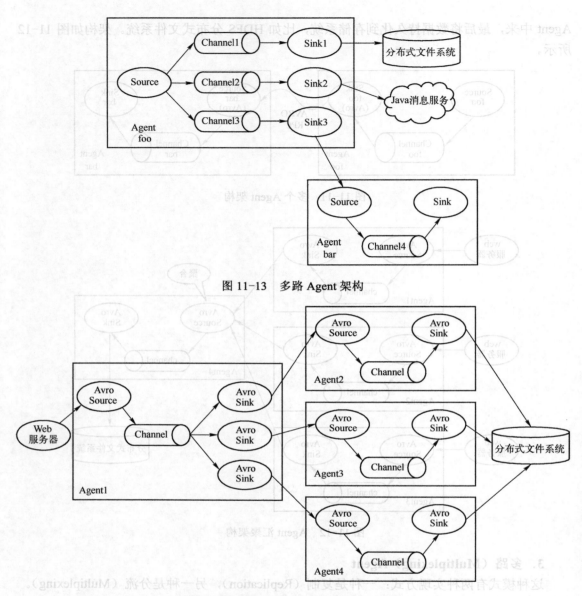

图 11-13 多路 Agent 架构

图 11-14 Load balance 和 Failover 架构

Failover：Failover 由 Failover Sink Processor 来实现，具体流程类似 Load balance，但是内部处理机制与 Load balance 完全不同。Failover Sink Processor 维护一个优先级 Sink 组件列表，只要有一个 Sink 组件可用，Event 就会被传递到下一个组件。

11.2.6 Flume NG 的安装配置

Flume 的安装部署非常简单，Flume 的安装步骤如下所示。

1. 下载并解压 Flume

下载 apache-flume-1.6.0-bin.tar.gz（下载地址：http://archive.hapache.org/dist/flume/）

版本安装包,然后上传至日志所在节点,比如 Client 节点的/home/hadoop/app 目录下,具体操作命令如下所示。

```
[hadoop@client app]$ ls
[hadoop@client app]$ tar -zxvf apache-flume-1.6.0-bin.tar.gz
[hadoop@client app]$ rm -rf apache-flume-1.6.0-bin.tar.gz
[hadoop@client app]$ ln -s apache-flume-1.6.0-bin flume
[hadoop@client app]$ ls
apache-flume-1.6.0-bin flume
```

2. 修改配置文件

进入 Flume 安装目录的 conf 目录下,修改 flume-conf.properties 配置文件,对 source、channel 和 sink 的参数分别进行设置,具体设置如下所示。

```
[hadoop@client conf]$ ls
flume-conf.properties.template   flume-env.ps1.template   flume-env.sh.template   log4j.properties
[hadoop@client conf]$ mv flume-conf.properties.template flume-conf.properties
[hadoop@client conf]$ cat flume-conf.properties
#定义 source channel sink
Agent.sources = seqGenSrc
Agent.channels = memoryChannel
Agent.sinks = loggerSink

# 默认配置 source 类型为序列产生器
Agent.sources.seqGenSrc.type = seq
Agent.sources.seqGenSrc.channels = memoryChannel

# 默认配置 sink 类型为 logger
Agent.sinks.loggerSink.type = logger
Agent.sinks.loggerSink.channel = memoryChannel

#默认配置 channel 类型为 memory
Agent.channels.memoryChannel.type = memory

# Other config values specific to each type of channel(sink or source)
# can be defined as well
# In this case, it specifies the capacity of the memory channel
Agent.channels.memoryChannel.capacity = 100
```

3. 启动运行

可以直接使用默认配置启动 Flume Agent,Source 为 Flume 类型自带的序列产生器,Channel 类型为内存,Sink 类型为日志类型,直接打印。Flume 启动命令如下所示。

```
[hadoop@client apache-flume-1.6.0-bin]$ bin/flume-ng Agent -n Agent -c conf -f conf/flume-conf.properties -Dflume.root.logger=INFO,console
2017-07-18 19:43:04,897 (SinkRunner-PollingRunner-DefaultSinkProcessor) [INFO - org.apache.
```

flume.sink.LoggerSink.process(LoggerSink.java:94)] Event: { headers:{} body: 34 37 33 30 4730 }
　　　　　2017-07-18 19:43:04,897 (SinkRunner-PollingRunner-DefaultSinkProcessor) [INFO - org.apache.flume.sink.LoggerSink.process(LoggerSink.java:94)] Event: { headers:{} body: 34 37 33 31 4731 }
　　　　　2017-07-18 19:43:04,898 (SinkRunner-PollingRunner-DefaultSinkProcessor) [INFO - org.apache.flume.sink.LoggerSink.process(LoggerSink.java:94)] Event: { headers:{} body: 34 37 33 32 4732 }

Flume-ng 脚本后面的 Agent 代表启动 Flume 进程；-n 指定的是配置文件中 Agent 的名称；-c 指定配置文件所在目录；-f 指定具体的配置文件；-Dflume.root.logger=INFO, console 指的是控制台打印 INFO，console 级别的日志信息。

如果执行上面操作后能正常运行，说明 Flume 已经安装成功。

11.2.7　Flume NG 实战

现在有这样一个需求，需要监控并采集客户端目录产生的日志，并将日志内容采集到 HDFS 文件系统。接下来就以 Spool Directory Source（Source 为文件目录）、File Channel（Channel 落地到磁盘文件）、HDFS Sink（Sink 将数据发送到 HDFS）为组合解决上述需求。

1．添加配置文件

在 Client 节点上，进入 Flume 安装目录下的 conf 目录，新建一个配置文件 flume-conf-hdfs.proper，具体配置如下。

```
[hadoop@client conf]$ vi flume-conf-hdfs.properties
# Define source, channel, sink
agent1.sources = spool-source1
agent1.channels = ch1
agent1.sinks = hdfs-sink1

# Define and configure an Spool directory source
agent1.sources.spool-source1.channels = ch1
agent1.sources.spool-source1.type = spooldir
#指定监控目录
agent1.sources.spool-source1.spoolDir = /home/hadoop/data/flume/spooldir

# Configure channel
agent1.channels.ch1.type = file
#指定断点目录
agent1.channels.ch1.checkpointDir = /home/hadoop/data/flume/checkpointDir
#指定数据目录
agent1.channels.ch1.dataDirs = /home/hadoop/data/flume/dataDirs

# Define and configure a hdfs sink
```

246

```
agent1.sinks.hdfs-sink1.channel = ch1
agent1.sinks.hdfs-sink1.type = hdfs
#指定 hdfs 路径，并使用本地时间动态生成目录
agent1.sinks.hdfs-sink1.hdfs.path = hdfs://cluster1/flume/%Y%m%d
agent1.sinks.hdfs-sink1.hdfs.filePrefix = flume
agent1.sinks.hdfs-sink1.hdfs.fileSuffix = .log
agent1.sinks.hdfs-sink1.hdfs.useLocalTimeStamp = true
agent1.sinks.hdfs-sink1.hdfs.callTimeout = 20000
#指定 hdfs 文件回滚时间
agent1.sinks.hdfs-sink1.hdfs.rollInterval = 30
#指定 hdfs 文件回滚大小
agent1.sinks.hdfs-sink1.hdfs.rollSize = 67108864
agent1.sinks.hdfs-sink1.hdfs.rollCount = 0
```

2．启动 HDFS 集群

因为需要将数据采集到 HDFS 文件系统，所以需要提前启动 HDFS 集群，这里就不再赘述，确保 HDFS 集群正常启动即可。

3．测试运行

（1）准备测试数据

进入 Client 节点所在的/home/hadoop/data/flume/spooldir 目录，添加一个新的测试文件 djt.txt（djt.txt 的文件内容为任意字符串），等待 Flume 采集。

```
[hadoop@client spooldir]$ pwd
/home/hadoop/data/flume/spooldir
[hadoop@client spooldir]$ ls
djt.txt
```

（2）启动 Flume 进程

启动 Flume 进程，采集/home/hadoop/data/flume/spooldir 目录下的数据，上传至 HDFS，启动命令如下所示。

```
[hadoop@client apache-flume-1.6.0-bin]$ bin/flume-ng agent -n agent1 -c conf -f conf/flume-conf-hdfs.properties -Dflume.root.logger=INFO,console
```

（3）查看采集结果

访问 HDFS 的 Web 界面，查看数据采集结果，如图 11-15 所示。

图 11-15　Flume 数据采集结果

从图中可以看出，Flume 已经成功将数据采集到了 HDFS。

11.3 Kafka 分布式消息系统

11.3.1 Kafka 概述

Kafka 是由 LinkedIn 开发的一个分布式的消息系统，使用 Scala 语言编写，它以可水平扩展和高吞吐率的特点而被广泛使用。目前越来越多的开源分布式处理系统，如 Cloudera、Apache Storm、Spark 都支持与 Kafka 集成。比如一个实时日志分析系统，Flume 采集数据通过接口传输到 Kafka 集群（多台 Kafka 服务器组成的集群称为 Kafka 集群），然后 Storm 或者 Spark 直接调用接口从 Kafka 实时读取数据并进行统计分析。

Kafka 主要设计目标如下。

- 以时间复杂度为 O（1）的方式提供消息持久化（Kafka）能力，即使对 TB 级以上数据也能保证常数时间的访问性能。持久化是将程序数据在持久状态和瞬时状态间转换的机制。通俗地讲，就是瞬时数据（比如内存中的数据，是不能永久保存的）持久化为持久数据（比如持久化至磁盘中，能够长久保存）。
- 保证高吞吐率，即使在非常廉价的商用机器上，也能做到单机支持每秒 100,000 条消息的传输速度。
- 支持 Kafka Server 间的消息分区，以及分布式消息消费，同时保证每个 Partition 内的消息顺序传输。
- 支持离线数据处理和实时数据处理。

11.3.2 Kafka 的特点

Kafka 如此受欢迎，而且有越来越多的系统支持与 Kafka 的集成，主要由于 Kafka 具有如下特性。

- 高吞吐量、低延迟：Kafka 每秒可以处理几十万条消息，它的延迟最低只有几毫秒。
- 可扩展性：Kafka 集群同 Hadoop 集群一样，支持横向扩展。
- 持久性、可靠性：Kafka 消息可以被持久化到本地磁盘，并且支持 Partition 数据备份，防止数据丢失。
- 容错性：允许 Kafka 集群中的节点失败，如果 Partition（分区）副本数量为 n，则最多允许 n-1 个节点失败。
- 高并发：单节点支持上千个客户端同时读写，每秒钟有上百 MB 的吞吐量，基本上达到了网卡的极限。

11.3.3 Kafka 的架构

一个典型的 Kafka 集群包含若干个生产者（Producer）、若干 Kafka 集群节点

（Broker）、若干消费者（Consumer）以及一个 Zookeeper 集群。Kafka 通过 Zookeeper 管理集群配置，选举 Leader 以及在消费者发生变化时进行负载均衡。生产者使用推（Push）模式将消息发布到集群节点，而消费者使用拉（Pull）模式从集群节点中订阅并消费消息。Kafka 的整体架构如图 11-16 所示。

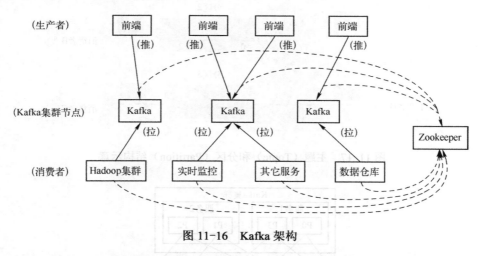

图 11-16　Kafka 架构

从上图可以看出，Kafka 集群架构包含生产者、Kafka 集群节点和消费者，三大部分内容，具体解释如下：

- 生产者：它是消息生产者，可以发布消息到 Kafka 集群的终端或服务。
- 消费者：从 Kafka 集群中消费消息的终端或服务都属于消费者。
- Kafka 集群节点：Kafka 使用集群节点来接收生产者和消费者的请求，并把消息持久化到本地磁盘。每个 Kafka 集群会选举出一个集群节点来担任 Controller，负责处理 Partition 的 Leader 选举、协调 Partition 迁移等工作。

11.3.4　Kafka 的相关服务

在进一步学习 Kafka 之前，需要掌握 Kafka 集群中的一些相关服务，具体如下所示。

1．Topic 和 Partition

Kafka 集群中的主题（Topic）和分区（Partition）示意结构如图 11-17 所示。
主题和分区的具体定义如下。

- 主题是生产者发布到 Kafka 集群的每条信息所属的类别，即 Kafka 是面向主题的，一个主题可以分布在多个节点上。
- 分区是 Kafka 集群横向扩展和一切并行化的基础，每个 Topic 可以被切分为一个或者多个分区。一个分区只对应一个集群节点，每个分区内部消息是强有序的。
- Offset（即偏移量）是消息在分区中的编号，每个分区中的编号是独立的。

2．消费者和消费者组

Kafka 集群（Kafka Cluster）中的消费者（Consumer）和消费者组（Consumer Group）示意结构如图 11-18 所示。

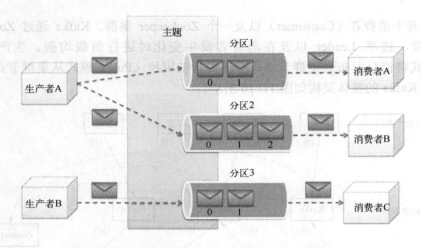

图 11-17 主题（Topic）和分区（Partition）结构示意

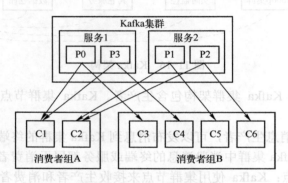

图 11-18 消费者和消费者组

消费者和消费者组具体定义如下。

从 Kafka 集群中消费消息的终端或服务都属于消费者，消费者自己维护消费数据的 Offset，而 Offset 保存在 Zookeeper 中，这就保证了它的高可用。每个消费者都有对应自己的消费者组。

消费者组内部是 Queue 队列消费模型，同一个消费者组中，每个消费者消费不同的分区。消费者组之间是发布/订阅消费模型，相互之间互不干扰，独立消费 Kafka 集群中的消息。

3. Replica

Replica 是分区的副本。Kafka 支持以分区为单位对 Message 进行冗余备份，每个分区都可以配置至少 1 个副本。围绕分区的副本还有几个需要掌握的概念，具体如下：

- Leader：每个 Replica 集合中的分区都会选出一个唯一的 Leader，所有的读写请求都由 Leader 处理，其他副本从 Leader 处把数据更新同步到本地。
- Follower：是副本中的另外一个角色，可以从 Leader 中复制数据。
- ISR：Kafka 集群通过数据冗余来实现容错。每个分区都会有一个 Leader，以及零个或多个 Follower，Leader 加上 Follower 总和就是副本因子。Follower 与 Leader

之间的数据同步是通过 Follower 主动拉取 Leader 上面的消息来实现的。所有的 Follower 不可能与 Leader 中的数据一直保持同步，那么与 Leader 数据保持同步的这些 Follower 称为 ISR（In Sync Replica）。Zookeeper 维护着每个分区的 Leader 信息和 ISR 信息。

11.3.5 Kafka 的安装配置

Kafka 使用 Zookeeper 作为其分布式协调框架，能很好地将消息生产、消息存储、消息消费的过程结合在一起。同时借助 Zookeeper，Kafka 能够将生产者、消费者和集群节点在内的所有组件，在无状态的情况下建立起生产者和消费者的订阅关系，并实现生产者与消费者的负载均衡。

可以看出 Kafka 集群依赖与 Zookeeper，所以在安装 Kafka 之前需要提前安装 Zookeeper。Zookeeper 集群在前面 Hadoop 集群搭建过程中已经在使用，Kafka 可以共用之前安装的 Zookeeper 集群，接下来只需要安装 Kafka 即可。

1．集群规划

（1）主机规划

Kafka 集群安装仍然使用 3 个节点，它与 Zookeeper 集群节点规划如表 11-4 所示。

表 11-4 主机规划

	master	slave1	slave2
Zookeeper	是	是	是
Kafka	是	是	是

（2）软件规划

Zookeeper 仍然使用 Hadoop 集群中的版本，Kafka 可选择较新版本，具体规划如表 11-5 所示。

表 11-5 软件规划

软　件	版　本	说　明
Zookeeper	3.4.6	稳定
Kafka	0.8.2.2	稳定

（3）用户规划

Kafka 集群安装用户保持与 Hadoop 集群安装用户一致，但不要使用 root 用户来安装。Kafka 安装用户规划如表 11-6 所示。

表 11-6 用户规划

节　点	用　户　组	用　户
master	hadoop	hadoop
slave1	hadoop	hadoop
slave2	hadoop	hadoop

(4) 目录规划

在正式安装 Kafka 之前，需要规划好所有的软件目录和数据存放目录，便于后期的管理与维护。Kafka 目录规划如表 11-7 所示。

表 11-7 目录规划

目 录 名 称	目 录 路 径
Kafka 软件安装目录	/home/hadoop/app
Zookeeper 数据目录	/home/hadoop/data/zookeeper/zkdata

2. Kafka 集群的安装与配置

(1) 下载并解压 Kafka

下载 kafka_2.11-0.8.2.2.tgz（下载地址为：http://kafka.apache.org/downloads/）安装包，选择 master 作为安装节点，然后上传至 master 节点的/home/hadoop/app 目录下进行解压安装，具体操作命令如下。

```
[hadoop@master app]$ ls
kafka_2.11-0.8.2.2.tgz
[hadoop@master app]$ tar –zxvf kafka_2.11-0.8.2.2.tgz
[hadoop@master app]$ rm –rf kafka_2.11-0.8.2.2.tgz
[hadoop@master app]$ ls
kafka-0.8.2.2
```

(2) 修改配置文件

1) 配置 zookeeper.properties。进入 Kafka 根目录下的 config 文件夹中，修改 zookeeper.properties 配置文件，具体内容如下。

```
[hadoop@master config]$ vi zookeeper.properties
# 指定 Zookeeper 数据目录
dataDir=/home/hadoop/data/zookeeper/zkdata
# 指定 Zookeeper 端口号
clientPort=2181
```

2) 配置 consumer.properties。进入 Kafka 根目录下的 config 文件夹中，修改 consumer.properties 配置文件，具体内容如下。

```
[hadoop@master config]$ vi consumer.properties
#配置 Zookeeper 集群
zookeeper.connect=master:2181,slave1:2181,slave2:2181
```

3) 配置 producer.properties。进入 Kafka 根目录下的 config 文件夹中，修改 producer.properties 配置文件，具体内容如下。

```
[hadoop@master config]$ vi producer.properties
#Kafka 集群配置
metadata.broker.list=master:9092,slave1:9092,slave2:9092
```

4)配置 server.properties。进入 Kafka 根目录下的 config 文件夹中，修改 server.properties 配置文件，具体内容如下。

```
[hadoop@master config]$ vi server.properties
#指定 Zookeeper 集群
zookeeper.connect=master:2181,slave1:2181,slave2:2181
```

（3）安装文件分发。

通过 deploy.sh 脚本将 master 节点的 Kafka 安装文件分发到 slave1 和 slave2 节点，具体操作如下所示。

```
[hadoop@master app]$ deploy.sh kafka-0.8.2.2 /home/hadoop/app/ slave
```

（4）修改各个节点的 broker id

分别登录 master、slave1 和 slave2 节点，进入 Kafka 根目录下的 config 文件夹中，修改 server.properties 配置文件中的 broker id 项。

1）登录 master 节点，修改 server.properties 配置文件中的 broker id 项，如下所示。

```
[hadoop@master config]$ vi server.properties
#标识 master 节点
broker.id=0
```

2）登录 slave1 节点，修改 server.properties 配置文件中的 broker id 项，如下所示。

```
[hadoop@slave1 config]$ vi server.properties
#标识 slave1 节点
broker.id=1
```

3）登录 slave2 节点，修改 server.properties 配置文件中的 broker id 项，如下所示。

```
[hadoop@slave2 config]$ vi server.properties
#标识 slave2 节点
broker.id=2
```

（5）启动 Kafka 集群

分别在 master、slave1 和 slave2 节点，进入 Kafka 的安装根目录，执行如下命令进行后台启动。

```
bin/kafka-server-start.sh config/server.properties &
```

（6）查看 Kafka 进程

分别在 master、slave1 和 slave2 节点，使用 jps 命令查看 Kafka 进程。

```
[hadoop@master kafka-0.8.2.2]$ jps
3536 Kafka
3590 Jps
1192 QuorumPeerMain
```

253

```
[hadoop@slave1 kafka-0.8.2.2]$ jps
1184 QuorumPeerMain
4407 Kafka
4457 Jps
[hadoop@slave2 kafka-0.8.2.2]$ jps
1646 Kafka
1697 Jps
1176 QuorumPeerMain
```

如果上面的操作正常，那么说明 Kafka 集群安装成功。

11.3.6　Kafka Shell 操作

Kafka 自带有很多种 Shell 脚本供用户使用，包含生产消息、消费消息、Topic 管理等功能。接下来介绍 Kafka 常用的 Shell 脚本。

1．创建 Topic

使用 Kafka bin 目录下的 kafka-topics.sh 脚本，通过 create 命令创建具体的 Topic 为 djt，具体操作命令如下所示。

```
[hadoop@master kafka-0.8.2.2]$ bin/kafka-topics.sh --zookeeper localhost:2181 --create --topic djt --replication-factor 3 --partitions 3
Created topic "djt".
```

上述命令中，--zookeeper 指定 Zookeeper 节点；--create 是创建 Topic 命令；--topic 指定 Topic 名称；--replication-factor 指定副本数量；--partitions 指定分区个数。

2．查看 Topic 列表

通过 list 命令可以查看到刚刚创建的 Topic 为 djt，具体操作命令如下所示。

```
[hadoop@master kafka-0.8.2.2]$ bin/kafka-topics.sh --zookeeper localhost:2181 -list
Djt
```

3．查看 Topic 详情

通过 List 命令查看 Topic 内部结构，具体操作命令如下所示，可以看到 Topic djt 有 3 个副本和 3 个分区。

```
[hadoop@master kafka-0.8.2.2]$ bin/kafka-topics.sh --zookeeper localhost:2181 --describe --topic djt
```

Topic:djt	PartitionCount:3	ReplicationFactor:3	Configs:	
Topic: djt	Partition: 0	Leader: none	Replicas: 0,1,2	Isr:
Topic: djt	Partition: 1	Leader: none	Replicas: 1,2,0	Isr:
Topic: djt	Partition: 2	Leader: 2	Replicas: 2,0,1	Isr: 2,0,1

4．生产者向 Topic 发送消息

在 Master 节点上，通过 kafka 自带的 kafka-console-producer.sh 脚本，启动生产者给 Topic 发送消息。如下所示，开启生产者之后，生产者向 Topic djt 发送了 4 条消息。

```
[hadoop@master kafka-0.8.2.2]$ bin/kafka-console-producer.sh --broker-list localhost:9092 --topic djt
[2017-07-20 14:38:02,937] WARN Property topic is not valid (kafka.utils.VerifiableProperties)
kafka
flume
hbase
sqoop
```

5．消费者消费 Topic

在 master 节点上，通过 kafka 自带的 kafka-console-consumer.sh 脚本，开启消费者消费 Topic djt 中的消息。

```
[hadoop@master kafka-0.8.2.2]$ bin/kafka-console-consumer.sh --zookeeper localhost:2181 --topic djt --from-beginning
kafka
flume
hbase
sqoop
```

上述命令中，--from-beginning 参数表示从头开始消费 Topic djt 中的消息，如果去掉这个参数表示消费新增的消息。

6．查看 Topic 每个 Partition 数据消费情况

首先进入 Zookeeper 的 Shell 客户端，使用 ls 命令查看 Kafka 在 Zookeeper 中的目录结构，并查看/consumers 节点下的子节点，从而获取 console 所在的消费者组。

```
[hadoop@master zookeeper-3.4.6]$ bin/zkCli.sh
Connecting to localhost:2181
[zk: localhost:2181(CONNECTED) 0] ls /
[hbase, hadoop-ha, admin, zookeeper, consumers, config, controller, yarn-leader-election, brokers, controller_epoch]
[zk: localhost:2181(CONNECTED) 2] ls /consumers/
console-consumer-4143
```

如上面的结果所示，在/comsumers 节点下可以查看到当前 console 的消费者组为 console-consumer-4143。

通过 kafka 自带的 kafka-run-class.sh 脚本，使用--group 参数指定当前消费者组 console-consummer-4143，从而查看到消费者消费各个 Topic 的情况，如下所示。

```
[hadoop@master kafka-0.8.2.2]$ bin/kafka-run-class.sh kafka.tools.ConsumerOffsetChecker --zookeeper localhost:2181 --group console-consumer-4143
Group                  Topic  Pid  Offset  logSize  Lag  Owner
console-consumer-4143  djt    0    0       0        0    thread name
console-consumer-4143  djt    1    4       4        0    thread name
console-consumer-4143  djt    2    0       0        0    thread name
```

255

上面具体列的含义如下所示。
- Group：代表消费者组。
- Topic：代表曾经或正在消费的主题。
- Pid：代表分区编号。
- Offset：即偏移量，代表消费者组在分区上已经消费消息的最大序列号。
- logSize：代表分区上的累计消息条数。
- Lag：代表剩余未消费的消息条数。
- Owner：代表消息消费线程名称。

11.3.7 Kafka 客户端操作

虽然 Kafka 源码使用 Scala 语言编写，但是目前大数据开发大多数使用 Java 语言，为了降低开发成本，提高开发效率，大部分公司仍然使用 Java 客户端访问 Kafka。利用 Java 客户端访问 Kafka 主要包含两个方面的操作，一方面 Java 客户端作为生产者可以向 Kafka Topic 发送消息，另一方面 Java 客户端可以作为消费者消费来自于 Kafka Topic 中的消息。接下来利用 Java 客户端分别生产和消费 Kafka Topic 的消息。

1. 引入 Kafka 依赖包

新建一个 Kafka Maven 项目，在 pom.xml 文件中引入 Kafka 依赖包如下所示。

```xml
<dependency>
    <groupId>org.apache.kafka</groupId>
    <artifactId>kafka_2.11</artifactId>
    <version>0.8.2.2</version>
</dependency>
```

2. 生产者向 Kafka 发送消息

新建一个包名 com.djt.kafka，然后新建 TestProducer 类，模拟生产者向 Kafka 发送消息，具体代码如下所示。

```java
/**
 * 生产者测试类
 * @author dajiangtai
 *
 */
public class TestProducer {
    public static void main(String[] args) {
        long events = 10;
        Random r = new Random();
        //定义 Topic
        String topic = "djt";

        //指定 Kafka 集群参数
        Properties props = new Properties();
```

```java
        props.put("serializer.class", "kafka.serializer.StringEncoder");
        props.put("metadata.broker.list", "master:9092");

        //构造 ProducerConfig 对象
        ProducerConfig config = new ProducerConfig(props);
        //构造 Producer 对象
        Producer<String, String> producer = new Producer<String, String>(config);

        //测试打印 10 条数据（数据为 for 循环自动生成）
        for(long event =0;event<events;event++){
            String ip = "192.168.80."+r.nextInt(255);
            //发送消息
            producer.send(new KeyedMessage<String, String>(topic,ip.toString()));
        }
        producer.close();
        System.out.println("send over ---------------------");
    }
}
```

直接运行该程序，生产者即可向 Kafka 发送 10 条消息，发送信息如下所示。

```
192.168.80.194
192.168.80.56
192.168.80.117
192.168.80.140
192.168.80.162
192.168.80.225
192.168.80.51
192.168.80.28
192.168.80.84
192.168.80.159
```

3．消费者从 Kafka 消费消息

在 com.djt.kafka 包中新建 TestConsumer 类，模拟消费者消费 Kafka Topic 中的数据，具体代码如下所示。

```java
/**
 * 消费者测试类
 * @author dajiangtai
 *
 */
public class TestConsumer {
    private final ConsumerConnector consumer;
    //Kafka 中的 Topic
    public String topic = "djt";
    private TestConsumer() {
        Properties props = new Properties();
```

```java
        //zookeeper 配置
        props.put("zookeeper.connect", "master:2181");

        //group.id 代表一个消费组
        props.put("group.id", "dajiangtai");

        //zk 连接超时时间
        props.put("zookeeper.session.timeout.ms", "4000");
        //zk 同步时间
        props.put("zookeeper.sync.time.ms", "200");
        //自动提交间隔时间
        props.put("auto.commit.interval.ms", "1000");
        //消息日志自动偏移量
        props.put("auto.offset.reset", "smallest");
        //序列化类
        props.put("serializer.class", "kafka.serializer.StringEncoder");
        //构造 ConsumerConfig 对象
        ConsumerConfig config = new ConsumerConfig(props);
        //构造 ConsumerConnector 对象
        consumer = kafka.consumer.Consumer.createJavaConsumerConnector(config);
    }
    void consume() {
        Map<String, Integer> topicCountMap = new HashMap<String, Integer>();
        //描述读取 Topic 需要线程数
        topicCountMap.put(topic, new Integer(1));

        //指定 key 的编码格式
        StringDecoder keyDecoder = new StringDecoder(new VerifiableProperties());
        //指定 value 的编码格式
        StringDecoder valueDecoder = new StringDecoder(new VerifiableProperties());

        //获取 topic 和接收到的 stream 集合
        Map<String, List<KafkaStream<String, String>>> consumerMap =
                consumer.createMessageStreams(topicCountMap,keyDecoder,valueDecoder);

        //根据指定的 topic 获取 stream 集合
        KafkaStream<String, String> stream = consumerMap.get(topic).get(0);
        ConsumerIterator<String, String> it = stream.iterator();
        while (it.hasNext())
            System.out.println(it.next().message());
    }
    /**
     * 主函数
     * @param args
     */
    public static void main(String[] args) {
```

```
            TestConsumer t = new TestConsumer();
            t.consume();
        }
    }
```

执行该程序，消费 Kafka 中 Topic 中的数据将会被打印出来，打印结果如下所示。

```
192.168.80.194
192.168.80.56
192.168.80.117
192.168.80.140
192.168.80.162
192.168.80.225
192.168.80.51
192.168.80.28
192.168.80.84
192.168.80.159
```

11.4* ElasticSearch 全文检索工具

11.4.1 ElasticSearch 概述

ElasticSearch 是一个分布式的全文搜索引擎。Elasticsearch 是用 Java 开发的，并作为 Apache 许可条款下的开放源码发布，是当前流行的企业级搜索引擎，可实现实时搜索，被广泛用于云计算中。

11.4.2 ElasticSearch 的特点

ElasticSearch 是一个分布式的、REST（Represent-ational State Transfer，表述性状态传递是 Roy Fielding 博士在 2000 年他的博士论文中提出来的一种软件架构风格。它是一种针对网络应用的设计和开发方式，可以降低开发的复杂性，提高系统的可伸缩性）风格的搜索和分析系统。ElasticSearch 之所以受欢迎，因为它具有如下优势特点。

1．实时搜索

数据流进入 ElasticSearch 集群之后，所有的数据可以立即被搜索和分析，而且是实时搜索，在毫秒级或者秒级时间内返回数据。

2．分布式

ElasticSearch 集群可以进行横向扩展，当集群无法满足数据增长的时候，只需要增加额外的节点即可，数据会自动负载均衡。

3．高可用

ElasticSearch 是一个弹性的分布式集群，当发现有新增的节点或者失败的节点，集群会重组，数据会重新负载均衡，从而确保整个集群可以访问和数据不丢失。

4. 多租户

用户可以根据不同的业务需求使用不同的索引,而且可以同时操作多个索引。

5. 持久化

Elasticsearch 采用 Gateway 的存储方式,使得数据持久化变得更加简单。

6. 支持 RESTful 风格接口

Elasticsearch 提供了 RESTful API,使用 JSON 格式,可以实现增、删、改、查操作,这使得它非常利于与外部进行交互。

11.4.3 ElasticSearch 的架构

ElasticSearch 是一个企业级的搜索引擎,它的核心模块主要有两个:索引模块(Index Module)和搜索模块(Search Module)。ElasticSearch 除了这两个模块之外,整个架构中还包含了很多其他重要的模块,具体如图 11-19 所示。

接下来具体介绍 ElasticSearch 架构每个模块的作用。

1. 持久化方式(Gateway)

Gateway 代表 ElasticSearch 索引的持久化存储方式。ElasticSearch 默认先把索引存放到内存中,当内存满了之后再持久化到硬盘里。当 ElasticSearch 集群关闭或者重新启动时,就会依据配置的 Gateway 从中读取索引数据。ElasticSearch 支持多种类型的持久化方法,比如本地文件系统、分布式文件系统、HDFS 和 Amazon 的 S3 云存储服务。

2. 分布式索引目录(Distributed Lucence Directory)

分布式索引目录是由 Lucene(Lucene 是一个非常优秀的开源的全文搜索引擎)中的一些列索引文件组成的目录。它负责管理这些索引文件,包括数据的读取和写入,以及索引文件的添加、删除和合并。

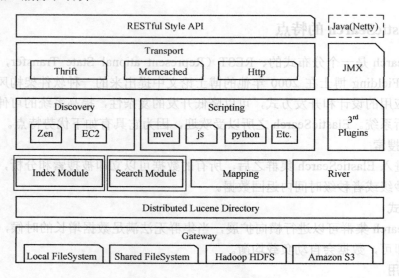

图 11-19 ElasticSearch 架构

3. 数据源（River）

River 代表数据源，是其他存储方式同步数据到 ElasticSearch 的一种方法。它是以插件的方式存在的一种 ElasticSearch 服务，通过读取 River 中的数据并把它索引到 Elastic Search。官方的 River 有很多种，比如 CouchDB、RabbitMQ、Twitter、Wikipedia 等。

4. 映射（Mapping）

Mapping 类似于静态语言中的数据类型，用来定义字段的数据类型、是否被索引以及使用的分词器。

5. 索引模块（IndexModule）

索引模块的主要作用就是获取到原始内容之后，对原始内容建立文档、分析文档、索引文档。

6. 搜索模块（SearchModule）

搜索模块主要作用就是接收用户查询请求、建立查询、执行查询和返回搜索结果。

7. 发现机制（Disovery）

发现机制主要负责集群中节点的自动发现和 Master 节点的选举。节点之间使用 P2P 的方式进行直接通信，不存在单点故障的问题。

8. 脚本语言（Scripting）

Scripting 代表脚本语言，使用脚本语言可以计算自定义表达式的值，比如计算自定义查询相关度评分。它支持的脚本语言有 Mvel、JS、Python 等。

9. 交互方式（Transport）

Transport 代表 ElasticSearch 集群与客户端之间的交互方式。默认使用 TCP 协议进行交互，同时它支持 Http、Thrift、Servlet、Memcache、ZeroMQ 等多种的传输协议。

10. REST 风格接口（REST ful Style API）

ElasticSearch 提供 REST ful Style API 的方式来访问和操作索引，使用非常方便。

11.4.4 ElasticSearch 的相关服务

学习 ElasticSearch 还需要掌握一些相关服务，具体如下所示。

1. 集群（Cluster）

在一个分布式系统中，可以通过多个 ElasticSearch 运行实例组成一个集群（Cluster）。该 Cluster 有一个节点叫做主节点（Master），但 ElasticSearch 是去中心化的，所以主节点是动态选举出来的，不存在单点故障。

在同一个子网内，只需要在每个节点上设置相同的集群名，ElasticSearch 就会自动地把这些集群名相同的节点组成一个集群。节点和节点之间通信以及节点之间的数据分配和平衡全部由 ElasticSearch 自动管理，在外部看来 ElasticSearch 就是一个整体。

2. 节点（Node）

每一个运行实例称为一个节点（Node），Node 既可以在同一台机器上，也可以在不同的机器上。所谓运行实例就是一个服务器进程，在测试环境中，可以在一台服务器上运行多个服务器进程，但在生产环境中，建议每台服务器运行一个服务器进程。

3. 索引（Index）

Index 是 ElasticSearch 中的索引，ElasticSearch 支持多个索引，Index 类似于关系型数据库中的数据库。

4. 数据类型（Type）

每个 Index 下面可以支持多种数据类型（Type），一个 Type 是索引的一个逻辑上的分类或者分区，类似于关系型数据库中的表。

5. 文档（Document）

文档（Document）是一个可以被索引的基础信息单元，使用 JSON 格式来表示，类似于关系型数据库里面表中的行。一个文档在物理上存在一个索引中，文档必须被索引或者被赋予一个索引的 Type。

6. 分片（Shards）

ElasticSearch 会把一个索引分解为多个小的索引，每一个小的索引就叫作分片（Shards）。这样做的好处就是可以把一个大的索引水平拆分成多个分片，分布到集群的不同节点上，构成分布式搜索，提高性能和吞吐量。

索引库默认情况下有 5 个分片，分片的数量只能在创建索引库时指定，索引库创建后不能更改。

7. 副本（Replicas）

ElasticSearch 的每一个分片都可以有零个或者多个副本（Replicas），而每一个副本也都是分片的完整复制，它的好处是提高查询效率和系统的容错性。一旦 ElasticSearch 的某个节点数据损坏或则服务不可用，那么此时可以用其他节点来代替坏掉的节点来提供服务，从而达到高可用的目的。

默认情况下，一个分片只有 1 个副本，而且主分片和副本不会存在一个节点中。

8. 数据恢复（Recovery）

Recovery 代表数据恢复或者叫数据重新分布，当有 ElasticSearch 节点加入或者退出集群的时候，它会根据集群的负载对索引分片进行重新分配，挂掉的节点重新启动时也会进行数据恢复。

9. Setting

在 ElasticSearch 创建索引库的时候，需要通过 Setting 来修改索引库默认配置，比如修改分片数量和副本数量。

10. Mapping

Mapping 就是对索引库中索引的字段名称及其数据类型进行定义，类似于 MySQL 中的表结构信息。不过 ElasticSearch 的 Mapping 比数据库灵活很多，它可以动态识别字段，因为 ElasticSearch 会自动根据数据格式识别它的类型。但是，如果需要对某些字段添加特殊属性，比如分词器、是否分词、是否存储，就必须手动添加 Mapping。

11.4.5 ElasticSearch 的索引模块

1. 索引的概念

在关系数据库中，索引是一种单独的、物理的对数据库表中一列或多列的值进行排序的存储结构，它是某个表中一列或若干列值的集合和相应的指向表中物理标识这些值的数据页的逻辑指针清单。索引的作用相当于图书的目录，可以根据目录中的页码快速找到所需的内容。索引提供指向存储在表的指定列中的数据值的指针，然后根据您指定的排序顺序对这些指针排序。

（1）正排索引

正排索引即正向索引，正排表是以文档的 ID 为关键字，表中记录文档中每个字的位置信息，查找时扫描表中每个文档的关键字的信息，直到找出所有包含查询关键字的文档。

正排索引结构如图 11-20 所示，这种组织方法在建立索引的时候结构比较简单，且易于维护。因为索引是基于文档建立的，若是有新的文档加入，直接为该文档建立一个新的索引块，挂接在原来索引文件的后面；若是有文档删除，则直接找到该文档号文档对应的索引信息，将其直接删除。但是，在查询的时候为防止文档有遗漏，需要对所有的文档进行扫描，这样就使得检索时间大大延长，检索效率降低。尽管正排表的工作原理非常简单，但是由于其检索效率太低，除非在特定情况下，否则其实用性价值不大。

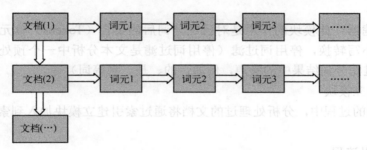

图 11-20　正排索引

（2）倒排索引

倒排索引即反向索引，倒排表是以字或词为关键字进行索引，表中关键字所对应的记录表项记录了出现这个字或词的所有文档。一个表项就是一个字表段，它记录该文档的 ID 和字符在该文档中出现的位置情况。

由于每个字或词对应的文档数量在动态变化，所以倒排表的建立和维护都较为复杂。但是在查询的时候由于可以一次得到查询关键字所对应的所有文档，所以效率高于正排表。在全文检索中，检索的响应速度是最为关键的，而索引的建立是在后台进行，尽管效率相对低一些，但不会影响整个搜索引擎的效率。

倒排索引的结构如图 11-21 所示。

2．索引模块

在 ElasticSearch 中，索引模块主要包含索引分析模块和索引建立模块，具体分析如下。

（1）索引分析模块

在 ElasticSearch 中，索引分析模块是可以通过注册分词器（Analyzer）来进行配置。

分词器的作用是当一个文档被索引的时候，分词器从文档中提取出若干词元

(Token)来支持索引的存储和搜索。

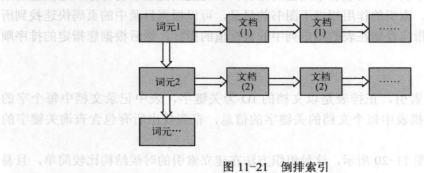

图 11-21　倒排索引

分词器（Analyzer）是由一个分解器（Tokenizer）和零个或多个词元过滤器（Token Filters）组成。

- 分解器是由一个或多个字符过滤器组成，用来将字符串分解成一系列术语或词元（Token）。比如，通过句子当中的空格或标点符号，将一条语句分解成一个个的索引词。
- 词元过滤器：此模块的作用是对已经分词后的集合（Tokens）单元再进行操作，比如大小写转换，停用词过滤（停用词过滤是文本分析中一个预处理方法。它的功能是过滤分词结果中的噪声，例如：的、是、啊等词）等。

（2）索引建立模块

在建立索引的过程中，分析处理过的文档将通过索引建立模块加入到索引列表，从而建立索引。

3．建立索引流程

ElasticSearch 建立索引的过程比较复杂，接下来通过一个示例来抽象出其流程。假设有两个文档 NO1 和 NO2，如表 11-8 所示。

表 11-8　原始文档

文档 ID	内容
NO1	Tom likes eating apple and banana, tony likes apple too
NO2	Tom likes apple and orange

首先通过分解器将每个文档解析成一个一个的索引词，并通过词元过滤器对索引词进行大小写转换和停用词过滤。大小写转换，比如 Tom 转换为 tom；然后进行停用词过滤，比如 a、an、of、and 和 too 等停用词都需要过滤掉。文档处理之后如表 11-9 所示。

表 11-9　文档解析

文档 ID	内容
NO1	[tom] [like] [eat] [apple]　[banana] [tony] [like] [apple]
NO2	[tom] [like] [apple] [orange]

经过索引分析之后，最后建立索引如表 11-10 所示。

表 11-10 倒排索引表

分词	内容（文档 ID[出现频率], 位置）
apple	NO.1[2]　NO.2[1], 4 9 3
banana	NO.1[1], 6
eat	NO.1[1],　3
like	NO.1[2]　NO.2[1], 2 8 2
orange	NO.2[1],　5
tom	NO.1[1]　NO.2[1], 1 1

第一列表示每个分词，第二列包含文档编号、词在文档中出现的频率和文档中出现的位置。当用户对关键词进行搜索的时候，会查找该词所出现的所有文档 ID，然后通过文档 ID 查找文档具体内容。

4．中文分词器

在 ElasticSearch 中内置了很多中文分词器，常见的中文分词器如下所示。

（1）单字分词（Standard Analyzer）

单字分词能够根据空格、符号、数字、字母、E-mail 地址、IP 地址以及中文字符的分析处理分割原始的文本信息。但中文文字没有完成中文分词的功能，只是按照单个的汉字进行分割。

示例语句如下所示。

"我们是中国人"

单字分词后的效果如下所示。

"我"，"们"，"是"，"中"，"国"，"人"

（2）二分法分词（CJK Analyzer）

二分法分词专门用于中文文档处理的分析器，可以实现中文的多元切分和停用词过滤。

示例语句如下所示：

"我们是中国人"

二分法分词后的效果如下所示。

"我们"，"们是"，"是中"，"中国"，"国人"

（3）词库分词

词库分词是指按某种算法构造词，然后去匹配已建好的词库集合，如果匹配到就切分出来成为词语。通常词库分词被认为是最理想的中文分词算法。当前比较流行中文分词器为 IKAnalyzer，对中文支持较好，属于第三方插件，需要安装。

示例语句如下所示。

"我们是中国人"

中文分词后的效果如下所示。

"我们","中国人","中国","国人"

11.4.6 ElasticSearch 的安装配置

ElasticSearch 是通过多播（可以理解为一个人向多个人说话，这样能够提高通话的效率）或者单播（可以理解为一个人对另外一个人说话，此时信息的接收和传递只在两个节点之间进行）的方式自动组建集群，不需要 Zookeeper 集群提供协调服务，不依赖其他组件可以独立运行，安装配置非常简单。ElasticSearch 的具体安装步骤如下。

1. 集群规划

（1）主机规划

ElasticSearch 集群节点分为两种角色：Master Node 和 Data Node，这里仍然选择安装 3 节点的 ElasticSearch 集群，具体角色规划如表 11-11 所示。

表 11-11 主机规划

	master	slave1	slave2
Master Node	是	是	是
Data Node	是	是	是

（2）软件规划

ElasticSearch 的安装需要考虑到与 JDK 版本的兼容性，其他相关软件规划如表 11-12 所示。

表 11-12 软件规划

软件	版本	位数	描述
CentOS	6.5	64	稳定版本
JDK	1.8	64	最新版本
ElasticSearch	2.4		2.x 稳定版本

（3）用户规划

安装 ElasticSearch 跟安装其他组件一样，出于权限的考虑需要另外创建新的用户，具体用户规划如表 11-13 所示。

表 11-13 用户规划

	用户	用户组
Master	es	hadoop
slave1	es	hadoop
slave2	es	hadoop

（4）目录规划

在开始安装 ElasticSearch 之前，需要规划好所有的软件目录和数据存放目录，便于后期的管理与维护。ElasticSearch 目录规划如表 11-14 所示。

表 11-14 目录规划

目录名称	目录结构
软件目录	/home/es/app
数据目录	/home/es/data/es/data
日志目录	/home/es/data/es/datalog
进程 pid 目录	/home/es/data/es/pid

2．ElasticSearch 集群安装

ElasticSearch 集群在开始安装之前还需要做一些环境准备工作，比如时钟同步、Hosts 文件配置、禁用防火墙、SSH 免密码登录、JDK 安装、分发脚本等工作。这些操作在 Hadoop 集群搭建里面已经详细讲解过，这里就不再赘述。接下来开始安装 ElasticSearch 集群。

（1）下载并解压 ElasticSearch

下载 elasticsearch-2.4.0.tar.gz（下载地址：http//www.elastic.co/cn/downloads/elasticsearch/）安装包，然后上传至 master 节点的 /home/es/app 目录下进行解压，操作命令如下。

```
[es@master app]$ ls
elasticsearch-2.4.0.tar.gz
[es@master app]$ tar -zxvf elasticsearch-2.4.0.tar.gz
[es@master app]$ rm -rf elasticsearch-2.4.0.tar.gz
[es@master app]$ ls
elasticsearch-2.4.0
```

（2）配置 elasticsearch.yml

进入 ElasticSearch 根目录下的 config 文件夹中，修改 elasticsearch.yml 配置文件，具体内容如下。

```
[es@master config]$ vi elasticsearch.yml
#指定 ElasticSearch 集群名称
cluster.name: escluster
#指定当前节点下 ElasticSearch 节点名称，且名称唯一
node.name: node-0
#指定 ElasticSearch 数据目录
path.data: /home/es/data/es/data
#指定 ElasticSearch 日志目录
path.logs: /home/es/data/es/datalog
#绑定网络 IP 地址
network.host: 192.168.8.130
#指定 ElasticSearch 集群 Master 角色最小节点
```

```
discovery.zen.minimum_master_nodes: 3
#关闭 ElasticSearch 多播方式
discovery.zen.ping.multicast.enabled: false
#设置集群中自动发现其他节点时 ping 连接超时时间,默认为 3 秒
discovery.zen.ping_timeout: 120s
#从一个节点 ping 回应的等待时间
client.transport.ping_timeout: 60s
#开启 ElasticSearch 单播,自动发现组建集群
discovery.zen.ping.unicast.hosts: ["192.168.8.130","192.168.8.131", "192.168.8.132"]
```

(3) 集群分发

仍然通过 deploy.sh 分发脚本,将 master 节点配置好的 ElasticSearch 安装目录分发给 slave1 和 slave2 节点,具体操作如下所示。

```
[es@master app]$ deploy.sh elasticsearch-2.4.0 /home/es/app/ slave
```

(4) 修改其他节点配置

ElasticSearch 集群配置基本都是一样的,安装目录分发给 slave1 和 slave2 节点之后,只需要修改如下配置。

1) 修改 slave1 节点配置。

```
[es@slave1 config]$ vi elasticsearch.yml
#指定当前节点下 ElasticSearch 节点名称,且名称唯一
node.name: node-1
```

2) 修改 slave2 节点配置。

```
#指定当前节点下 ElasticSearch 节点名称,且名称唯一
node.name: node-2
```

(5) 安装 head 插件

elasticsearch-head(简称 head)是一个 ElasticSearch 的集群管理工具,它是完全由 HTML5 编写的独立网页程序,可以通过插件的形式集成到 ElasticSearch。head 插件只需要安装在一个节点上即可,这里选择安装在 master 节点,具体操作如下。

```
[es@master elasticsearch-2.4.0]$ bin/plugin install mobz/elasticsearch-head
```

(6) 启动 ElasticSearch 集群

1) 前台启动方式。

这种启动方式比较简单,但是运行日志都会在控制台打印,可以通过按键 Ctrl+C 关闭 ElasticSearch。前台启动操作如下所示。

```
[es@master elasticsearch-2.4.0]$ bin/elasticsearch
```

在其他节点也需要同时执行上述启动命令。

2）后台启动方式。

在生产环境中，一般会在后台运行 ElasticSearch，这种方式只能通过 kill-9 进程号来关闭 ElasticSearch。后台启动操作如下所示。

```
[es@master elasticsearch-2.4.0]$ bin/elasticsearch  -d  -p /home/hadoop/data/es/pid
```

ElasticSearch 后台启动时将进程号保存在/home/hadoop/data/es/pid 文件中，方便执行脚本关闭 ElasticSearch。另外，其他节点也需要同时执行上述启动命令。

（7）通过 Web 界面查看 ElasticSearch 信息

1）查看 ElasticSearch 每个节点信息，HTTP 端口号默认为 9200。这里以 Master 节点为例，master 节点信息如图 11-22 所示。

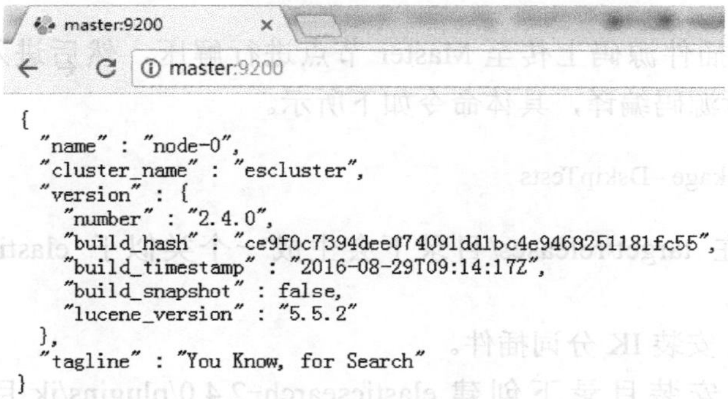

图 11-22　master 节点信息

Master 节点包含：集群节点名称（name）、集群名称（cluster_name）和版本号（version）等信息。通过 9200 端口也可以查看其他节点信息。

2）查看 ElasticSearch 集群健康状况，具体信息如图 11-23 所示。

图 11-23　ElasticSearch 集群健康状况

从图中信息可以看出，集群名称（cluster_name）为 escluster，集群状态（Status）为 green，集群节点数量（number_of_nodes）为 3，集群数据节点数量（number_of_data_nodes）也为 3。

（8）安装 IK 分词插件

IK 是一个开源的、基于 Java 语言开发的轻量级的中文分词工具包。

1）下载 IK 插件源码。

到 gitbub 官网下载与 ElasticSearch 版本相匹配的 elasticsearch-analysis-ik-{version}.zip 源码，具体地址如下所示。

```
https://github.com/medcl/elasticsearch-analysis-ik
```

2）源码编译。

将下载好的 IK 插件源码上传至 Master 节点进行解压，然后进入 IK 插件源码根目录，使用 maven 进行源码编译，具体命令如下所示。

```
mvn clean package –DskipTests
```

源码编译后，在 target/releases/目录下会生成一个类似于 elasticsearch-analysis-ik-{version}.zip 的文件。

3）ElasticSearch 安装 IK 分词插件。

在 ElasticSearch 安装目录下创建 elasticsearch-2.4.0/plugins/ik 目录，将编译后的 elasticsearch-analysis-ik-{version}.zip 复制到刚刚创建的目录下，然后解压到当前目录。

4）集群分发。

在 ElasticSearch 其他节点中同样创建 elasticsearch-2.4.0/plugins/ik 目录，然后通过 deploy.sh 分发脚本，将 Master 节点中 elasticsearch-2.4.0/plugins/ik 目录下的文件复制到其他节点。

5）重启 ElasticSearch 集群。

IK 分词插件安装之后，并不能立即生效，需要重启 ElasticSearch 集群才能使用。

6）测试分词效果。

首先创建一个索引库，命令如下所示。

```
[es@master elasticsearch-2.4.0]$ curl -XPUT 'http://master:9200/djt/'
```

然后测试中文分词，操作命令及结果如下所示。

```
[es@master elasticsearch-2.4.0]$ curl 'http://master:9200/djt/_analyze?analyzer=ik_max_word&pretty=true' -d '{"text":"我们是中 国人"}'
{
    "tokens" : [ {
      "token" : "我们",
      "start_offset" : 0,
      "end_offset" : 2,
      "type" : "CN_WORD",
```

```
            "position" : 0
        }, {
            "token" : "中国人",
            "start_offset" : 3,
            "end_offset" : 6,
            "type" : "CN_WORD",
            "position" : 1
        }, {
            "token" : "中国",
            "start_offset" : 3,
            "end_offset" : 5,
            "type" : "CN_WORD",
            "position" : 2
        }, {
            "token" : "国人",
            "start_offset" : 4,
            "end_offset" : 6,
            "type" : "CN_WORD",
            "position" : 3
        } ]
    }
```

如果 IK 中文分词达到预期效果，说明 IK 分词插件安装成功。

11.4.7 ElasticSearch RESTful API

ElasticSearch 主要有两种访问方式：Java API 和基于 HTTP 协议以 JSON 为数据交互格式的 RESTful API。如何与 ElasticSearch 交互取决于是否使用 Java，因为 ElasticSearch 源码是由 Java 语言开发的，所以使用 Java 语言来访问 ElasticSearch 会更加高效。

本小节先来学习 RESTful API。RESTful API 通过 9200 端口与 ElasticSearch 进行通信。此时既可以使用 Web 客户端也可以使用 curl 命令与 ElasticSearch 通信。

1．基本操作命令

ElasticSearch RESTful 是基于 HTTP 协议的，基本操作命令如下。

- GET：获取对象的当前状态。
- PUT：改变对象的状态。
- POST：创建对象。
- DELETE：删除对象。
- HEAD：获取头信息。

2．RESTful 内置接口

ElasticSearch 有很多内置的 RESTful 接口供我们使用，具体接口如表 11-15 所示。

表 11-15 RESTful 接口

接口名称	接口功能
/index/_search	搜索指定索引下的数据
/_aliases	获取或者操作索引下的别名
/index/	查看指定索引下的详细信息
/index/type/	创建或者操作类型
/index/mapping	创建或者操作 mapping
/index/settings	创建或者操作 settings
/index/_open	打开指定索引
/index/_close	关闭指定索引
/index/_refresh	刷新索引（使新增加内容对搜索可见，不保证数据被写入磁盘）
/index/_flush	刷新索引（会触发 Lucene 提交数据）

3．curl 命令

curl 是利用 URL 语法在命令行方式下工作的开源文件传输工具，使用 curl 可以简单实现常见的 get/post 请求。使用 curl 向 ElasticSearch 发送的请求的语句与其他普通的 HTTP 请求是一样的，具体格式如下所示。

```
curl -X<VERB> '<PROTOCOL>://<HOST>/<PATH>?<QUERY_STRING>' -d '<BODY>'
```

请求参数具体含义如下所示。

- VERB：HTTP 方法，比如 GET，POST，PUT，HEAD，DELETE。
- PROTOCOL：HTTP 或者 HTTPS 协议。
- HOST：ElasticSearch 集群中的任何一个节点的主机名，如果是在本地的节点，那么就叫 localhost。
- PORT：ElasticSearch 集群 HTTP 服务所在的端口，默认为 9200。
- QUERY_STRING：一些可选的查询请求参数。例如，?pretty 参数将使请求返回更加美观易读的 JSON 数据。
- BODY：一个 JSON 格式的请求主体。

通过 curl 命令对 ElasticSearch 进行操作，都会返回一个 Json 格式的响应体，该响应体代表对 ElasticSearch 操作后的反馈信息，通过反馈信息可以了解 ElasticSearch 索引的相关情况。curl 命令的具体用法如下所示。

（1）索引用户文档

通过 curl 命令，使用 PUT()方法为 3 个用户文档建立索引，具体操作如下所示。

```
[es@master elasticsearch-2.4.0]$ curl -XPUT http://master:9200/djt/user/1 -d '{"name": "lily", "age" : 28}'
{"_index":"djt","_type":"user","_id":"1","_version":1,"_shards":{"total":2,"successful":1,"failed":0},"created":true}
[es@master elasticsearch-2.4.0]$ curl -XPUT http://master:9200/djt/user/2 -d '{"name": "lucy",
```

```
"age" : 27}'
            {"_index":"djt","_type":"user","_id":"2","_version":1,"_shards":{"total":2,"successful":2,"failed":0},
"created":true}
        [es@master elasticsearch-2.4.0]$ curl -XPUT http://master:9200/djt/user/3 -d '{"name": "mike",
"age" : 29}'
            {"_index":"djt","_type":"user","_id":"3","_version":1,"_shards":{"total":2,"successful":2,"failed":0},
"created":true}
```

以上用户文档均为 Json 格式的数据：第一个文档的 name 值为"Cily"，age 值为 28；第二个文档的 name 值为"lucy"，age 值为 27；第三个文档的 name 值为"mike"，age 值为 29。

（2）检索文档

现在 ElasticSearch 中已经存储了一些数据，可以根据业务需求进行检索了。可以使用 GET()方法进行以下几类查询。

1）根据用户 id 查询。

```
[es@master elasticsearch-2.4.0]$ curl -XGET http://master:9200/djt/user/1?pretty
{
  "_index" : "djt",
  "_type" : "user",
  "_id" : "1",
  "_version" : 1,
  "found" : true,
  "_source" : {
    "name" : "lily",
    "age" : 28
  }
}
```

2）检索文档部分数据，只显示 name 字段。

```
[es@master elasticsearch-2.4.0]$ curl -XGET 'http://master:9200/djt/user/1?_source=name&pretty'
{
  "_index" : "djt",
  "_type" : "user",
  "_id" : "1",
  "_version" : 1,
  "found" : true,
  "_source" : {
    "name" : "lily"
  }
}
```

3）检索索引库下的所有用户文档。

```
[es@master elasticsearch-2.4.0]$ curl -XGET http://master:9200/djt/user/_search?pretty
```

```
    {
      "took" : 14,
      "timed_out" : false,
      "_shards" : {
        "total" : 5,
        "successful" : 5,
        "failed" : 0
      },
      "hits" : {
        "total" : 3,
        "max_score" : 1.0,
        "hits" : [ {
          "_index" : "djt",
          "_type" : "user",
          "_id" : "2",
          "_score" : 1.0,
          "_source" : {
            "name" : "lucy",
            "age" : 27
          }
        }, {
          "_index" : "djt",
          "_type" : "user",
          "_id" : "1",
          "_score" : 1.0,
          "_source" : {
            "name" : "lily",
            "age" : 28
          }
        }, {
          "_index" : "djt",
          "_type" : "user",
          "_id" : "3",
          "_score" : 1.0,
          "_source" : {
            "name" : "mike",
            "age" : 29
          }
        } ]
      }
    }
```

4）根据条件进行查询 name 字段为 "Lncy" 的数据。

```
[es@master elasticsearch-2.4.0]$ curl -XGET 'http://master:9200/djt/user/_search?q=name:lucy&pretty'
```

```
            "took" : 5,
            "timed_out" : false,
            "_shards" : {
              "total" : 5,
              "successful" : 5,
              "failed" : 0
            },
            "hits" : {
              "total" : 1,
              "max_score" : 0.30685282,
              "hits" : [ {
                "_index" : "djt",
                "_type" : "user",
                "_id" : "2",
                "_score" : 0.30685282,
                "_source" : {
                  "name" : "lucy",
                  "age" : 27
                }
              } ]
            }
          }
```

（3）使用 DSL 查询

查询字符串搜索便于通过命令行完成特定的搜索，但是它有局限性。ElasticSearch 提供丰富且灵活的查询语言 DSL（Domain Specific Language，特定领域语言），允许构建更加复杂、强大的查询。

DSL 以 JSON 请求体的形式出现，可以通过下面的语句进行过滤查询。

```
[es@master elasticsearch-2.4.0]$ curl -XGET http://master:9200/djt/user/_search?pretty -d'
{"query":{"match":{"name":"lucy"}}}'
          {
            "took" : 10,
            "timed_out" : false,
            "_shards" : {
              "total" : 5,
              "successful" : 5,
              "failed" : 0
            },
            "hits" : {
              "total" : 1,
              "max_score" : 0.30685282,
              "hits" : [ {
                "_index" : "djt",
                "_type" : "user",
                "_id" : "2",
```

```
              "_score" : 0.30685282,
              "_source" : {
                "name" : "lucy",
                "age" : 27
              }
            } ]
          }
        }
```

（4）MGET API 多文档查询

当 ElasticSearch 检索多个文档时，相对于一个文档一个文档的检索，更快的方式是在一个请求中使用 MGET API 查询。通过这种方式，合并多个请求避免每个请求单独的网络开销。

1）MGET API 参数是一个 docs 数组，数组的每个元素定义一个文档的_index、_type、_id 元数据。如果只检索一个或者几个确定的字段，也可以定义一个_source 参数。

下面我们通过 GET()方法，利用_mget 查询 index 为"djt"，type 为"user"中的多文档数据。第一个是查询_id 为 2，只返回 name 字段的文档。第二个是查询_id 为 1 的文档。具体操作命令如下所示：

```
[es@master elasticsearch-2.4.0]$ curl -XGET http://master:9200/_mget?pretty -d '{"docs":
[{"_index":"djt","_type":"user","_id":2,"_source":"name"},{"_index":"djt","_type":"user","_id":1}]}'
{
  "docs" : [ {
    "_index" : "djt",
    "_type" : "user",
    "_id" : "2",
    "_version" : 1,
    "found" : true,
    "_source" : {
      "name" : "lucy"
    }
  }, {
    "_index" : "djt",
    "_type" : "user",
    "_id" : "1",
    "_version" : 1,
    "found" : true,
    "_source" : {
      "name" : "lily",
      "age" : 28
    }
  } ]
}
```

响应体也包含一个 docs 数组，每个文档还包含一个响应体，它们按照请求定义的顺序排列。每个这样的响应与单独使用 get 请求响应体相同。

2）如果检索的文档在同一个 index 中，甚至在同一个 type 中，那么就可以在 URL 中定义一个默认的/_index 或者/_index/_type。具体示例如下。

```
[es@master elasticsearch-2.4.0]$ curl -XGET http://master:9200/djt/user/_mget?pretty -d '{"docs":[{"_id":1},{"_id":2}]}'
{
    "docs" : [ {
        "_index" : "djt",
        "_type" : "user",
        "_id" : "1",
        "_version" : 1,
        "found" : true,
        "_source" : {
            "name" : "lily",
            "age" : 28
        }
    }, {
        "_index" : "djt",
        "_type" : "user",
        "_id" : "2",
        "_version" : 1,
        "found" : true,
        "_source" : {
            "name" : "lucy",
            "age" : 27
        }
    } ]
}
```

3）如果所有文档具有相同的_index 和_type，还可以通过简单的 ids 数组来代替完整的 docs 数组。具体示例如下。

```
[es@master elasticsearch-2.4.0]$ curl -XGET http://master:9200/djt/user/_mget?pretty -d '{"ids":["1","2"]}'
{
    "docs" : [ {
        "_index" : "djt",
        "_type" : "user",
        "_id" : "1",
        "_version" : 1,
        "found" : true,
        "_source" : {
            "name" : "lily",
            "age" : 28
```

```
        }
    }, {
        "_index" : "djt",
        "_type" : "user",
        "_id" : "2",
        "_version" : 1,
        "found" : true,
        "_source" : {
            "name" : "lucy",
            "age" : 27
        }
    } ]
}
```

（5）检查文档是否存在

如果只是检查文档是否存在，而对文档的内容并不关心，可以使用 HEAD()方法来代替 GET 命令。HEAD 请求不会返回响应体，只有 HTTP 头。具体示例如下。

```
[es@master elasticsearch-2.4.0]$ curl -i -XHEAD http://master:9200/djt/user/1
HTTP/1.1 200 OK
Content-Type: text/plain; charset=UTF-8
Content-Length: 0
```

（6）更新文档

ElasticSearch 使用 Update 命令对文档进行更新操作。可以将这个操作看作先删除再索引的原子操作，只是省略了返回的过程，这样即节省了来回传输的网络流量，也避免了并发造成的文档修改冲突。

1）通过 PUT 命令对 index 为"dit"，type 为"user"，id 为 1 的文档整体更新，具体操作如下所示。

```
[es@master elasticsearch-2.4.0]$ curl -XPUT http://master:9200/djt/user/1 -d '{"sex":"female"}'
{"_index":"djt","_type":"user","_id":"1","_version":5,"_shards":{"total":2,"successful":2,"failed":0},"created":false}
```

上面的操作是对整个文档索引进行重建或者替换，之前的信息已经不存在了，替换成了 sex 为"female"的文档信息。

2）通过 Update 命令对 index 为"dit"，type 为"user"，id 为 2 的文档进行局部更新，具体操作如下所示。

```
[es@master elasticsearch-2.4.0]$ curl -XPOST http://master:9200/djt/user/2/_update -d '{"doc":{"age":18}}'
{"_index":"djt","_type":"user","_id":"2","_version":2,"_shards":{"total":2,"successful":2,"failed":0}}
```

上面的操作只是对文档的 age 字段进行更新，其他字段信息仍然不变。

（7）删除文档

删除文档的语法模式跟前面的基本一致，只不过这里使用 DELETE()方法而已。具体操作如下所示。

```
[es@master elasticsearch-2.4.0]$ curl -XDELETE http://master:9200/djt/user/1
```

删除时如果文档存在，ElasticSearch 会返回 200 OK 状态码和以下响应体。注意 version 数字已经增加到了 6。

```
{"found":true,"_index":"djt","_type":"user","_id":"1","_version":6,"_shards":{"total":2,"successful":2,"failed":0}}
```

删除时如果文档不存在，ElasticSearch 会返回一个 404 Not Found 状态码和以下响应体。注意：此时 version 数字也增加了。

```
{"found":false,"_index":"djt","_type":"user","_id":"1","_version":7,"_shards":{"total":2,"successful":2,"failed":0}}
```

注意：删除一个文档之后，它不会立即生效，它只是被标记成已删除。ElasticSearch 将会在后续添加更多索引的时候，才会在后台进行删除内容的清理。

（8）BULK 批量操作

就像 MGET 运行一次性检索多个文档一样，Bulk API 允许使用单一请求来实现多个文档的创建、索引、更新或者删除。这种索引操作对类似于日志活动的数据流非常有用，一次性请求可以处理上千条数据。

Bulk 请求的数据格式如下所示。

```
action: index/create/update/delete
metadata: _index,_type,_id
request body: _source
        { action: { metadata }}
        { request body        }
        { action: { metadata }}
        { request body        }
```

其中，action 定义了文档行为，包含 create（创建）、index（索引）、update（更新）、delete（删除）四种对文档的操作；metadata 指的是在索引、创建、更新或者删除时必须指定文档的 index、type 和 id 三项元数据；request body 是请求体，由文档的 source（source 字段存储索引的原始内容）组成，比如文档所包含的一些字段及其值。接下来通过一个示例来说明整个批量操作流程。

1）新建一个 requests 文件。

在任意目录下新建一个 requests 文件，具体内容如下所示。

```
[es@master elasticsearch-2.4.0]$ vi requests
{"index":{"_index":"djt","_type":"user","_id":"6"}}
```

```
{"name":"mayun","age":51}
{"update":{"_index":"djt","_type":"user","_id":"6"}}
{"doc":{"age":52}}
```

注意：每行结尾必须换行，包括最后一行。它是作为每行有效的分隔而做的标记。

2）执行批量操作。

通过 curl 命令使用 _bulk 对 requests 文件进行创建文档、更新文档的批量操作，具体命令如下所示。

```
[es@master elasticsearch-2.4.0]$ curl  -XPOST http://master:9200/_bulk --data-binary @requests;
{"took":20,"errors":false,"items":[{"index":{"_index":"djt","_type":"user","_id":"6","_version":1,"_shards":{"total":2,"successful":2,"failed":0},"status":201}},{"update":{"_index":"djt","_type":"user","_id":"6","_version":2,"_shards":{"total":2,"successful":2,"failed":0},"status":200}}]}
```

11.4.8 ElasticSearch Java API

ElasticSearch 为用户提供了两种内置客户端，均由 Java 语言实现。

（1）节点客户端（Node Client）

节点客户端以无数据节点身份加入集群，它自己不存储任何数据，但是它知道数据在集群中的具体位置，并且能够直接转发请求到对应的节点上。

（2）传输客户端（Transport Client）

传输客户端更加轻量级，能够发送请求到远程集群。它自己并不加入集群，只是简单转发请求给集群中的节点。

两个 Java 客户端都通过 9300 端口与集群交互，使用 ElasticSearch 传输协议（ElasticSearch Transport Protocol）。集群中的节点之间也通过 9300 端口进行通信。因为 TransportClient 比较轻量级使用比较方便，接下来重点来学习 TransportClient 操作。

1．引入依赖包

使用 Eclipse 开发工具，构建 Maven 项目，通过 pom.xml 文件自动下载 ElasticSearch 和单元测试依赖包即可，依赖包的引入方式如下所示。

```xml
<dependency>
    <groupId>junit</groupId>
    <artifactId>junit</artifactId>
    <version>3.8.1</version>
    <scope>test</scope>
</dependency>
<dependency>
    <groupId>org.elasticsearch</groupId>
    <artifactId>elasticsearch</artifactId>
    <version>2.4.0</version>
</dependency>
```

2. 获取 TransportClient

在进行各种操作之前，首先获取 TransportClient 对象，具体代码如下所示。

```java
private TransportClient client;
    @Before
    public void test0() throws UnknownHostException {
        // 开启 client.transport.sniff 功能，探测集群所有节点
        Settings settings = Settings.settingsBuilder()
                .put("cluster.name", "es-cluster")
                .put("client.transport.sniff", true).build();
        // 获取 TransportClient
        client = TransportClient
                .builder()
                .settings(settings)
                .build()
                .addTransportAddress(
                        new InetSocketTransportAddress(InetAddress
                                .getByName("master"), 9300))
                .addTransportAddress(
                        new InetSocketTransportAddress(InetAddress
                                .getByName("slave1"), 9300))
                .addTransportAddress(
                        new InetSocketTransportAddress(InetAddress
                                .getByName("slave2"), 9300));
    }
```

3. Document API 操作

（1）创建索引

使用 ELasticSearch 的 Index() 方法创建了一个 index 为 "twitter" 的索引库，并往 type 为 "tweet" 的类型中添加了一条 id 为 1，user 字段为 "kimchy"，postDate 字段为当前日期 newDate()，message 字段为 "trying out Elasticsearch" 的文档数据，具体代码如下所示。

```java
/**
 * 创建索引：use ElasticSearch Index
 *
 * @throws IOException
 */
@Test
public void test1() throws IOException {
    IndexResponse response = client
            .prepareIndex("twitter", "tweet", "1")
            .setSource(
                    jsonBuilder().startObject().field("user", "kimchy")
                            .field("postDate", new Date())
```

```
                        .field("message", "trying out Elasticsearch")
                        .endObject()).get();
        System.out.println(response.getId());
        client.close();
    }
```

(2) 查询索引

使用 get()方法查询索引,返回 index 为 "twitter",type 为 "tweet",id 为 1 的文档数据,具体代码如下所示。

```
/**
 * 查询索引:get
 *
 * @throws IOException
 */
@Test
public void test5() throws IOException {
    GetResponse response = client.prepareGet("twitter", "tweet", "1").get();
    System.out.println(response.getSourceAsString());
    client.close();
}
```

(3) 删除索引

使用 delete()方法删除索引,此时 index 为 "twitter",type 为 "tweet",id 为 1 的文档数据被删除,具体代码如下所示。

```
/**
 * 删除索引:delete
 *
 * @throws IOException
 */
@Test
public void test6() throws IOException {
    client.prepareDelete("twitter", "tweet", "1").get();
    client.close();
}
```

(4) 更新索引

使用 update()方法更新索引,将 index 为 "twitter",type 为 "tweet",id 为 1 的文档中的 gender 字段值更新为 "female",具体代码如下所示。

```
/**
 * 更新索引:Update API-prepareUpdate()-doc
 * @throws IOException
 * @throws ExecutionException
 * @throws InterruptedException
```

```java
     */
    @Test
    public void test8() throws IOException, InterruptedException,
            ExecutionException {
        client.prepareUpdate("twitter", "tweet", "AVnJTqaLc9XhQxkiDeIT")
                .setDoc(jsonBuilder().startObject().field("gender", "female")
                        .endObject()).get();
        client.close();
    }
```

（5）批量查询索引

使用 Multi Get API 批量查询索引，将返回 index 为"twitter"，type 为"tweet"，id 为 1 的文档数据以及 index 为"dit"，type 为"user"，id 为 1 的文档数据，具体代码如下所示。

```java
    /**
     * 批量查询索引：Multi Get API
     * @throws IOException
     * @throws ExecutionException
     * @throws InterruptedException
     */
    @Test
    public void test11() throws IOException, InterruptedException,
            ExecutionException {
        MultiGetResponse multiGetItemResponses = client
                .prepareMultiGet()
                .add("twitter", "tweet", "1")
                .add("djt", "user", "1")
                .get();
        for (MultiGetItemResponse itemResponse : multiGetItemResponses) {
            GetResponse response = itemResponse.getResponse();
            if (response.isExists()) {
                String json = response.getSourceAsString();
                System.out.println(json);
            }
        }
        client.close();
    }
```

（6）批量操作索引

使用 Bulk API 批量操作索引，创建了 index 为"twitter"，type 为"tweet"，id 为 2 和 3 的两个文档索引，同时删除了 index 为"twitter"，type 为"tweet"，id 为"AVnJTVfSc9XhQxkiDelk"的一个文档索引，具体代码如下所示。

```java
    /**
     * 批量操作索引：Bulk API
```

```java
 * @throws IOException
 * @throws ExecutionException
 * @throws InterruptedException
 */
@Test
public void test12() throws IOException, InterruptedException,
        ExecutionException {
    BulkRequestBuilder bulkRequest = client.prepareBulk();
    bulkRequest.add(client.prepareIndex("twitter", "tweet", "3")
            .setSource(jsonBuilder()
                    .startObject()
                        .field("user", "kimchy")
                        .field("postDate", new Date())
                        .field("message", "trying out Elasticsearch")
                    .endObject()
                  )
            );
    bulkRequest.add(client.prepareIndex("twitter", "tweet", "2")
            .setSource(jsonBuilder()
                    .startObject()
                        .field("user", "kimchy")
                        .field("postDate", new Date())
                        .field("message", "another post")
                    .endObject()
                  )
            );
    DeleteRequestBuilder prepareDelete = client.prepareDelete("twitter", "tweet", "AVnJT VfSc9XhQxkiDeIK");
    bulkRequest.add(prepareDelete);
    BulkResponse bulkResponse = bulkRequest.get();
    //批量操作：其中一个操作失败不影响其他操作成功执行
    if (bulkResponse.hasFailures()) {
        // process failures by iterating through each bulk response item
        BulkItemResponse[] items = bulkResponse.getItems();
        for (BulkItemResponse bulkItemResponse : items) {
            System.out.println(bulkItemResponse.getFailureMessage());
        }
    }else{
        System.out.println("bulk process success!");
    }
    client.close();
}
```

11.5* Storm 流式计算框架

11.5.1 Storm 概述

Apache Storm 是一个免费开源的分布式实时计算系统，它的前身是 Twitter Storm 平台，目前已经成为 Apache 顶级项目。Storm 的使用非常简单，适用于任意编程语言，它简化了流数据的可靠处理，像 Hadoop 一样实现实时批处理。Storm 的计算速度非常快，单节点测试可以实现每秒一百万条消息的组处理，而且应用非常广泛，比如实时数据分析、联机学习、持续计算、分布式 RPC（即远程过程调用，它是一种通过网络从远程计算机程序上请求服务，而不需要了解底层网络技术的协议）、ETL（即英文 Extract-Transform-Load）的缩写，用来描述将数据从来源端经过抽取（Extract）、转换（Transform）、加载（Load）至目的端的过程等。

11.5.2 Storm 的特点

Storm 是分布式流式数据处理系统，其强大的分布式集群管理、便捷的针对流式数据的编程模型、高容错保障，使它成为流式数据实时处理的首选。它有以下特点和优势。
- 易用性：为复杂的流计算模型提供了丰富的服务和编程接口，易于学习和使用，降低了学习和开发的门槛。
- 容错性：具有适应性的容错能力。当工作进程（Worker）失败时，Storm 可以自动重启这些进程；当一个节点宕机时，其上的所有工作进程都会在其他节点被重启；对于 Storm 的守护进程，Nimbus 和 Supervisor 被设计为无状态和快速恢复的，也即当这些守护进程失败时，它们可以通过被重启恢复而不会产生其他额外影响。
- 可扩展性：Storm 作业天然具有并行性，可以跨机器甚至集群执行。Topology 中各个不同的组件（Spout 或 Bolt）可以配置为不同的并行度。当集群性能不足时，可以随时添加物理机器并对任务进行平衡。
- 完整性：对数据提供完整性操作包含：至少处理一次、至多处理一次和处理且仅处理一次。用户可以根据自己的需求进行选择。

11.5.3 Storm 的架构

与 Hadoop 主从架构一样，Storm 也采用 Master/Slave 体系结构，分布式计算由 Nimbus 和 Supervisor 两类服务进程实现。Nimbus 进程运行在集群的主节点，负责任务的指派和分发，Supervisor 运行在集群的从节点，负责执行任务的具体部分。Storm 架构如图 11-24 所示。

从该图可以看出，Storm 集群的核心是由主节点、协调节点和从节点组成，具体作用如下所示。

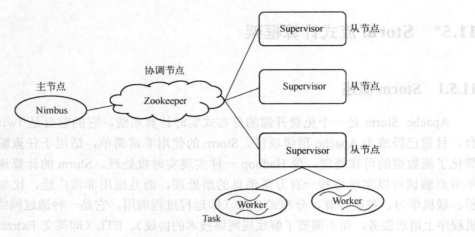

图 11-24 Storm 架构图

1) 主节点：运行 Nimbus 的节点是系统的 Master 节点，即主控节点；Nimbus 进程作为 Storm 系统的中心，负责接收用户提交的作业，向工作节点分配处理任务（进程级和线程级）和传输作业副本；并依赖协调节点的服务监控集群运行状态，提供状态获取接口。Nimbus 目前是单独部署的。

2) 从节点：运行 Supervisor 的节点是系统的从节点，即工作节点；Supervisor 监听所在节点，根据 Nimbus 的委派，启动、暂停、撤销或者关闭任务的工作进程。工作节点是实时数据处理作业运行的节点。其中，工作进程是 Worker，计算进程是 Executor。

3) 协调节点：运行 Zookeeper 进程的节点；Zookeeper 并不是 Storm 专用的，可以作为一类通用的分布式状态协调服务。Nimbus 和 Supervisor 之间的所有协调，包括分布式状态维护和分布式配置管理，都是通过该协调节点实现的。为了实现服务的高可用性，Zookeeper 往往是以集群形式提供服务的，也即在 Storm 系统中可以存在多个协调节点。

11.5.4　Storm 工作流

Storm 是一个分布式实时计算系统，它设计了一种对流和计算的抽象，概念比较简单，实际编程开发起来相对容易。接下来一起看一下 Storm 工作流，如图 11-25 所示。

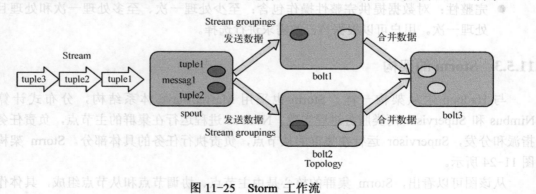

图 11-25　Storm 工作流

结合 Storm 工作流示例图，我们详细介绍 Storm 的核心组成部分。
- Topology：Topology 是一个由 Spouts 和 Bolts 以及将它们连接起来的 stream grouping 构成的图。Storm Topology 和 MapReduce 的 Job 很类似。一个最关键的不同在于，一个 MapReduce 的 Job 最终会结束，而一个 Topology 是永远运行的（除非手动"杀死"它）。
- Spout：是在一个 Topology 中产生源数据流的组件。通常情况下 Spout 会从外部数据源中读取 Tuple，比如 tuple1、tuple2 和 tuple3，并将其发送到 Topology 中。
- Bolt：是在一个 Topology 中接收数据然后执行处理的组件。Topology 中的所有处理都是由 Bolt 来做的。Bolts 可以做许多事情，比如 bolt3 可以合并 bolt1 和 bolt2 处理后的数据。
- Tuple：是 Storm 的主要数据结构，并且是 Storm 中使用的最基本单元、数据模型和元组，比如 Topology 中的 tuple1、tuple2、tuple3。
- Stream：源源不断传递的 Tuple（比如 tuple1、tuple2、tuple3 等）就组成了 Stream。
- Stream groupings：定义了一个流在 Bolt 任务间该如何被切分的方法，比如 spout 中的数据通过 Stream groupings 发送到 bolt1 和 bolt2。

11.5.5 Storm 数据流

Storm 的核心抽象概念是"流"（Stream），一个 Stream 相当于一个无限的元组（Tuple）序列。Storm 提供用来做流转换的基件是"Spout"和"Bolts"，Spout 和 Bolt 提供了接口，可以实现这些接口来处理自己的与应用程序相关的逻辑。

Spout 是流的来源，例如 Spout 可以从一个 Kestrel 队列来读元组并且发射（Emit）它们形成一个流，或者 Spout 可以连接到 Twitter API，来发射一个推文的流。

一个 Bolt 消费任意数量的流，并对流数据做一些处理，然后可能会发射出新的流，做复杂的流转换，例如从一个推文的流计算出一个热门话题的流，需要多个步骤多个 Bolt。Bolt 可以通过运行函数（Functions）来做任何事，例如过滤元组，做流聚合，做流连接，跟数据库交互等。

Storm 使用元组做数据模型，一个元组是被命名过的值列表，一个元组中的字段可以是任何类型的对象。Storm 支持所有的简单数据类型，如字符串，字节数组作为元组的字段值。

为 Topology 中每个 Bolt 确定输入数据流是定义一个 Topology 的重要环节，数据流分组定义了在 Bolt 的不同任务（Task）中划分数据流的方式。在 Storm 中有 8 种内置的数据流分组方式，而且还可以通过 CustomStreamGrouping 接口实现自定义的数据流分组模型。这 8 种分组方式分别为：

1）随机分组（Shuffle grouping）：这种方式下元组会被尽可能随机地分配到 Bolt 的不同任务（Task）中，使得每个任务所处理元组数量能够保持基本一致，以确保集群的负载均衡。

2）域分组（Fields grouping）：这种方式下数据流根据定义的"域"来进行分组。例如，如果某个数据流是基于一个名为"user-id"的域进行分组的，那么所有包含相同的"user-id"的元组都会被分配到同一个任务中，这样就可以确保消息处理的一致性。

3）部分关键字分组（Partial Key grouping）：这种方式与域分组很相似，根据定义的域来对数据流进行分组，不同的是，这种方式会考虑下游 Bolt 数据处理的均衡性问题，在输入数据源关键字不平衡时会有更好的性能。

4）完全分组（All grouping）：这种方式下数据流会被同时发送到 Bolt 的所有任务中，也就是说同一个元组会被复制多份然后被所有的任务处理，使用这种分组方式要特别小心。

5）全局分组（Global grouping）：这种方式下所有的数据流都会被发送到 Bolt 的同一个任务中，也就是 ID 最小的那个任务。

6）非分组（None grouping）：使用这种方式说明可以不关心数据流如何分组。目前这种方式的结果与随机分组完全等效，不过未来 Storm 社区可能会考虑通过非分组方式来让 Bolt 和它所订阅的 Spout 或 Bolt 在同一个线程中执行。

7）直接分组（Direct grouping）：这是一种特殊的分组方式。使用这种方式意味着元组的发送者可以指定下游的哪个任务可以接收这个元组。只有在数据流被声明为直接数据流时才能够使用直接分组方式。使用直接数据流发送元组需要使用 OutputCollector 的其中一个 emitDirect 方法。Bolt 可以通过 TopologyContext 来获取它的下游消费者的任务 id，也可以通过跟踪 OutputCollector 的 emit 方法（该方法会返回它所发送元组的目标任务的 id）的数据来获取任务 id。

8）本地或随机分组（Local or shuffle grouping）：如果在源组件的 Worker 进程里目标 Bolt 有一个或更多的任务线程，元组会被随机分配到那些同进程的任务中。换句话说，这与随机分组的方式具有相似的效果。

11.5.6 Storm 集群的安装配置

Storm 集群中包含两类节点：主控节点（Master Node）和工作节点（Work Node）。Master Node 上运行一个被称为 Nimbus 的后台程序，它负责在 Storm 集群内分发代码，分配任务给工作机器，并且负责监控集群运行状态。每个 Work Node 上运行一个被称为 Supervisor 的后台程序，Supervisor 负责监听从 Nimbus 分配给它执行的任务，据此启动或停止执行任务的工作进程，每一个工作进程执行一个 Topology 的子集，一个运行中的 Topology 由分布在不同工作节点上的多个工作进程组成。

Nimbus 和 Supervisor 守护进程被设计成快速失败的（每当遇到任何意外的情况，进程会自动毁灭），而且是无状态的（所有状态，都保存在 Zookeeper 或者磁盘上），两者的协调工作是由 Zookeeper 来完成的，所以 Storm 依赖 Zookeeper 的服务。Zookeeper 集群之前已经搭建过，这里就不再赘述，接下来直接安装 Storm 集群即可。

1. 集群规划

1）主机规划

Storm 集群是高可用的，它依赖 Zookeeper 集群提供协调服务，相关角色节点规划如

表 11-16 所示。

表 11-16 主机规划

	Master	slave1	slave2
Zookeeper	是	是	是
Nimbus	是		
Supervisor		是	是
UI	是		

2）软件规划

Zookeeper 仍然使用 Hadoop 集群中的版本，Storm 选择稳定版本即可，具体规划如表 11-17 所示。

表 11-17 软件规划

软　件	版　本	说　明
Zookeeper	3.4.6	稳定
Storm	1.0.3	高可用

3）用户规划

Storm 集群安装用户保持跟 Hadoop 一致即可，当然也可以另外规划其他用户进行安装。Storm 安装用户规划如表 11-18 所示。

表 11-18 用户规划

节　点	用　户　组	用　　户
master	hadoop	hadoop
slave1	hadoop	hadoop
slave2	hadoop	hadoop

4）目录规划

在正式安装 Storm 之前，需要规划好所有的软件目录和数据存放目录，便于后期的管理与维护。Storm 目录规划如表 11-19 所示。

表 11-19 目录规划

目录名称	目录路径
Storm 安装目录	/home/hadoop/app
Storm 数据目录	/home/hadoop/data/Storm

2．Storm 集群安装

（1）下载并解压 Storm

下载 apache-storm-1.0.3.tar.gz（下载地址：http//storm.apache.org/download.html）安装包，选择 Master 作为安装节点，然后上传至 master 节点的/home/hadoop/app 目录下进

行解压安装,操作命令如下。

```
[hadoop@master app]$ ls
apache-storm-1.0.3.tar.gz
[hadoop@master app]$ tar -zxvf apache-storm-1.0.3.tar.gz
[hadoop@master app]$ rm -rf apache-storm-1.0.3.tar.gz
[hadoop@master app]$ ls
apache-storm-1.0.3
```

(2) 修改 storm.yaml 配置文件

进入 Storm 根目录下的 conf 文件夹中,修改 storm.yaml 配置文件,具体内容如下。

```
[hadoop@master app]$ cd apache-storm-1.0.3/
[hadoop@master apache-storm-1.0.3]$ cd conf/
[hadoop@master conf]$ ls
storm_env.ini    storm.yaml
[hadoop@master conf]$ vi storm.yaml
#配置 Zookeeper 地址
storm.zookeeper.servers:
    - "master"
    - "slave1"
    - "slave2"
#配置高可用的 nimbus
nimbus.seeds: ["master", "slave1"]
#保存 storm 的数据目录
storm.local.dir: "/home/hadoop/data/storm"
#指定运行端口
supervisor.slots.ports:
    - 6700
    - 6701
```

(3) 安装文件分发

仍然通过 deploy.sh 分发脚本,将 master 节点配置好的 Storm 安装目录分发给 slave1 和 slave2 节点,具体操作如下所示。

```
[hadoop@master app]$ deploy.sh apache-storm-1.0.3 /home/hadoop/app/ slave
```

(4) 创建数据目录

通过 runRemoteCmd.sh 脚本在 Storm 所有安装节点创建数据目录,具体操作如下所示。

```
[hadoop@master app]$ runRemoteCmd.sh "mkdir -p /home/hadoop/data/storm" all
*******************master*************************
*******************slave1*************************
*******************slave2*************************
```

(5) 启动 Storm 集群

在启动 Storm 集群之前,首先确保 Zookeeper 集群已经启动。然后分别在 master、slave1 和 slave2 节点上启动 Storm 进程。

1) 在 Master 和 slave1 节点上启动 Storm Nimbus 进程。

```
[hadoop@master apache-storm-1.0.3]$ bin/storm nimbus &
[1] 2972
[hadoop@slave1 apache-storm-1.0.3]$ bin/storm nimbus &
[2] 2817
```

2) 在 master 节点上启动 Storm UI 进程。

```
[[hadoop@master apache-storm-1.0.3]$ bin/storm ui &
[2] 3094
```

3) 在 slave1 和 slave2 节点上分别启动 Storm Supervisor 进程。

```
[hadoop@slave1 apache-storm-1.0.3]$ bin/storm supervisor &
[1] 2709
[hadoop@slave2 apache-storm-1.0.3]$ bin/storm supervisor &
[1] 2075
```

(6) 通过 Web 界面查看 Storm 集群是否正常

在本机浏览器中输入 Storm Web 界面的地址:master:8080/index.html,查看 Storm 集群状态,如图 11-26 所示。

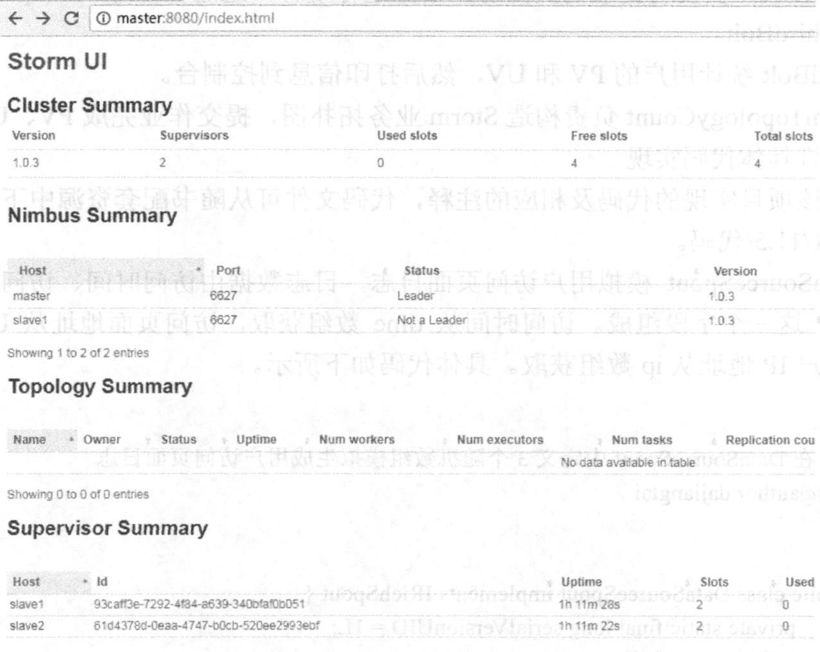

图 11-26　Storm Web 界面

从上图可以看出，Storm 版本为 1.0.3，master 和 slave1 启动了 Nimbus，slave1 和 slave2 启动了 Supervisor。此时说明 Storm 集群搭建成功。

11.5.7 实战：统计网站 PV 和 UV

1. 需求分析

对所有互联网公司来说，掌握用户相关数据至关重要，因为这些用户数据能为公司的运营提供决策服务。一般网站统计用户基本指标就是用户的 PV 和 UV。

- PV 即 Page View 页面访问次数，作为访客行为的一个指标。
- UV 即 Unique Visitor 绝对唯一访客，作为访客身份判定的一个指标。

2. 数据集

这里以大讲台的官网页面用户访问日志为例，数据示例如下所示。

```
2017-08-01^/course/list.do^187.144.42.68
```

第一个字段 2017-08-01 代表访问日期，第二个字段 Coures/list.do 代表访问页面地址，第三个字段代表用户 IP 地址。

3. 项目实现

（1）项目执行流程分析

- DataSourceSpout 模拟用户访问日志，通过 shuffleGrouping 方式分发给 FirstBolt。
- FirstBolt 负责从所有日志中提取出需要处理的日志，通过 Field Grouping 方式发送给 SecondBolt，其中 Field 为"time"、"url"、"ip"。
- SecondBolt 负责对提取的页面访问信息进行统计，通过 Global Grouping 方式发送给 ThirdBolt。
- ThirdBolt 统计用户的 PV 和 UV，然后打印信息到控制台。
- StormTopologyCount 负责构造 Storm 业务拓扑图，提交作业完成 PV、UV 统计。

（2）项目具体代码实现

以下为该项目实现的代码及相应的注释，代码文件可从随书配套资源中下载，资源路径：第 11 章/11.5/代码。

1）DataSourceSpout 模拟用户访问页面日志，日志数据由访问时间、访问页面地址和访问用户 IP 这三个字段组成。访问时间从 time 数组获取，访问页面地址从 URL 数组获取，访问用户 IP 地址从 ip 数组获取。具体代码如下所示。

```
/**
 * 在 DataSourceSpout 中定义 3 个随机数组模拟生成用户访问页面日志
 * @author dajiangtai
 *
 */
public class DataSourceSpout implements IRichSpout {
    private static final long serialVersionUID = 1L;
    //发送 tuple 数据
```

```java
SpoutOutputCollector _collector;
public void nextTuple() {
    // TODO Auto-generated method stub
    //休眠 1 秒钟
    Utils.sleep(1000);
    Random random = new Random();
    //访问时间
    String[] time = {"2017-08-01"};
    //访问页面
    String[] url = {"/user/course.do","/community/list.do","/course/list.do"};
    //访问 ip
    String[] ip = {"187.144.42.68","138.68.137.77","122.192.74.83"};
    //随机生成页面访问日志
    String log = time[0]+"^"+url[random.nextInt(3)]+"^"+ip[random.nextInt(3)];
    //通过 emit 方法将构造好的 tuple 发送出去
    _collector.emit(new Values(log));
}
public void open(Map arg0, TopologyContext arg1, SpoutOutputCollector arg2) {
    // TODO Auto-generated method stub
    _collector = arg2;
}

/**
 * 定义发送的 tuple 字段("键值")为 log
 */
public void declareOutputFields(OutputFieldsDeclarer declarer) {
    // TODO Auto-generated method stub
    declarer.declare(new Fields("log"));
}

public void ack(Object arg0) {
    // TODO Auto-generated method stub

}

public void activate() {
    // TODO Auto-generated method stub

}

public void close() {
    // TODO Auto-generated method stub

}

public void deactivate() {
```

```
                    // TODO Auto-generated method stub
                }

                public void fail(Object arg0) {
                    // TODO Auto-generated method stub

                }

                public Map<String, Object> getComponentConfiguration() {
                    // TODO Auto-generated method stub
                    return null;
                }
        }
```

2）FirstBolt 解析用户访问日志，具体代码如下。

```
        /**
         * 接受 DataSourceSpout 发射的数据源，并解析页面访问日志
         * @author dajiangtai
         *
         */
        public class FirstBolt extends BaseRichBolt {
                private static final long serialVersionUID = 1L;
                OutputCollector collector;
                public void execute(Tuple input) {
                        // TODO Auto-generated method stub
                        //解析访问日志，并发送给下一个 bolt
                        String log = input.getStringByField("log");
                        if(log != null&&!log.equals("")){
                                String time = log.split("\\^")[0];
                                String url = log.split("\\^")[1];
                                String ip = log.split("\\^")[2];
                                this.collector.emit(new Values(time,url,ip));
                        }
                }
                public void prepare(Map arg0, TopologyContext arg1, OutputCollector collector) {
                        // TODO Auto-generated method stub
                        this.collector=collector;
                }
                /**
                 * 定义发送的 tuple 字段:time url ip
                 */
                public void declareOutputFields(OutputFieldsDeclarer declarer) {
                        // TODO Auto-generated method stub
                          declarer.declare(new Fields("time","url","ip"));
```

3）SecondBolt 统计用户访问页面数据，具体代码如下。

```java
/**
 * 接受 FirstBolt 数据并分组汇总统计同一个用户访问同一个页面的次数
 * @author dajiangtai
 */
public class SecondBolt extends BaseRichBolt {
    private static final long serialVersionUID = 1L;
    OutputCollector collector;
    Map<String, Integer> counts = new HashMap<String, Integer>();
    public void execute(Tuple input) {
        // TODO Auto-generated method stub
        String time = input.getStringByField("time");
        String url = input.getStringByField("url");
        String ip = input.getStringByField("ip");
        String key = time+"^"+url+"^"+ip;
        Integer count = 0;
        count = counts.get(key);
        if(count == null){
            count = 0;
        }
        count++;
        counts.put(key, count);
        //发送页面统计的最新信息
        this.collector.emit(new Values(key,count));
    }

    public void prepare(Map arg0, TopologyContext arg1, OutputCollector collector) {
        // TODO Auto-generated method stub
        this.collector=collector;
    }

    /**
     * 定义发送的 tuple 字段:time_url_ip count
     */
    public void declareOutputFields(OutputFieldsDeclarer declarer) {
        // TODO Auto-generated method stub
        declarer.declare(new Fields("time^url^ip", "count"));
    }
}
```

4）ThirdBolt 统计用户的 PV 和 UV，具体代码如下所示。

```
/**
```

```
 * 接受并汇总 SecondBolt 数据，统计页面用户访问的 PV，UV
 */
public class ThirdBolt extends BaseRichBolt {
    private static final long serialVersionUID = 1L;
    OutputCollector collector;
    //汇总所有 key 为 timeUrlIp 的数据
    Map<String, Integer> counts = new HashMap<String, Integer>();
    //统计 PV 和 UV 集合
    Map<String, String> pvUVCounts = new HashMap<String, String>();
    public void execute(Tuple input) {
        // TODO Auto-generated method stub
        String timeUrlIp = input.getStringByField("time^url^ip");
        Integer count = input.getIntegerByField("count");

        counts.put(timeUrlIp, count);
        for (Map.Entry<String, Integer> e : counts.entrySet()) {
          Integer pv = 0;
          Integer uv = 0;
          String[] log = e.getKey().split("\\^");
              String timeUrl = log[0]+"^"+log[1];
          String pv_uv = pvUVCounts.get(timeUrl);
          //统计用户的 PV 和 UV
          if(pv_uv != null){
              String[] split = pv_uv.split("\\^");
              pv = Integer.parseInt(split[0])+e.getValue();
              uv = Integer.parseInt(split[1])+1;
          }else{
              pv = e.getValue();
              uv = 1;
          }

          pvUVCounts.put(timeUrl, pv+"^"+uv);

        }
        //打印用户的 PV 和 UV
        for (Map.Entry<String, String> e : pvUVCounts.entrySet()) {
           System.out.println(e.getKey()+":"+e.getValue());
        }
        //清空临时集合
        pvUVCounts.clear();
    }

    public void prepare(Map arg0, TopologyContext arg1, OutputCollector collector) {
        // TODO Auto-generated method stub
        this.collector = collector;
    }
```

```java
        public void declareOutputFields(OutputFieldsDeclarer arg0) {
            // TODO Auto-generated method stub
        }
    }
```

5) StormTopologyCount 构造拓扑结构提交作业,具体代码如下所示。

```java
/**
 * 构建 PV UV Topology
 */
public class StormTopologyCount {
    public static void main(String[] args) throws InterruptedException {
        TopologyBuilder builder = new TopologyBuilder();
        //设置 spout 数据源,并行度为1,随机将元组数据发送到 FirstBolt
        builder.setSpout("spout", new DataSourceSpout(), 1);
        //设置 FirstBolt,并行度为4,分组方式将数据发送给 SecondBolt
        builder.setBolt("FirstBolt", new FirstBolt(), 3).shuffleGrouping("spout");
        //设置 SecondBolt,并行度为4,数据汇总到 ThirdBolt
        builder.setBolt("SecondBolt", new SecondBolt(),3).fieldsGrouping("FirstBolt", new Fields("time","url","ip"));
        //设置 ThirdBolt 汇总统计信息,并打印
        builder.setBolt("ThirdBolt", new ThirdBolt(), 1).globalGrouping("SecondBolt") ;

        //创建 topology
        StormTopology createTopology = builder.createTopology();
        String topologyName = StormTopologyCount.class.getSimpleName();
        Config config = new Config();
        if(args.length==0){
            //提交本地运行
            LocalCluster localCluster = new LocalCluster();
            localCluster.submitTopology(topologyName, config, createTopology);
        }else{
            //提交集群运行
            try {
                StormSubmitter.submitTopology(topologyName, config, createTopology);
            } catch (AlreadyAliveException e) {
                e.printStackTrace();
            } catch (InvalidTopologyException e) {
                e.printStackTrace();
            } catch (AuthorizationException e) {
                e.printStackTrace();
            }
        }
    }
}
```

```
        }
    }
```

(3) 项目运行

1) 项目打包。找到本地开发的 Storm 项目路径，使用 cmd 进入 Storm 的根目录，然后通过 Maven 方式对 Storm 项目进行打包。

```
E:\workspace\storm>mvn package
```

2) 项目包上传至 Storm 集群。通过 Maven 项目打包之后，在 Storm 项目的 target 目录会生 storm-0.0.1-SNAPSHOT.jar 运行包，然后将该 JAR 包上传至 master 节点的 Storm 根目录下。

```
[hadoop@master apache-storm-1.0.3]$ ls
storm-0.0.1-SNAPSHOT.jar
```

3) 向 Storm 集群提交作业。在 master 节点，通过 Storm 脚本向 Storm 集群提交作业。

```
[hadoop@master apache-storm-1.0.3]$ bin/storm jar storm-0.0.1-SNAPSHOT.jar com.djt.storm.StormTopologyCount  pvuv
```

(4) 查看作业运行状况。

通过 list 命令查看 Storm 提交的作业信息。作业运行状况如下所示。

```
[hadoop@master apache-storm-1.0.3]$ bin/storm list
Topology_name        Status      Num_tasks   Num_workers   Uptime_secs
-------------------------------------------------------------------------
StormTopologyCount   ACTIVE      9           1             50
```

登录 Worker 运行节点，进入作业目录找到 worker.log 日志，然后查看 Storm 统计的 PV 和 UV 信息。

```
[hadoop@slave2 6701]$ jps
2413 Jps
2075 Supervisor
2329 worker
1695 QuorumPeerMain
2313 LogWriter
[hadoop@slave2 6701]$ pwd
/home/hadoop/app/apache-storm-1.0.3/logs/workers-artifacts/StormTopologyCount-2-1501738094/ 6701
[hadoop@slave2 6701]$ cat worker.log
2017-08-01^/community/list.do:330^3
2017-08-01^/course/list.do:333^3
2017-08-01^/user/course.do:308^3
```

```
2017-08-01^/community/list.do:331^3
2017-08-01^/course/list.do:333^3
2017-08-01^/user/course.do:308^3
2017-08-01^/community/list.do:331^3
2017-08-01^/course/list.do:334^3
```

通过打印的日志可以看到统计每个页面的 PV 和 UV 信息，到这里 Storm 项目已经完成。

11.6 Spark 内存计算框架

11.6.1 Spark 概述

Spark 是基于内存计算的大数据并行计算框架。Spark 基于内存计算的特性，提高了在大数据环境下数据处理的实时性，同时保证了高容错性和高可伸缩性，允许用户将 Spark 部署在大量的廉价硬件之上形成集群，提高了并行计算能力。

Spark 于 2009 年诞生于加州大学伯克利分校 AMPLab，在开发以 Spark 为核心的 BDAS 时，AMP Lab 提出的目标是：one stack to rule them all，也就是说在一套软件栈内完成各种大数据分析任务。目前，Spark 已经成为 Apache 软件基金会旗下的顶级开源项目。

11.6.2 Spark 的特点

在实际应用型项目中，绝大多数公司都会选择 Spark 技术。Spark 之所以这么受欢迎，主要因为它与其他大数据平台有不同的特点，具体特点如下：

1．运行速度快

Spark 框架运行速度快主要有三个方面的原因：Spark 基于内存计算，速度要比磁盘计算要快得多；Spark 程序运行是基于线程模型，以线程的方式运行作业，要远比进程模式运行作业资源开销更小；Spark 框架内部有优化器，可以优化作业的执行，提高作业执行效率。

2．易用性

Spark 支持 Java、Python 和 Scala 的 API，还支持超过 80 种高级算法，使用户可以快速构建不同的应用。而且 Spark 支持交互式的 Python 和 Scala 的 Shell，可以非常方便地在这些 Shell 中使用 Spark 集群来验证解决问题的方法。

3．支持复杂查询

Spark 支持复杂查询。在简单的"Map"及"Reduce"操作之外，Spark 还支持 SQL 查询、流式计算、机器学习和图计算。同时，用户可以在同一个工作流中无缝搭配这些计算范式。

4．实时的流处理

对比 MapReduce 只能处理离线数据，Spark 还能支持实时流计算。Spark Streaming 主要用来对数据进行实时处理（Hadoop 在拥有了 YARN 之后，也可以借助其他工具进行流式计算）。

5．容错性

Spark 引进了弹性分布式数据集 RDD（Resilient Distributed Dataset），它是分布在一组节点中的只读对象集合。这些对象集合是弹性的，如果丢失了一部分对象集合，Spark 则可以根据父 RDD 对它们进行计算。另外在对 RDD 进行转换计算时，可以通过 CheckPoint 方法将数据持久化（比如可以持久化到 HDFS），从而实现容错。

11.6.3 弹性分布式数据集 RDD

1．RDD 简介

RDD 是 Spark 提供的核心抽象，全名叫作弹性分布式数据集（Resillient Distributed DataSet）。Spark 的核心数据模型是 RDD，Spark 将常用的大数据操作都转化成为 RDD 的子类（RDD 是个抽象类，具体操作由各子类实现，如 MappedRDD、Shuffled RDD）。可以从以下三点来理解 RDD。

1）数据集：抽象地说，RDD 就是一种元素集合。单从逻辑上的表现来看，RDD 就是一个数据集合。可以简单地将 RDD 理解为 Java 里面的 List 集合或者数据库里面的一张表。

2）分布式：RDD 是可以分区的，每个分区可以分布在集群中不同的节点上，从而可以对 RDD 中的数据进行并行操作。

3）弹性的：RDD 默认情况下存放在内存中，但是当内存中的资源不足时，Spark 会自动将 RDD 数据写入磁盘进行保存。对于用户来说，不必知道 RDD 的数据是存储在内存还是在磁盘，因为这些都是 Spark 底层去做，用户只需要针对 RDD 来进行计算和处理。RDD 自动进行内存和磁盘之间权衡和切换的机制是 RDD 弹性的特点之所在。

2．RDD 的两种创建方式

1）可从 Hadoop 文件系统（或者与 Hadoop 兼容的其他持久化存储系统，比如 Hive、Cassandra、Hbase）输入（比如 HDFS）创建 RDD。

2）可从父 RDD 转换得到新的 RDD。

3．RDD 的两种操作算子

对于 RDD 可以有两种计算操作算子：Transformation（变换）与 Action（行动）。

1）Transformation 算子。Transformation 操作是延迟计算的，也就是说从一个 RDD 转换生成另一个 RDD 的转换操作不是马上执行，需要等到有 Actions 操作时才真正触发运算。

2）Action 算子。Action 算子会触发 Spark 提交作业（Job），并将数据输出到 Spark 系统。

4．RDD 是 Spark 数据存储的核心

Spark 数据存储的核心是 RDD。RDD 可以被抽象地理解为一个大的数组（Array），但是这个数组是分布在集群上的。逻辑上 RDD 的每个分区叫一个 Partition。

在 Spark 的执行过程中，RDD 经历一个个的 Transfomation 算子运算之后，最后通过 Action 算子进行触发操作。逻辑上每经历一次变换，就会将 RDD 转换为一个新的 RDD，RDD 之间通过 Lineage（血统）机制产生依赖关系，这个关系在容错中有很重要的作用。经过变换操作的 RDD，其输入和输出还是 RDD。RDD 会被划分成很多的分区分布到集群的多个节点中。分区是个逻辑概念，变换前后的新旧分区在物理上可能是同一块内存中存储。这是很重要的优化，以防止函数式数据不变性（Immutable）导致的内存需求无限扩张。有些 RDD 是计算的中间结果，其分区并不一定有相应的内存或磁盘数据与之对应，如果要迭代使用数据，可以调 cache 函数缓存数据。

接下来通过图 11-27 了解 RDD 的数据存储模型。

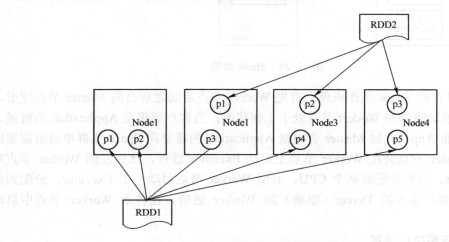

图 11-27　RDD 数据存储模型

从图 11-27 可以看出 RDD1 含有 5 个分区（p1、p2、p3、p4、p5），分别存储在 4 个节点（Node1、node2、Node3、Node4）中。RDD2 含有 3 个分区（p1、p2、p3），分布在 3 个节点（Node1、Node2、Node3）中。

在物理上，RDD 对象实质上是一个元数据结构，存储着 Block、Node 等的映射关系，以及其他的元数据信息。一个 RDD 就是一组分区，在物理数据存储上，RDD 的每个分区对应的就是一个 Block，Block 可以存储在内存，当内存不够时可以存储到磁盘上。

每个 Block 中存储着 RDD 所有数据项的一个子集，呈现给用户的可以是一个 Block 的迭代器（例如，用户可以通过 mapPartitions 获得分区迭代器进行操作），也可以就是一个数据项（例如，通过 map 函数对每个数据项并行计算）。

11.6.4　Spark 架构原理

1．Spark 集群工作原理

Spark 架构采用了分布式计算中的 Master/Slave 模型。Master 是对应集群中的含有 Master 进程的节点，Slave 是集群中含有 Worker 进程的节点。Master 作为整个集群的控制器，负责整个集群的正常运行；Worker 是计算节点，接收主节点命令并进行状态汇报；Executor 负责任务的执行。Spark 具体架构如图 11-28 所示。

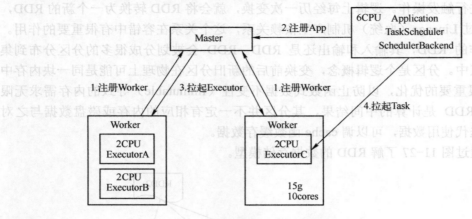

图 11-28　Spark 架构

从上图可以看出 Spark 工作原理：首先 Worker 节点启动之后会向 Master 节点注册，此时 Master 就能知晓哪些 Worker 节点处于工作状态；当客户端提交 Application 的时候，会向 Master 注册 App，此时 Master 会根据 Application 的需要向 Spark 集群申请所需要的 CPU；接着 Master 节点会在 Worker 节点上启动 Executor 进程，比如左侧 Worker 节点启动两个 Executor，分别分配到两个 CPU，右侧 Worker 节点启动一个 Executor，分配到两个 CPU；最后客户端中的 Driver（驱动）跟 Worker 通信，在各个 Worker 节点中启动 Task 作业。

2. Spark 应用执行流程

Spark 应用详细执行流程如图 11-29 所示。

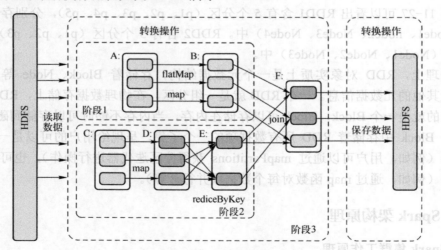

图 11-29　Spark 应用执行流程

如上图所示，图中的 A、B、C、D、E、F 分别代表不同的 RDD，RDD 内的方框代表分区。数据从 HDFS 输入 Spark，形成 RDD A 和 RDD C。RDD A 经过 flatMap 和 map

的操作转换为 RDD B。RDD C 上执行 map 操作转换为 RDD D，然后再经过 reduceByKey 操作转换为 RDD E。RDD B 和 RDD E 执行 join 操作转换为 F，而在 RDD B 和 RDD E 连接转化为 RDD F 的过程中又会执行 Shuffle 操作，最后 RDD F 输出结果保存到 HDFS 中，以上过程就是 Spark 应用的完整执行流程。

11.6.5 算子功能及分类

1. 算子的作用

算子是 RDD 中定义的函数，可以对 RDD 中的数据进行转换和操作。图 11-30 描述了 Spark 的输入、运行转换、输出，在运行转换中通过算子对 RDD 进行转换。

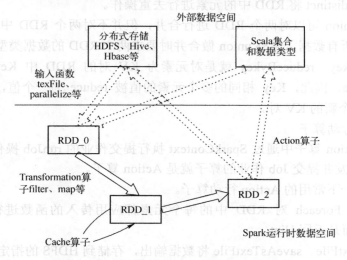

图 11-30 Spark 的输入、运行转换、输出

结合上图分别对 Spark 的输入、运行转换、输出进行介绍。

1）输入：在 Spark 程序运行过程中，数据从外部数据空间输入 Spark，数据进入 Spark 运行时数据空间，转化为 Spark 中的数据块，通过 BlockManager 进行管理。

2）进行转换：在 Spark 数据输入形成 RDD_0 后，便可以通过 transformation 算子，如 fliter、map 等，对数据进行操作并将 RDD_0 转化为新的 RDD_1，RDD_1 通过其他转换操作转换为 RDD_2，最后通过 Action 算子对 RDD_2 进行操作，从而触发 Spark 提交作业。如果 RDD_1 需要复用，可以通过 Cache 算子将 RDD_1 缓存到内存。

3）输出：程序运行结束后，数据会输出 Spark 运行时数据空间，存储到分布式存储中（如 saveAsTextFile 输出到 HDFS）。

2. 算子的分类

Spark 算子大致可以分为以下两类。

（1）Transformation 变换/转换算子

Transformation 算子是延迟计算的，这种变换并不触发提交作业，只是完成作业中间过程处理。也就是说从一个 RDD 转换生成另一个 RDD 的转换操作不是马上执行，需要等到有 Action 操作的时候才会真正触发运算。这种从一个 RDD 到另一个 RDD 的转换没有立即转换，而仅记录 RDD 逻辑操作的这种算子叫作 Transformation 算子。

接下来介绍一下常用的 Transformation 变换/转换算子。

1）map。map 对 RDD 中的每个元素都执行一个指定的函数来产生一个新的 RDD。任何原来 RDD 中的元素在新 RDD 中都有且只有一个元素与之对应。

2）flatMap。flatMap 与 map 类似，区别是原 RDD 中的元素经 map 处理后只能生产一个元素，而原 RDD 中的元素经 flatMap 处理后可生成多个元素来构建新 RDD。

3）filter。filter 的功能是对元素进行过滤，对每个元素应用传入的函数，返回值为 true 的元素在 RDD 中保留，返回为 false 的将过滤掉。

4）distinct。distinct 将 RDD 中的元素进行去重操作。

5）union。union 可以对两个 RDD 进行合并，但并不对两个 RDD 中的数据进行去重操作，它会保存所有数据，另外 union 做合并时要求两个 RDD 的数据类型必须相同。

6）reduceBykey。reduceBykey 就是对元素为 KV 对的 RDD 中 Key 相同的元素的 Value 进行 reduce，因此，Key 相同的多个元素的值被 reduce 为一个值，然后与原 RDD 中的 Key 组成一个新的 KV 对。

（2）Action 行动算子

本质上在 Action 算子中通过 SparkContext 执行提交作业的 runJob 操作，触发了 RDD DAG 的执行。触发并提交 Job 作业的算子就是 Action 算子。

接下来介绍一下常用的 Action 行动算子。

1）Foreach。Foreach 对 RDD 中的每个元素都应用传入的函数进行操作，不返回 RDD 和 Array，而是返回 Uint。

2）saveAsTextFile。saveAsTextFile 将数据输出，存储到 HDFS 的指定目录。

3）collect。collect 相当于 toArray（toArray 已经过时不推荐使用），collect 将分布式的 RDD 返回为一个单机的 scala Array 数组。在这个数组上运用 scala 的函数式操作。

4）count。count 返回整个 RDD 的元素个数。

5）top。top 从按降序排列的 RDD 中获取前几个元素，比如 top(5)，表示获取前 5 个元素。

6）reduce。reduce 将 RDD 中元素两两传递给输入函数，同时产生一个新的值，新产生的值与 RDD 中下一个元素再被传递给输入函数，直到最后只有一个值为止。

11.6.6 Spark 集群的安装配置

Spark 集群在生产环境中主要部署在安装有 Linux 系统的集群中。在 Linux 系统中安装 Spark 集群需要预先安装 JDK、Scala 等所需的依赖。由于 Spark 是计算框架，所以需要预先在集群内有搭建好存储数据的持久化层，如 HDFS、Hive、Cassandra 等。最后用户就可以通过启动脚本运行应用了。JDK 和 Hadoop 环境前面的章节已经安装完毕，接下来只需要安装 Scala 和 Spark 即可。

1. 集群规划

（1）主机规划

Spark 集群是高可用的，其相关角色节点规划如表 13-20 所示。

表 13-20　主机规划

	Master	Slave1	Slave2
Master	是	是	
Worker	是	是	是

（2）软件规划

Spark 集群环境依赖于 Scala 环境，Scala 和 Spark 软件的具体版本规划如表 13-21 所示。

表 13-21　软件规划

软　件	版　本	说　明
Scala	2.11.8	稳定
Spark	1.6.1	稳定

（3）用户规划

Spark 集群安装用户跟 Hadoop 保持一致即可，具体用户规划如表 13-22 所示。

表 13-22　用户规划

节　点	用　户　组	用　　户
master	Hadoop	Hadoop
slave1	Hadoop	Hadoop
slave2	Hadoop	Hadoop

（4）目录规划

在正式安装 Spark 之前，需要规划好所有的软件目录和数据存放目录，便于后期的管理与维护。Spark 目录规划如表 13-23 所示。

表 13-23　目录规划

目　录　名　称	目　录　路　径
Spark 软件安装目录	/home/hadoop/app
Spark 在 Zookeeper 上的节点目录	/my-spark

2. Scala 安装

Scala 官网提供各个版本的 Scala，用户需要根据 Spark 官方规定的 Scala 版本进行下载和安装。Scala 官网地址为:http://www.scala-lang.org/，这里选择下载规划好的 scala-2.11.8.tgz 版本。规划好的三个节点都需要安装 Scala，接下来以 Master 节点为例进行说明，具体步骤如下所示。

（1）下载 Scala

下载 scala-2.11.8.tgz（下载地址：https://www.scala_lang.org/download/）版本的安装包，上传至/home/hadoop/app 目录下。

```
[hadoop@master app]$ls
scala-2.11.8.tgz
```

（2）解压

进入/home/hadoop/app 软件存放目录，对 scala-2.11.8.tgz 进行解压并创建软链接。

```
[hadoop@master app]$ tar -zxvf scala-2.11.8.tgz
[hadoop@master app]$ rm -rf scala-2.11.8.tgz
[hadoop@master app]$ ln -s scala-2.11.8 scala
```

（3）配置环境变量

在~/.bashrc 文件中添加如下内容。

```
[hadoop@master app]$vi ~/.bashrc
export SCALA_HOME=/home/hadoop/app/scala
export PATH=$SCALA_HOME/bin:$PATH
```

（4）使配置文件生效

通过 source 命令使配置文件立即生效。

```
[hadoop@master app]$ source ~/.bashrc
```

（5）验证 Scala 安装

Scala 环境变量配置完成之后，验证 Scala 是否安装成功。

```
[hadoop@master app]$ scala -version
Scala code runner version 2.11.8 -- Copyright 2002-2016, LAMP/EPFL
```

3．Spark 集群安装

（1）下载并解压 Spark

下载 spark-1.6.0-bin-hadoop2.6.tgz（下载地址：http://spark.apache.org/download.html/）安装包，选择 Master 作为安装节点，然后上传至 Master 节点的/home/hadoop/app 目录下进行解压安装，操作命令如下：

```
[hadoop@master app]$ ls
spark-1.6.0-bin-hadoop2.6.tgz
[hadoop@master app]$ tar -zxvf spark-1.6.0-bin-hadoop2.6.tgz
[hadoop@master app]$ rm -rf spark-1.6.0-bin-hadoop2.6.tgz
  [hadoop@master app]$ ls
spark-1.6.1-bin-hadoop2.6
```

（2）配置 spark-env.sh

进入 Spark 根目录下的 conf 文件夹中，修改 spark-env.sh 配置文件，具体内容如下。

```
[hadoop@master conf]$ vi spark-env.sh
#jdk 安装目录
export JAVA_HOME=/home/hadoop/app/jdk1.7.0_79
#hadoop 配置文件目录
export HADOOP_CONF_DIR=/home/hadoop/app/hadoop/etc/hadoop
#hadoop 根目录
export HADOOP_HOME=/home/hadoop/app/hadoop
#Spark Web UI 端口号
SPARK_MASTER_WEBUI_PORT=8888
#配置 Zookeeper 地址和 spark 在 Zookeeper 的节点目录
SPARK_DAEMON_JAVA_OPTS="-Dspark.deploy.recoveryMode=ZOOKEEPER -Dspark.deploy.zookeeper.url=master:2181,slave1:2181,slave2:2181 -Dspark.deploy.zookeeper.dir=/my-spark"
```

（3）配置 slaves

进入 Spark 根目录下的 conf 文件夹中，修改 slaves 配置文件，具体内容如下。

```
[hadoop@master conf]$ vi slaves
master
slave1
slave2
```

（4）安装目录分发

通过 deploy.sh 脚本将 master 节点的 Spark 安装文件分发到 slave1 和 slave2 节点，具体操作如下所示。

```
[hadoop@master app]$ deploy.sh spark-1.6.1-bin-hadoop2.6 /home/hadoop/app/ slave
```

（5）创建软链接

分别到 Master、slave1 和 slave2 节点上为 Spark 安装目录创建软连接。

```
[hadoop@master app]$ ln -s spark-1.6.1-bin-hadoop2.6 spark
[hadoop@slave1 app]$ ln -s spark-1.6.1-bin-hadoop2.6 spark
[hadoop@slave2 app]$ ln -s spark-1.6.1-bin-hadoop2.6 spark
```

（6）启动 Spark 集群

在启动 Spark 集群之前，首先确保 Zookeeper 集群已经启动。

1）在 master 节点一键启动 Spark 集群，操作命令如下所示。

```
[hadoop@master spark]$ sbin/start-all.sh
[hadoop@master spark]$ jps
3781 Worker
3703 Master
3888 Jps
```

```
1198 QuorumPeerMain
```

2）在 slave1 节点启动 Spark 另外一个 Master 进程，命令如下所示。

```
[hadoop@slave1 spark]$ sbin/start-master.sh
[hadoop@slave1 spark]$ jps
3689 Jps
1191 QuorumPeerMain
3642 Master
3554 Worker
```

（7）查看 Spark 集群状态

在 master 和 slave1 节点分别通过 Web 界面查看 Spark 集群的健康状况，此时访问端口号为 8888。

master 节点为 ALIVE 状态，如图 11-31 所示。

图 11-31　master 节点信息

slave1 节点为 STANDBY 状态，如图 11-32 所示。如果上述操作结果没有问题，说明 Spark 集群已经搭建成功。

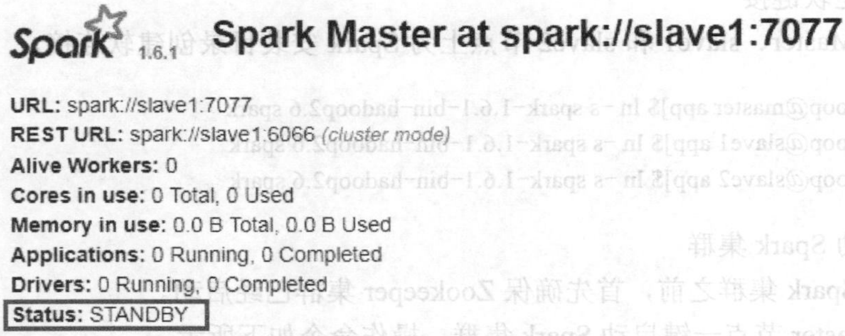

图 11-32　slave1 节点信息

11.6.7　实战：搜狗搜索数据统计

在前面的内容中，我们学习了 Spark 各种算子的使用。本小节我们通过使用 Spark 对搜狗用户日志数据进行统计分析,进一步掌握 Spark 常用算子在大数据分析中的应用。本项目案例使用的数据来源于搜狗实验室开源的数据,该数据为搜索引擎部分网页查询需求及用户点击情况的网页查询日志数据集合。

1. 项目需求

1)统计样例数据合法的总记录数。
2)筛选出前 15 个搜索时间点最大的数据。
3)查询搜索词汇访问最多的前 10 条数据。

2. 数据集

到搜狗实验室下载数据,下载地址为:http://www.sogou.com/labs/resource/q.php,从数据量来看有多个版本可供选择,这里选择迷你版。数据格式如下所示。

第一列:时间格式。
第二列:用户 ID。
第三列:查询词。
第四列:URL 在返回结果中的排名。
第五列:用户点击的顺序号。
第六列:用户点击的 URL。

3. 具体实现

(1)数据上传至 HDFS

将下载好的搜狗数据,通过 Shell 命令上传至 HDFS,具体操作如下所示。

```
#创建 sougou 目录
[hadoop@master hadoop]$ bin/hdfs dfs -mkdir /sougou
#将数据上传至 sougou 目录
[hadoop@master hadoop]$ bin/hdfs dfs -put /home/hadoop/app/spark/SogouQ.sample /sougou
[hadoop@master hadoop]$ bin/hdfs dfs -ls /sougou/
Found 1 items
-rw-r--r--   2 hadoop supergroup     898235 2017-08-07 14:34 /sougou/SogouQ.sample
```

(2)统计样例数据合法的总记录数

通过空格将每行数据切割为数组,数组长度等于 6 的为合法数据,过滤掉非法数据,统计合法的总记录数。

```
var lines = sc.textFile("hdfs://master:8030/sougou/SogouQ.sample").map(_.split("\\s+"))
.filter(_.length==6)
scala> lines.count
res6: Long = 10000
```

(3)筛选出前 15 个搜索时间点最大的数据

首先统计每个搜索时间的记录数,然后获取前 15 条最大值。

```
scala> lines.map{items => (items(0),1)}.reduceByKey(_+_).map{ pair=>(pair._2,pair._1)}
.sortByKey(false).map{pair=>(pair._2,pair._1)}.take(15).foreach{pair => println(pair._1 +"\t"+ pair._2)}
```

```
00:01:00    31
00:00:00    29
00:01:57    29
00:01:38    28
00:03:53    28
00:02:23    28
00:03:11    28
00:03:23    27
00:00:48    27
00:02:20    27
00:01:45    27
00:05:13    27
00:04:09    27
00:06:21    27
00:07:37    27
```

（4）查询搜索词汇访问最多的前 10 条数据

首先查询每条搜索词的记录数，然后获取前 10 条访问最多的搜索词汇。

```
scala> lines.map{items => (items(2),1)}.reduceByKey(_+_).map{ pair=>(pair._2,pair._1)}
.sortByKey(false).map{pair=>(pair._2,pair._1)}.take(10).foreach{pair => println(pair._1+ "\t"+ pair._2)}
[汶川地震原因]  335
[优酷网]       308
[勾践卧薪尝胆]  110
[欧洲冠军联赛决赛]  77
[电脑创业]     60
[姚明年薪工资]  48
[高圆圆泳装图片]  47
[xiao77]     34
[gay]        31
[97sese]     30
```

本章小结

本章节先讲解了两个数据采集的工具，分别为 Sqoop 和 Flume，然后讲解了 Kafka 消息队列，接着讲解了 ElasticSearch 全文检索工具，它适用于对海量数据的多条件复杂查询的应用场景，最后讲解了 Storm 和 Spark 实时计算框架，二者都适用于大数据实时计算的应用。

本章习题

1. Sqoop 导入导出的并发操作如何实现？

2. Flume 如何保证数据不丢失的？
3. Kafka 的 Partition 为什么需要副本？
4. 假设日志数据如下所示，格式为：网站 ID、访客 ID、访问时间

```
site1, user1, 2017-10-20 02:12:22
site1, user2, 2017-10-28 04:41:23
site1, user3, 2017-10-20 11:46:32
site1, user3, 2017-10-23 11:02:11
site2, user4, 2017-10-20 15:25:22
site3, user5, 2017-10-29 08:32:54
site3, user6, 2017-10-22 08:08:26
site4, user7, 2017-10-20 10:35:37
site4, user7, 2017-10-24 11:54:58
```

现在要对近 7 天的日志进行统计，统计结果格式如下。
Key：(Date（日期），Hour（时段），Site（网站))。
Value：(PV（访问次数），UV（独立访问人数，相同访客 id 去重))。
使用 Spark 编写执行代码，并将统计结果保存到 HBase 数据库。

第12章 项目实践：广电收视率数据统计分析

学习目标
- 理解项目需求及核心指标计算方法
- 掌握项目开发流程
- 掌握Hadoop各主要组件使用的重点及各组件之间的衔接

本章以广电项目为例，通过对节目维度（即从节目的角度统计各个节目的相关收视指标）的分析，来实现各个收视指标的统计，重点是通过一个真实的项目把前面学习的几个重要组件进行融合使用，比如MapReduce、Flume、Hive、Sqoop等。这样就能进一步加深大家对Hadoop生态系统各个主要组件的深入理解和融会贯通。

12.1 项目背景

《中国好声音》《快乐男声》《最美和声》《中国梦之声》……各种音乐选秀节目竞争激烈。哪个节目更受观众欢迎？节目中的"笑点"藏在哪儿？歌华有线的"北京大样本收视数据研究中心"给出了答案，他们掌握着最热门的"大数据"计算模式，如今正充当起各个电视节目的幕后"军师"。

"大数据"计算，数据样本量的多少是关键。和传统收视率统计方式相比，"北京大样本收视数据研究中心"的数据样本量足够庞大。要知道，传统收视率调查在北京的样本采集量只有500户，而该中心依托北京歌华有线的330万高清交互数字电视双向用户，能够从中随机抽取25000户作为样本进行统计，是前者的足足几十倍，当然还可以抽取更多的用户来作为样本数据。

12.2 项目需求

为了便于掌握哪个节目更受观众欢迎，可以对一些用户的收视数据进行监测，统计出提前定义好的各个收视指标，比如收视人数、平均收视人数、收视率、市场份额、平均到达人数、到达率以及人均收视时长等，而且可以将这些指标按天统计，得出每个节目的收视排名，从而知道哪个节目更受欢迎；也可以将这些收视指标按小时、甚至按分钟进行统计，可以精确地知道某个节目在哪一分钟或者哪个时间段的收视指标最高，从而知道哪个时间段是某个节目的最精彩部分，甚至还可以推断出节目中的高收视率是由哪个明星带来的。

所以说这个项目需要从节目的维度分别按分钟、按小时、按天统计出收视人数、平均收视人数收视率、市场份额、平均到达人数、到达率以及人均收视时长等收视指标，然后用 Web 前端技术通过图表的形式展示出各个节目各个指标之间的变化趋势。具体各个指标的定义和计算方法以及项目具体实施方案可参照后边的分析和步骤。

当然也可以通过用户的数据，统计分析其他维度的收视情况，比如频道、频道类别、栏目、栏目类别、节目、节目类别、具体频道具体节目等。

12.3 项目分析

项目需求已经告诉我们要从节目的维度，分别按天、按小时、按分钟统计每个节目的平均收视人数、平均到达人数、收视率、到达率和市场份额等收视指标。那么这些指标是如何定义和计算的呢？需要统计数据源中的哪些数据呢？这些疑问的解决就需要首先了解数据源，然后才能基于数据源的特征选择适合的方法进行相应的统计分析。

12.3.1 认识数据源

本项目的数据源由机顶盒收集来的，可以不考虑数据的来源，只需关注数据的特点即可。这里以一条数据为例给大家分析一下各个字段分别代表什么含义。

<GHApp><WIC cardNum="174048196" stbNum="03060912150285740" date="2012-09-21" pageWidgetVersion="1.0">< A e="01:42:30" s="01:37:30" n="104" t="1" pi="766" p="%E7%82%AE%E5%88%B6%E5%A5%B3%E6%9C%8B%E5%8F%8B" sn="BTV 影视" /></WIC></GHApp>

项目指标计算涉及的关键字段含义如下（其他字段可以暂时不予考虑）。
- stbNum：机顶盒号。
- date：日期。
- e：每条记录的结束时间。
- s：每条记录的起始时间。
- p：具体节目。
- sn：具体频道。

12.3.2 项目各个收视指标的定义及计算方法

要想统计出项目的各个收视指标，首先要明确各个指标的定义及计算方法，否则不同的计算方法就会得到不同的计算结果。本项目各个收视指标的定义及计算方法如下。

1. 收视人数

通过统计收视用户的机顶盒号（stbNum）来统计收视人数指标，但是在统计时要对机顶盒号进行去重，避免重复统计。也可以通过编写 Hive 语句使用 WHERE 关键词指定具体日期来统计某个时间的收视人数指标。

(1) 某天总的收视人数：

某天总的收视人数统计如下所示。

sum(distinct stbnum) WHERE 指定日期

(2) 某天某节目的收视人数（这1天内收看此节目的人数）：

某天某节目的收视人数统计如下所示。

sum(distinct stbnum) WHERE 指定日期 AND 指定节目

2. 平均收视人数

该指标为统计在选定时间内平均每分钟的用户ID数称为平均收视人数。

(1) 某天总的平均收视人数：

第1分钟平均收视人数（用 $X11$ 表示）：sum(distinct stbnum)。

第2分钟平均收视人数（用 $X12$ 表示）。

……

第n分钟平均收视人数（用 $X1n$ 表示）。

平均收视人数：$(X11 + X12 + … + X1n)/n$。

(2) 某天某节目的平均收视人数：

第1分钟平均收视人数（用 $X21$ 表示）：sum(distinct stbnum) where 指定节目名称 = 节目名。

第2分钟平均收视人数（用 $X22$ 表示）。

……

第n分钟平均收视人数（用 $X2n$ 表示）。

某天某节目平均收视人数：$(X21 + X22 + … + X2n)/n$。

3. 收视率

平均收视人数/系统总ID数称为收视率。

系统总ID数（用 IDNUM 表示）：这里指选用的25000个样本。

某一段时间某节目的收视率：第1分钟收视率（用 $Y11$ 表示）：$X11/IDNUM$；其中 $X11$ 至 $X1n$ 为已经计算的平均收视人数指标。

…

第n分钟收视率（用 $Y1n$ 表示）：$X1n/IDNUM$。

某一段时间的收视率：$(Y11 + … + Y1n)/n$。

4. 市场份额

对应节目平均收视人数/所有节目平均收视人数称为市场份额。

(1) 总体市场份额：

总的市场份额为100%。

(2) 某时间某节目的市场份额：

第1分钟（用 $Z11$ 表示）：$X21/$ sum(distinct stbnum) where 时间。

…

第n分钟（用 $Z1n$ 表示）：$X2n/$ sum(distinct stbnum) where 时间。

市场份额：$(Z11 + … + Z1n)/n$。

5. 平均到达人数

默认扣除在某个频道或整个系统停留时间小于 60s 的用户 ID 数（不包括 60s）为平均到达人数。平均到达人数和平均收视人数的差别在于排除原始记录中停留时间小于 60s 的记录。

（1）总的平均到达人数

第 1 分钟平均到达人数（用 U11 表示）：sum(distinct stbnum) WHERE ((e–s)>=60)。

第 2 分钟平均到达人数（用 U12 表示）。

……

第 n 分钟平均到达人数（用 U1n 表示）。

平均到达人数：(U11 + U12 + … + U1n)/n。

（2）节目的平均到达人数

第 1 分钟平均到达人数（用 U31 表示）：sum(distinct stbnum) where 指定节目名称 = 节目名 AND ((e –s)>=60)。

第 2 分钟平均到达人数（用 U32 表示）。

…

第 n 分钟平均到达人数（用 U3n 表示）。

节目的平均到达人数：(U31 + U32 + … + U3n)/n。

6. 到达率

平均到达人数/系统总 ID 数称为到达率。

系统总 ID 数（用 IDNUM 表示）：这里指选用的 25000 个样本。

某一段时间某节目的到达率：

第 1 分钟（用 V11 表示）：U11/IDNUM。

第 2 分钟（用 V12 表示）。

……

第 n 分钟（用 V1n 表示）：U1n/IDNUM。

某一段时间的到达率：(V11 + V12 + … + V1n)/n。

7. 人均收视时长

对于具体某个节目，访问过每期节目的所有用户 ID 总时间/该节目的用户 ID 数，称为人均收视时长。

（1）总的人均收视时长

某天总的人均收视时长（用 W11 表示）：SUM(e–S)/W11。

（2）节目的人均收视时长

某天节目的人均收视时长（用 W31 表示）：SUM(e–S)/W31。

12.4 项目开发流程

首先，从整体上来看一下项目的开发流程，项目开发总体流程如图 12-1 所示。

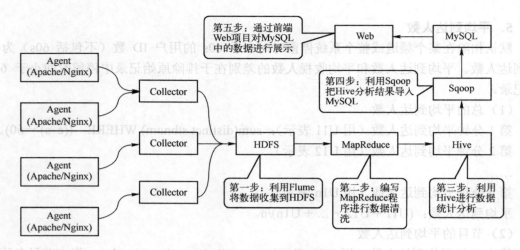

图 12-1 项目开发流程图

第一步：通过 Flume 收集工具将用户产生的原始收视数据收集到 HDFS 分布式文件系统。

第二步：编写 MapReduce 程序对原始的收视数据进行解析、清洗，提取业务需要的有效字段。

第三步：利用 Hive 工具将 MapReduce 处理后的数据导入数据仓库，同时对该数据进行统计分析。

第四步：编写应用程序或者使用 Sqoop 工具将 Hive 分析的最终数据导入数据库，比如 MySQL 数据库。

第五步：通过前端 Web 项目对 MySQL 中的数据进行展示，实现数据的可视化。

项目开发环境在前边学习每个组件时已经安装成功，这里可以直接使用。下面详细地看一下项目每一步的具体开发细节。

12.4.1 Flume 数据收集

首先，获取项目数据源（资源路径：二维码\第 12 章\12.4\数据集），项目数据源是文件名为 73 的数据压缩包。

1）数据源 source：/home/hadoop/tvdata 用户日志产生目录，需要监控该目录，并收集该目录下的数据。

2）数据目的地 sink：hdfs://主机名:端口号/flume/%Y-%m-%d，表示 Flume 收集的数据存放到 HDFS 文件系统。

3）将收集的数据按天存放，核心操作如下。

文件压缩 Snappy：Flume 收集到的数据压缩成 Snappy 格式存放到 HDFS 文件系统。

配置文件：flume-conf.properties，可以按照前边学习 Flume 组件时的配置方式进行配置。

启动命令：bin/flume-ng agent -n agent1 -f conf/flume-conf.properties。

4）数据收集效果如下。

在该项目中有（2012-09-17~2012-09-23）7 天超过 3GB 的数据（资源路径：第 12 章/12.4/数据集 73.rar），省去用户日志产生的过程，使用 Flume 模拟收集这 7 天的用户数据，收集后的文件目录如图 12-2 和图 12-3 所示，图 12-2 表示这 7 天数据已经通过 Flume 收集到了 HDFS 文件系统下的/flume 目录下。图 12-3 表示以 2012-09-17 为例数据文件经过 snappy 压缩之后收集到 HDFS 文件系统上的结果。

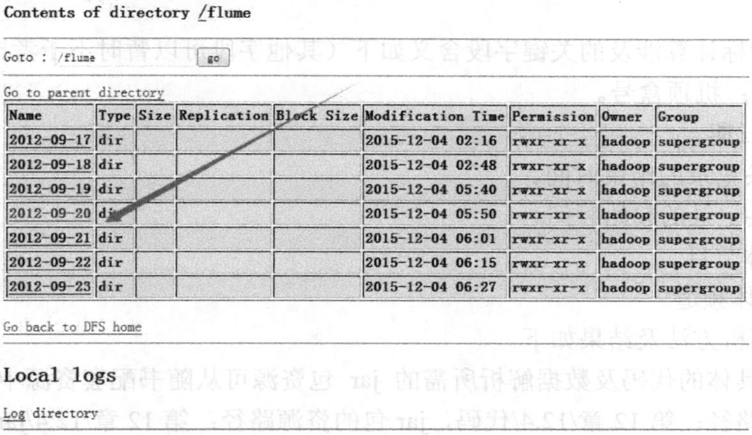

Contents of directory /flume

Goto : /flume go

Go to parent directory

Name	Type	Size	Replication	Block Size	Modification Time	Permission	Owner	Group
2012-09-17	dir				2015-12-04 02:16	rwxr-xr-x	hadoop	supergroup
2012-09-18	dir				2015-12-04 02:48	rwxr-xr-x	hadoop	supergroup
2012-09-19	dir				2015-12-04 05:40	rwxr-xr-x	hadoop	supergroup
2012-09-20	dir				2015-12-04 05:50	rwxr-xr-x	hadoop	supergroup
2012-09-21	dir				2015-12-04 06:01	rwxr-xr-x	hadoop	supergroup
2012-09-22	dir				2015-12-04 06:15	rwxr-xr-x	hadoop	supergroup
2012-09-23	dir				2015-12-04 06:27	rwxr-xr-x	hadoop	supergroup

Go back to DFS home

Local logs

Log directory

Hadoop, 2015.

图 12-2 数据收集结果（一）

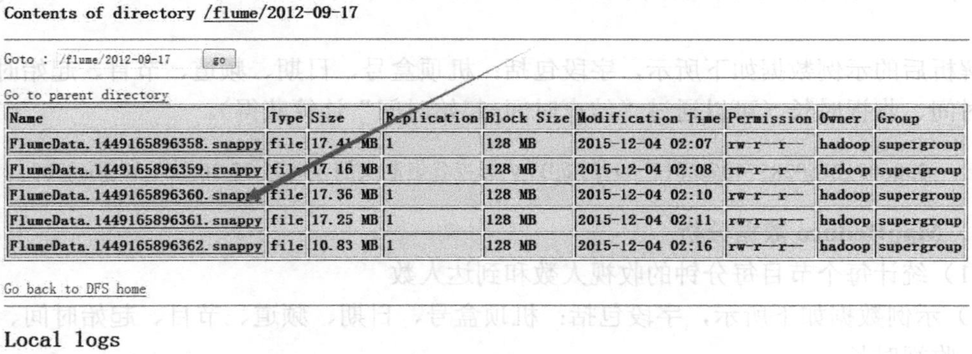

Contents of directory /flume/2012-09-17

Goto : /flume/2012-09-17 go

Go to parent directory

Name	Type	Size	Replication	Block Size	Modification Time	Permission	Owner	Group
FlumeData.1449165896358.snappy	file	17.41 MB	1	128 MB	2015-12-04 02:07	rw-r--r--	hadoop	supergroup
FlumeData.1449165896359.snappy	file	17.16 MB	1	128 MB	2015-12-04 02:08	rw-r--r--	hadoop	supergroup
FlumeData.1449165896360.snappy	file	17.36 MB	1	128 MB	2015-12-04 02:10	rw-r--r--	hadoop	supergroup
FlumeData.1449165896361.snappy	file	17.25 MB	1	128 MB	2015-12-04 02:11	rw-r--r--	hadoop	supergroup
FlumeData.1449165896362.snappy	file	10.83 MB	1	128 MB	2015-12-04 02:16	rw-r--r--	hadoop	supergroup

Go back to DFS home

Local logs

Log directory

Hadoop, 2015.

图 12-3 数据收集结果（二）

12.4.2 MapReduce 数据清洗及分析

数据清洗就是从数据源中过滤掉无效数据并获取项目指标计算所需字段的一个过程，数据源格式及数据清洗方法可参考下面步骤。

1. MapReduce 数据清洗

通过编写 MapReduce 程序对数据进行清洗，从数据源中获取项目指标计算所需的字段。以数据源中的一条数据为例，重点解释项目指标计算所涉及的核心字段的含义，然后计算出数据解析的结果。

1）数据源中的一条示例数据如下。

<GHApp><WIC cardNum="174048196" stbNum="03060912150285740" date="2012-09-21" pageWidgetVersion="1.0">< A e="01:42:30" s="01:37:30" n="104" t="1" pi="766" p="%E7%82%AE%E5%88%B6%E5%A5%B3%E6%9C%8B%E5%8F%8B" sn="BTV 影视" /></WIC></GHApp>

2）项目指标计算涉及的关键字段含义如下（其他字段可以暂时不予考虑）。
- stbNum：机顶盒号。
- date：日期。
- e：每条记录的结束时间。
- s：每条记录的起始时间。
- p：具体节目。
- sn：具体频道。

3）数据解析方法及结果如下。

数据解析具体的代码及数据解析所需的 jar 包资源可从随书配套资源中下载（项目参考代码的资源路径：第 12 章/12.4/代码，jar 包的资源路径：第 12 章/12.4/jar 包）。

在 MapReduce 中使用 Jsoup（Jsoup 是解析数据源的一种工具，使用时只需要在项目中导入 Jsoup 工具包即可）来解析用户原始数据，提取需要的用户数据：stbNum、date、e、s、p、sn。数据解析的具体代码可参考"项目参考代码"中的 ParseAndFilterlog.java 文件。

解析后的示例数据如下所示，字段包括：机顶盒号、日期、频道、节目、起始时间、结束时间、收视时长（可以通过"结束时间-起始时间"计算获得）。

03060912150285740@2012-09-21@BTV 影视@炮制女朋友@01:37:30@01:39:30@300

2. MapReduce 数据分析

（1）统计每个节目每分钟的收视人数和到达人数

1）示例数据如下所示，字段包括：机顶盒号、日期、频道、节目、起始时间、结束时间、收视时长。

03060912150285740@2012-09-21@BTV 影视@炮制女朋友@01:37:30@01:39:30@300

2）编写代码统计每个节目每分钟的收视人数和到达人数，具体代码可参考"项目参考代码"中的 ExtractProgramAvgAndReachNum.java 文件。

3）处理后的数据如下所示，字段包括：节目、日期、分钟、收视人数、到达人数。

炮制女朋友@2012-09-21@01:37@1@1
炮制女朋友@2012-09-21@01:38@1@1
炮制女朋友@2012-09-21@01:39@1@1

（2）统计所有节目每分钟当前在播数

1）示例数据如下所示，字段包括：机顶盒号、日期、频道、节目、起始时间、结束时间、收视时长。

> 03060912150285740@2012-09-21@BTV影视@炮制女朋友@01:37:30@01:39:30@300

2）编写代码统计所有节目每分钟当前在播数，具体代码可参考"项目参考代码"中的 ExtcactCurrentNum.java 文件。

处理后的数据如下所示，字段包括：日期、分钟、当前在播数。

> 2012-09-21@01:37@1
> 2012-09-21@01:38@1
> 2012-09-21@01:39@1

注意：第二个任务和第三个任务处理的数据都是来自第一个任务的输出结果。

（3）统计每个节目每分钟的收视人数、到达人数、收视率、到达率、市场份额
1）计算公式如下。

收视率=收视人数/总用户数（这里的抽样样本为25000）
到达率=到达人数/总用户数（这里的抽样样本为25000）
市场份额=收视人数/当前在播数

2）编写代码统计每个节目每分钟的收视人数、到达人数、收视率、到达率、市场份额，具体代码可参考"项目参考代码"中的 AnalyzeCountProgramRating.java 文件。

3）根据任务二和任务三的结果统计出最终结果如下。字段包括：节目、日期、分钟、收视人数、到达人数、收视率、到达率、市场份额。

> 炮制女朋友@2012-09-21@01:37@1@1@0.0039999997@0.0039999997@100.0
> 炮制女朋友@2012-09-21@01:38@1@1@0.0039999997@0.0039999997@100.0
> 炮制女朋友@2012-09-21@01:39@1@1@0.0039999997@0.0039999997@100.0

3. MapReduce 处理结果对应目录展示

MapReduce 处理完收集的数据集如图 12-4、图 12-5 所示。

图 12-4 表示对每天数据处理之后对应的结果目录，图 12-5 表示以 2012-09-17 为例，MapReduce 统计完的各收视指标的结果目录。

至此，就已经实现了按照每分钟的时间粒度对广电项目的各个指标进行了统计分析。

12.4.3 Hive 数据统计分析

前边用 MapReduce 做收视项目相关指标统计时，是按每分钟进行统计分析的，如果想按每小时或每天进行相关指标的统计，不需要重新编写 MapReduce 代码，只需要编写对应的 Hive 语句就可以实现统计分析（用于实现数据统计分析的具体脚本文件可从随书配套资源中下载，资源路径：第 12 章/12.4/脚本）。具体如何操作可参考如下步骤。

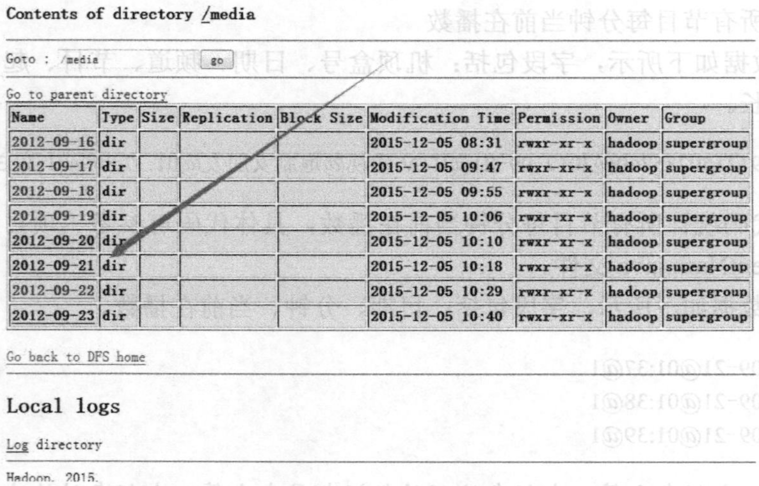

图 12-4 MapReduce 处理结果（一）

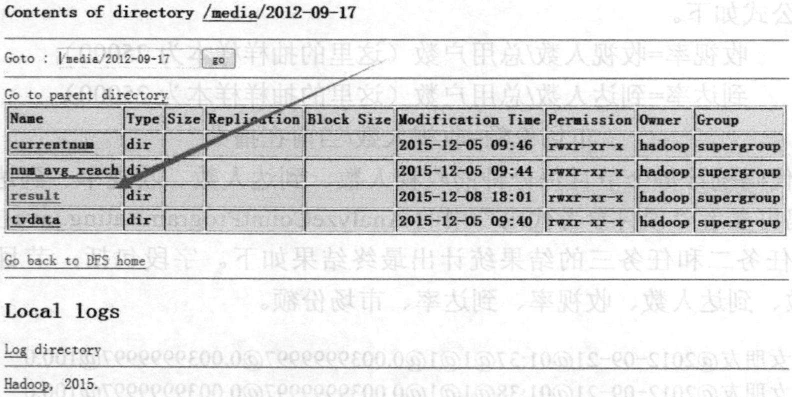

图 12-5 MapReduce 处理结果（二）

1．将 MapReduce 处理后的数据导入 Hive 表中

1）创建 Hive 表 tvdata。

```
create table tvdata(tvcolumn string,mediadate string,tvmin string,avgnum int,reachnum int, tvrating double,reachrating double,marketshare double) row format delimited fields terminated by '@' stored as textfile;
```

2）将 MR 处理后的数据导入 tvdata 表中。

```
load data inpath '/media/date/result/part-r-00000' into table tvdata;
```

2．将 tvdata 每天的数据导入 Hive 分钟表

1）创建 Hive 分钟表 result_column_min，mediadate 日期作为分区字段，它存储每天每分钟的收视数据。

```
create table result_column_min(tvcolumn string,tv_date_min string, tvmin string, avgnum int,
```

reachnum int,tvrating double,reachrating double,marketshare double) partitioned by (mediadate string) row format delimited fields terminated by '@' stored as textfile;

2）将 tvdata 中的数据按天导入 result_column_min 表中。

```
insert overwrite table result_column_min partition (tvdate=date) select tvcolumn,tvmin, avgnum, reachnum,tvrating,reachrating,marketshare from tvdata where tvdate=date;
```

3. 将 result_column_min 表中按分钟统计的数据结果转换成按小时进行统计

1）创建表 result_column_hour，tv_date_min 日期作为该表的分区字段，它存储每天每小时的收视数据。

```
create table result_column_hour(tvcolumn string,tv_date_hour string,tvhour string,avgnum int, reachnum int, tvrating double,reachrating double,marketshare double) partitioned by (tv_date_min string) row format delimited fields terminated by '@' stored as textfile;
```

2）将 result_column_min 经过统计分析后，导入 result_column_hour 表中。

```
insert overwrite table result_column_hour partition (tvdate=date) select tvcolumn, concat(substr(tvmin,0,2),':00'),sum(avgnum)/count(*),sum(reachnum)/count(*),sum(tvrating)/count(*),sum(reachrating)/count(*),sum(marketshare)/count(*) from result_column_min where tvdate='${date}' group by tvcolumn, concat(substr(tvmin,0,2),':00');
```

4. 将 result_column_min 表中按分钟统计的数据结果转换成按天进行统计

1）创建表 result_column_day，tv_date_min 日期作为该表的分区字段，它存储每天的收视数据。

```
create table result_column_day(tvcolumn string,tv_date_day string,avgnum int,reachnum int, tvrating double,reachrating double,marketshare double) partitioned by (tv_date_min string) row format delimited fields terminated by '@' stored as textfile;
```

2）将 result_column_min 经过统计分析后，导入 result_column_day 表中。

```
insert overwrite table result_column_day partition (tvdate=date) select tvcolumn, sum(avgnum)/count(*),sum(reachnum)/count(*),sum(tvrating)/count(*),sum(reachrating)/count(*),sum(marketshare)/count(*) from result_column_min where tvdate=date group by tvcolumn;
```

5. Hive 分析结果

通过上边 Hive 的分析，在数据仓库目录/user/hive/warehouse 下就可以看到统计之后的各个表目录，如图 12-6 所示。比如打开 result_column_min 目录，就可以看到每天按分钟统计的各个指标的结果，如图 12-7 所示。

12.4.4　Sqoop 数据导出

Hive 统计完各个指标的数据是存放在 HDFS 上的，最终要通过 Web 界面展示统计结果，这就需要提前把数据导入到关系型数据库中，比如 MySQL。所以就需要使用 Sqoop

把 Hive 分析完的数据导入到 MySQL 中（Sqoop 具体脚本的实现及相应的注释，可从随书配套资源中下载，资源路径：第 12 章/12.4/脚本）。具体操作步骤如下。

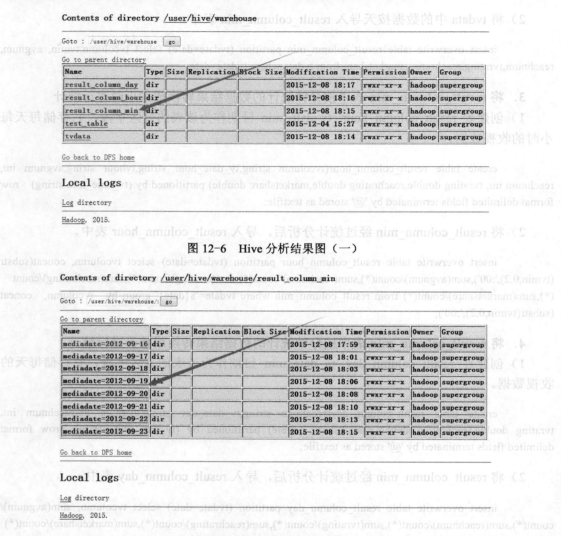

图 12-6 Hive 分析结果图（一）

图 12-7 Hive 分析结果效果图（二）

1. Hive 处理后的每分钟的收视数据导入 MySQL 表 result_column_min

1) 在 MySQL 数据库中，创建表 result_column_min，如图 12-8 所示。

图 12-8 创建表 result_column_min

2）通过 Sqoop 工具将 Hive 表中的数据导入 MySQL。

```
sqoop export --connect jdbc:mysql://db.dajiangtai.net:3306/djtdb_tv --username root –password root  --table result_column_min --export-dir /user/hive/warehouse/result_column_min/mediadate=date --input-fields-terminated-by '@';
```

2．Hive 处理后的每小时的收视数据导入 MySQL 表 result_column_hour

1）在 MySQL 数据库中，创建表 result_column_hour，如图 12-9 所示。

Alter Table 'result_column_hour' in 'djtdb_tv'

Field Name	Datatype	Len	Default	PK?	Not Null?	Unsigned?	Auto Incr?	Zerofill?	Charset	Collation	Comment
tvcolumn	varchar	30							utf8	utf8_general_ci	
tvdate	varchar	20							utf8	utf8_general_ci	
tvhour	varchar	10							utf8	utf8_general_ci	
avgnum	varchar	10							utf8	utf8_general_ci	
reachnum	varchar	10							utf8	utf8_general_ci	
tvrating	varchar	50							utf8	utf8_general_ci	
reachrating	varchar	50							utf8	utf8_general_ci	
marketshare	varchar	50							utf8	utf8_general_ci	

图 12-9　创建表 result_column_hour

2）通过 Sqoop 工具将 Hive 表中的数据导入 MySQL。

```
sqoop export --connect jdbc:mysql://db.dajiangtai.net:3306/djtdb_tv --username root --password root  --table result_column_hour --export-dir /user/hive/warehouse/result_column_hour/tv_date_min=date --input-fields-terminated-by '@';
```

3．Hive 处理后的每天的收视数据导入 MySQL 表 result_column_day

1）在 MySQL 数据库中，创建表 result_column_day，如图 12-10 所示。

Alter Table 'result_column_day' in 'djtdb_tv'

Field Name	Datatype	Len	Default	PK?	Not Null?	Unsigned?	Auto Incr?	Zerofill?	Charset	Collation	Comment
tvcolumn	varchar	30							utf8	utf8_general_ci	
tvdate	varchar	20							utf8	utf8_general_ci	
avgnum	varchar	10							utf8	utf8_general_ci	
reachnum	varchar	10							utf8	utf8_general_ci	
tvrating	varchar	50							utf8	utf8_general_ci	
reachrating	varchar	50							utf8	utf8_general_ci	
marketshare	varchar	50							utf8	utf8_general_ci	

图 12-10　创建表 result_column_day

2）通过 Sqoop 工具将 Hive 表中的数据导入 MySQL。

```
sqoop export --connect jdbc:mysql://db.dajiangtai.net:3306/djtdb_tv --username root --password root --table result_column_day --export-dir /user/hive/warehouse/result_column_day/tv_date_min=date --input-fields-terminated-by '@';
```

12.4.5　项目数据可视化展示

对于大数据开发人员只需要把项目最终处理结果导入到 MySQL 中即可。项目数据可视化部分会有专门的前端人员开发设计，但是为了项目的完整性，这里挑选了几张效果展示图，仅供参考。

1. 收视人数走势图

统计某个节目一段时间内收视人数的变化情况，而且可以通过图表看到每天具体的收视人数，效果如图 12-11 所示。

图 12-11　收视人数走势图

通过上图不仅可以看到"BTV 北京卫视"节目每天具体的收视人数，还可以看到一段时间内某节目收视人数等指标的变化趋势，这样将更有利于预测未来同期相关的收视情况，并提前做好调整和预案。

2. 收视率按节目排行榜

查看每个节目具体的收视指标信息，如图 12-12 所示。

频道名称	平均收视人数	收视率	市场份额	平均到达人数	到达率	人均收视时长
正者无敌	365.58	1.4634%	6.9427%	356.63	1.4286%	00:26:06
转播中央台新闻联播	355.65	1.4256%	5.5655%	349.65	1.3986%	00:12:07
小麦进城	339.68	1.3615%	7.1003%	331.84	1.3283%	00:24:22
共同关注	324.58	1.2999%	6.4136%	319.53	1.2798%	00:15:38
警法目录	252.67	1.0110%	7.5625%	247.50	0.9919%	00:12:09
环球视线	243.94	0.9789%	8.2598%	238.00	0.9543%	00:10:19
北京您早	242.84	0.9718%	10.7645%	239.21	0.9584%	00:14:54
新闻直播间	208.11	0.8361%	6.5379%	204.68	0.8205%	00:28:21
养生堂	196.74	0.7879%	6.0384%	192.47	0.7718%	00:15:49
正在调解	190.74	0.7655%	6.1762%	186.63	0.7479%	00:14:09

图 12-12　收视率按节目排行榜

如图所示，可以看到每个节目各个收视指标具体的数据。这将有利于分析具体某个节目的相关收视情况，以便于分析和优秀节目在各个指标之间的具体差距。

3. 按节目类别筛选

可以按节目类别筛选，显示某一类节目的相关收视指标，也可以同时选择多个节目进行比较分析。效果如图 12-13 所示。

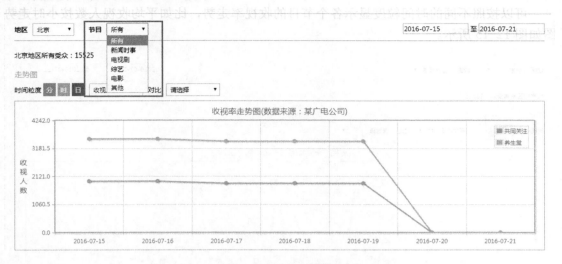

图 12-13　按节目类别筛选

通过上图可以看到不仅可以通过节目类别对各个节目进行分类筛选，还可以对多个节目的某个指标进行类比，通过折线图更加直观地去比较各个节目之间的差距。

4. 收视率指标对比

可以对收视率指标进行对比，比如对某个节目收视人数和收视时长两个指标进行对比，效果如图 12-14 所示。

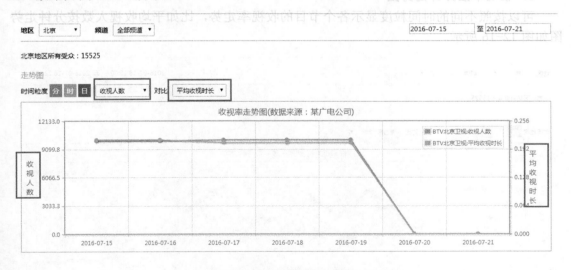

图 12-14　收视率指标对比

通过图 12-14 可以看到"BTV 北京卫视"的收视人数和平均收视时长两个指标每天的数据及变化趋势，这样就可以满足在同一屏幕查看多个指标的需求，省去了反复切换指标带来的麻烦。

325

5. 收视率按小时走势图

可以按照不同的时间粒度显示各个节目的收视率走势，比如平均收视人数按小时走势图如图 12-15 所示。

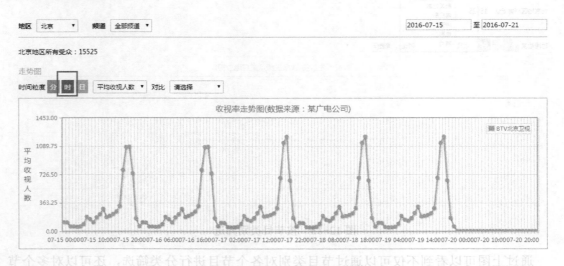

图 12-15　收视率按小时走势图

通过图 12-15 可以看到"BTV 北京卫视"按小时的时间粒度统计平均收视人数指标的变化趋势，这样就可以分析出某个节目每小时哪个时间点节目的播出效果最好。

6. 收视率按分钟走势图

可以按照不同的时间粒度显示各个节目的收视率走势，比如平均收视人数按分钟走势图如图 12-16 所示。

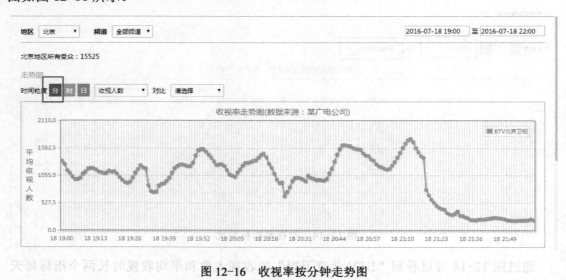

图 12-16　收视率按分钟走势图

通过图 12-16 可以看到"BTV 北京卫视"每分钟平均收视人数的变化趋势，这样就可以找到某个节目哪分钟的平均收视人数最高，有助于预测在哪个时间点投放广告效果可能会更好。

本章小结

通过对本章广电项目的学习与实践,相信大家应该能了解一个简单的大数据项目开发的整个流程:用 Flume 对数据进行收集,用 MapReduce 对数据进行清洗,用 Hive 对数据做简单的统计分析,用 Sqoop 将 Hive 分析后的数据导入到 MySQL,最终实现前端的可视化展示。

第 13 章* 项目实践：视频网站爬虫系统开发

学习目标
- 熟悉爬虫项目整个开发流程
- 掌握大数据核心爬虫技术
- 了解爬虫项目常用的优化手段

本章开始介绍大数据爬虫系统的开发，以各大视频网站为例，通过分布式爬虫技术抓取各大视频网站视频节目的点播量、日增量、评论数、收藏数、赞、踩等相关重要指标，从而了解相关节目的关注度和好评度。

13.1 项目背景

传统电视节目的用户收视数据，可以通过电视机顶盒的方式采集到后台服务器，然后利用大数据技术很容易分析出电视节目的收视率指标。然而随着互联网的发展，特别是移动互联网的崛起，越来越多的用户会选择在各大视频网站收看自己喜爱的节目，而不是通过电视机顶盒。另外，各大视频网站的用户数据由各个视频网站自己所掌握，而且分散在各个视频网站，无法直接免费获取。

如果想统计各大视频网站的用户收看节目情况，首先需要能获取到各大视频网站的用户数据。各大视频网站用户核心收视数据都存在于 Web 页上，此时就可以使用大数据爬虫技术抓取海量的视频节目数据，从而进行分析与统计。

13.2 项目需求

为了便于掌握每个视频节目的受关注度和好评度，需要抓取各个视频网站节目的收视指标，比如总播放量、每日播放增量、评论数、收藏数、赞和踩等。可以对不同类别的节目按照收视指标进行排名，从而知道哪个节目是总播放量冠军，哪个节目日增量最大，以及哪个节目评论数最多、活跃度最大；也可以对同一个节目按天或者按月进行统计，从而可以知道这个节目各项指标的变化趋势，进而可以判断节目的质量好坏。

13.3 项目分析

根据项目的需求，最终需要获取实时查看收视排行榜以及收视指数曲线图。根据这一需求，可以将视频网站爬虫系统分为四个模块：数据采集模块、数据存储模块、数据处理模块和数据展示模块。

1）数据采集模块：本项目使用 HttpClient+HtmlCleaner+XPath（HttpClient 是 Apache Jakarta Common 下的子项目，可以用来提供高效的、最新的、功能丰富的支持 HTTP 协议的客户端编程工具包，并且它支持 HTTP 协议最新的版本和建议，可以使用 Java 语言，通过 HttpClient 模拟用户发送 POST 请求；HtmlCleaner 是一个开源的 Java 语言的 HTML 文档解析器，能够重新整理 HTML 文档的每个元素并生成结构良好（Well-Formed）的 HTML 文档；XPath 使用路径表达式来选取 XML 文档中的节点或节点集，可以沿着路径（path）或者步（steps）选取节点）的方式来采集各大视频网站数据，同时采用多线程和分布式爬虫技术，提高爬虫效率。

扫描二维码可通过视频学习 Solr 安装配置及应用的相关内容。

2）数据存储模块：根据项目的业务需求，需要展示视频节目排行榜以及每个视频节目的收视指数曲线图，那么可以选择 HBase 数据进行数据的存储，并利用 HBase 多版本的特性对每个视频节目的数据进行多版本存储。

3）数据处理模块：本项目采集各大视频网站的视频节目数据比较多，而且需要满足用户各种条件下进行复杂的组合查询需求，显然 HBase 数据库本身并不适合此应用场景。可以选择使用 Solr（可参考扩展阅读视频 7）或者 ElasticSearch 对数据进行处理建立索引，从而满足海量数据的复杂查询业务。

扫描二维码可通过视频学习 Eclipse 开发工具安装的相关内容。

4）数据展示模块：数据处理完成之后，需要开发 Web 项目对数据进行可视化，实时查看收视排行榜以及收视指数曲线图。

13.4 项目环境准备

从项目分析可以看出，在正式的项目代码开发之前，首先需要搭建好爬虫系统所需要的环境。爬虫系统需要搭建的环境有很多，包括以下几方面。

1）Eclipse 开发工具安装（可参考扩展阅读视频 8）。
2）Zookeeper 集群环境搭建（可参考扩展阅读视频 9）。
3）Solr 环境搭建。
4）Redis 环境搭建（可参考扩展阅读视频 10）。
5）HBase 集群环境搭建。

扩展阅读视频 9：Zookeeper 集群环境搭建

扫描二维码可通过视频学习 Zookeeper 集群环境搭建的相关内容。

13.5 项目开发流程

项目需求以及项目模块划分明确之后，接下来以优酷视频网站为例来熟悉整个项目大概的开发流程。用来爬取优酷视频网站的项

扩展阅读视频 10：Redis 环境搭建

扫描二维码可通过视频学习 Redis 环境搭建的相关内容。

目代码,可从随书配套资源中下载(资源路径:第 13 章/13.4/代码.rar)。

13.5.1 数据采集

爬虫系统的首要工作就是采集数据,首先得选取目标网站,这里选择优酷视频网站。然后选择优酷视频网站节目类别,这里选择的节目类别为电视剧。接下来通过 MyEclipse 开发工具编写代码完成对优酷网站电视剧节目信息的抓取,其核心代码如下所示。

1. 编写工具类下载优酷视频列表页和详情页

```java
/**
 * 页面下载工具类
 * Created by dajiangtai
 *
 */
public class PageDownLoadUtil {
    static HttpClientBuilder builder = HttpClients.custom();
    static CloseableHttpClient client = builder.build();
    public static String getPageContent(String url){
        String    content = null;
        HttpGet request = new HttpGet(url);
        try {
            CloseableHttpResponse response = client.execute(request);
            HttpEntity entity = response.getEntity();
            content=EntityUtils.toString(entity);
        } catch (ClientProtocolException e) {
            e.printStackTrace();
        } catch (IOException e) {
            e.printStackTrace();
        }
        return content;
    }
}
```

2. 编写接口解析优酷视频列表页和详情页的相关指标

```java
/**
 * 优酷页面解析实现类
 * @author dajiangtai
 */
public class YOUKUProcessService implements IProcessService {
    public void process(Page page) {
        // TODO Auto-generated method stub
        String content = page.getContent();

        HtmlCleaner htmlCleaner = new HtmlCleaner();
        TagNode rootNode = htmlCleaner.clean(content);

        if(page.getUrl().startsWith("http://www.youku.com/show_page")){
            //解析电视剧详情页
```

```java
                    parseDetail(page,rootNode);
                }else{
                    String nextUrl = HtmlUtil.getAttributeByName(rootNode, LoadPropertyUtil.getYOUKU("nextUrlRegex"), "href");
                    if(nextUrl != null){
                        page.addUrl(nextUrl);
                    }
                    //System.out.println("urlList="+nextUrl);
                    //获取详情页的 url
                    try {
                        Object[] evaluateXPath = rootNode.evaluateXPath(LoadPropertyUtil.getYOUKU("eachDetailUrlRegex"));
                        if(evaluateXPath.length>0){
                            for(Object object :evaluateXPath){
                                TagNode tagNode = (TagNode) object;

                                //提取每日播放增量
                                String daynumber = HtmlUtil.getFieldByRegex(tagNode, LoadPropertyUtil.getYOUKU("eachDetailUrlRegex_span"), LoadPropertyUtil.getYOUKU("commonRegex"));

                                //提取电视剧详情 url
                                String url = HtmlUtil.getAttributeByName(tagNode, LoadPropertyUtil.getYOUKU("eachDetailUrlRegex_a"), "href");
                                //String detailUrl = tagNode.getAttributeByName("href");
                                //page.addUrl(detailUrl);
                                //System.out.println("detailUrl="+detailUrl);

                                //电视剧详情页 url 携带播放增量信息
                                page.addUrl((url+"@"+daynumber));
                            }
                        }
                    } catch (XPatherException e) {
                        // TODO Auto-generated catch block
                        e.printStackTrace();
                    }
                }
            }
        /**
         * 解析电视剧详情页
         * @param page
         * @param rootNode
         */
        public void parseDetail(Page page,TagNode rootNode){
            //获取总播放量
            String allnumber = HtmlUtil.getFieldByRegex(rootNode, LoadPropertyUtil.getYOUKU("parseAllNumber"), LoadPropertyUtil.getYOUKU("allnumberRegex"));
            page.setAllnumber(allnumber);
```

```java
            //获取评论数
            String commentnumber = HtmlUtil.getFieldByRegex(rootNode, LoadPropertyUtil.get
YOUKU("parseCommentNumber"), LoadPropertyUtil.getYOUKU("commentnumberRegex"));
            page.setCommentnumber(commentnumber);

            //获取赞
            String supportnumber = HtmlUtil.getFieldByRegex(rootNode, LoadPropertyUtil.get
YOUKU("parseSupportNumber"), LoadPropertyUtil.getYOUKU("supportnumberRegex"));
            page.setSupportnumber(supportnumber);
            page.setAgainstnumber("0");
            page.setCollectnumber("0");
            //获取优酷电视剧 id
            Pattern pattern = Pattern.compile(LoadPropertyUtil.getYOUKU("idRegex"), Pattern.
DOTALL);       page.setTvId("youku_"+RegexUtil.getPageInfoByRegex(page.getUrl(), pattern, 1));

            //获取优酷电视 TvName
            page.setTvname(HtmlUtil.getFieldByRegex(rootNode, LoadPropertyUtil.getYOUKU
("parseTvName"), LoadPropertyUtil.getYOUKU("commonRegex")));
        }
    }
```

3. 使用 Java 多线程技术并行抓取数据

```java
        public void startSpider(){
            while(true){
                //从队列中提取需要解析的 url
                //String url = urlQueue.poll();
                //数据仓库提取解析 url
                final String url = repositoryService.poll();
                //判断 url 是否为空
                if(StringUtils.isNotBlank(url)){
                    newFixedThreadPool.execute(new Runnable(){

                        public void run() {
                            // TODO Auto-generated method stub
                            //下载
                            Page page = StartDSJCount.this.downloadPage(url);
                            //解析
                            StartDSJCount.this.processPage(page);
                            List<String> urlList = page.getUrlList();
                            for(String eachurl : urlList){
                                if(eachurl.startsWith("http://tv.youku.com/search/index")){
                            StartDSJCount.this.repositoryService.addHighLevel(eachurl);
                                }else{
                                    StartDSJCount.this.repositoryService.addLowLevel(eachurl);
                                }
                            }
```

```
                              if(page.getUrl().startsWith("http://www.youku.com/show_page")){
                                  //存储数据
                                  StartDSJCount.this.storePageInfo(page);
                              }
ThreadUtil.sleep(Long.parseLong(LoadPropertyUtil.getConfig("millions_5")));
                          }
                      });
                  }else{
                      System.out.println("队列中的电视剧 url 解析完毕，请等待！");
ThreadUtil.sleep(Long.parseLong(LoadPropertyUtil.getConfig("millions_5")));
                  }
              }
          }
```

4．使用 Redis 技术实现分布式爬虫

```
/**
 * Redis url 仓库实现类
 * @author dajiangtai
 *
 */
public class RedisRepositoryService implements IRepositoryService {
    RedisUtil redisUtil = new RedisUtil();
    public String poll() {
        // TODO Auto-generated method stub
        String url = redisUtil.poll(RedisUtil.highkey);
        if(StringUtils.isBlank(url)){
            url = redisUtil.poll(RedisUtil.lowkey);
        }
        return url;
    }

    public void addHighLevel(String url) {
        // TODO Auto-generated method stub
        redisUtil.add(RedisUtil.highkey, url);
    }

    public void addLowLevel(String url) {
        // TODO Auto-generated method stub
        redisUtil.add(RedisUtil.lowkey, url);
    }
}
```

5．测试采集的数据

数据采集代码完成之后，可以测试采集的优酷电视剧数据，测试结果如图 13-1 所示。

图 13-1 优酷数据采集

如图 13-1 所示，已经成功完成数据采集流程，并成功采集到优酷电视剧的收视数据，比如总播放量（allnumber）、评论数（commentnumber）和赞数（supportnumber）。

13.5.2 数据存储

前面已经完成了数据采集，并成功采集到了优酷的电视剧数据，此时需要将采集的数据存储到 HBase 数据库，方便后续的可视化查询。数据存储具体步骤如下所示。

1. 创建 tvcount 表存储数据

在 HBase 数据库中创建 tvcount 表，存储采集的数据。

```
create 'tvcount',{NAME => 'tvinfo',VERSIONS =>30}
```

2. 编写 HBase 接口存储数据

编写 HBase 接口存储采集的数据。

```
/**
 * 数据存储实现类 HBase
 * @author dajiangtai
 *
 */
public class HBaseStoreService implements IStoreService {
    HbaseUtil hbaseUtil = new HbaseUtil();
    RedisUtil redisUtil = new RedisUtil();
    public void store(Page page) {
        // TODO Auto-generated method stub
        String tvId = page.getTvId();
        redisUtil.add("solr_tv_index", tvId);
        try {
            hbaseUtil.put(HbaseUtil.TABLE_NAME, tvId, HbaseUtil.COLUMNFAMILY_1, HbaseUtil.COLUMNFAMILY_1_TVNAME, page.getTvname());
            hbaseUtil.put(HbaseUtil.TABLE_NAME, tvId, HbaseUtil.COLUMNFAMILY_1, HbaseUtil.COLUMNFAMILY_1_URL, page.getUrl());
            hbaseUtil.put(HbaseUtil.TABLE_NAME, tvId, HbaseUtil.COLUMNFAMILY_1,
```

```
HbaseUtil.COLUMNFAMILY_1_ALLNUMBER, page.getAllnumber());
                    hbaseUtil.put(HbaseUtil.TABLE_NAME, tvId, HbaseUtil.COLUMNFAMILY_1,
HbaseUtil.COLUMNFAMILY_1_DAYNUMBER, page.getDaynumber());
                    hbaseUtil.put(HbaseUtil.TABLE_NAME, tvId, HbaseUtil.COLUMNFAMILY_1,
HbaseUtil.COLUMNFAMILY_1_COMMENTNUMBER, page.getCommentnumber());
                    hbaseUtil.put(HbaseUtil.TABLE_NAME, tvId, HbaseUtil.COLUMNFAMILY_1,
HbaseUtil.COLUMNFAMILY_1_COLLECTNUMBER, page.getCollectnumber());
                    hbaseUtil.put(HbaseUtil.TABLE_NAME, tvId, HbaseUtil.COLUMNFAMILY_1,
HbaseUtil.COLUMNFAMILY_1_SUPPORTNUMBER, page.getSupportnumber());
                    hbaseUtil.put(HbaseUtil.TABLE_NAME, tvId, HbaseUtil.COLUMNFAMILY_1,
HbaseUtil.COLUMNFAMILY_1_AGAINSTNUMBER, page.getAgainstnumber());
            } catch (IOException e) {
                // TODO Auto-generated catch block
                e.printStackTrace();
            }
        }
    }
```

3．查询数据

数据存储到 HBase 数据库之后，进入 HBase Shell，可以通过 scan 'tvcount' 命令查看 HBase 表中采集过来的数据，具体数据如图 13-2 所示。

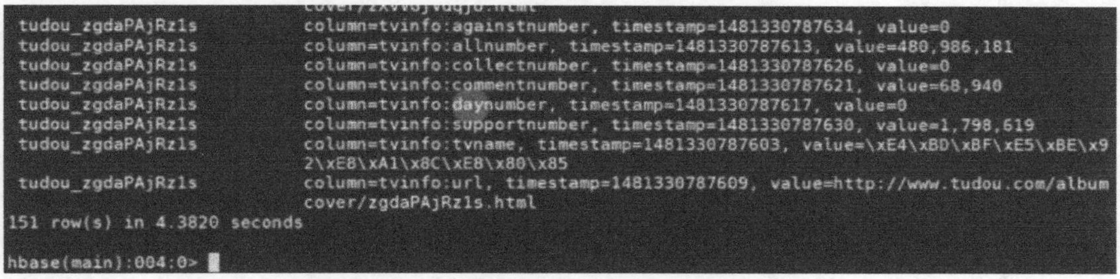

图 13-2　HBase 数据存储

13.5.3　数据处理

Solr 是 Apache 下的一个开源项目，采用 Java 开发，它是基于 Lucene 的全文检索服务，是一个独立的企业级搜索应用服务器，它对外提供类似于 Web-service 的 API 接口。用户可以通过 HTTP 请求，向搜索引擎服务器提交一定格式的 XML 文件，生成索引；也可以通过 Http Get 操作提出查找请求，并得到 XML 格式的返回结果。

HBase 只适合海量数据，通过 Rowkey 实现简单业务查询，不支持复杂查询。但是在本项目中，需要根据节目名称进行数据检索，HBase 并不胜任。为了满足项目的需求，此时需要结合 HBase 和 Solr 共同完成数据的存储和检索。为了实现数据的检索，首先需要完成对数据建立索引，具体步骤如下所示。

1. 修改 Solr 核心配置文件 schema.xml，建立索引字段

```xml
<!-- 保留字段，不能删除，否则报错 -->
<field name="_version_" type="long" indexed="true" stored="true"/>
<field name="_root_" type="string" indexed="true" stored="false"/>
<field name="tvId" type="string" indexed="true" stored="true" required="true" multiValued="false" />
<!--把需要分词的字段，设置为 text_ik-->
<field name="tvname"  type="text_ik" indexed="true" stored="true" />
<field name="url"   type="string" indexed="false" stored="true"/>
<field name="allnumber"  type="string" indexed="true" stored="true"/>
<field name="daynumber"  type="string" indexed="true" stored="true"/>
<field name="commentnumber"  type="string" indexed="true" stored="true"/>
<field name="collectnumber"  type="string" indexed="false" stored="true"/>
<field name="supportnumber"  type="string" indexed="false" stored="true"/>
<field name="againstnumber"  type="string" indexed="false" stored="true"/>

<fieldType name="text_ik" class="solr.TextField">
    <analyzer type="index" isMaxWordLength="false"
     class="org.wltea.analyzer.lucene.IKAnalyzer"/>
    <analyzer type="query" isMaxWordLength="true"
     class="org.wltea.analyzer.lucene.IKAnalyzer"/>
</fieldType>

<uniqueKey>tvId</uniqueKey>
```

2. 使用 Solr 对抓取过来的数据建立索引

```java
/**
 * 建立索引
 * Created by dajiangtai
 *
 */
public class SolrJob{
    private static final String SOLR_TV_INDEX = "solr_tv_index";
    static RedisUtil redis = new RedisUtil();

    public static void buildIndex(){
        String tvId = "";
        try {
            System.out.println("开始建立索引!!! ");
            HbaseUtil hbaseUtil = new HbaseUtil();
            tvId = redis.poll(SOLR_TV_INDEX);
            while (!Thread.currentThread().isInterrupted()) {
                if(StringUtils.isNotBlank(tvId)){
                    Page page = hbaseUtil.get(HbaseUtil.TABLE_NAME, tvId);
                    if(page !=null){
                        SolrUtil.addIndex(page);
```

```
                    tvId = redis.poll(SOLR_TV_INDEX);
                }else{
                    ThreadUtil.sleep(5000);
                }
            }
        } catch (Exception e) {
            redis.add(SOLR_TV_INDEX, tvId);
            e.printStackTrace();
        }
    }
}
```

3．检索 Solr 中的索引数据

如图 13-3 所示，通过输入的参数"麻雀"，检索所有包含"麻雀"的电视剧列表，检索结果返回了一条电视剧信息，包含了电视剧名称"麻雀 TV 版"，差评量为"0"，总播放量为"2,536,993,675"，收藏量为"0"等信息，此时说明电视剧名称为"麻雀 TV 版"的数据索引建立成功。

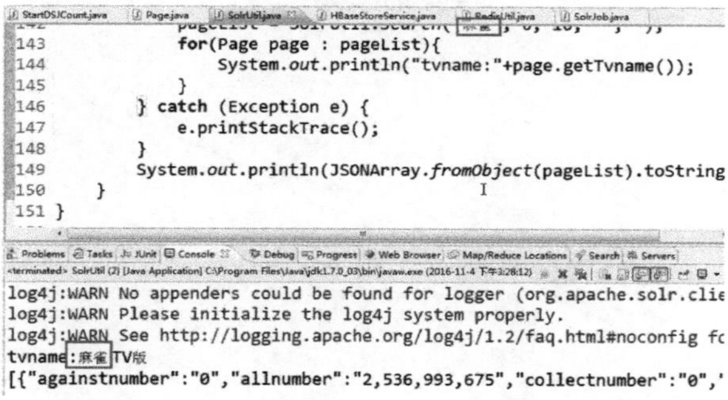

图 13-3　Solr 数据检索

13.5.4　数据展示

前面几个小节已经完成了数据的采集、存储及索引的建立，接下来使用 Java Web 技术对数据进行可视化。当前比较流行的 Java Web 框架有很多种，比如 Hibernate、Struts2、Spring、Spring MVC，由于 Spring MVC 完全基于 MVC 系统的框架，被称为是一个典型的教科书式的 MVC 构架，对于初学者或者想了解 MVC 的人来说，使用 Spring 是比较好的选择。本案例使用 Spring MVC 框架来开发 Web 项目，根据项目可视化需求，实现关键词检索查询电视剧列表和查看电视剧详情。为了实现项目可视化需求，后台需要结合 Solr 和 HBase 技术实现业务逻辑的检索或查询，前台使用 JS 插件 Highcharts 实现数据的可视化。项目可视化主要实现步骤如下所示。

1）从 Solr 中检索电视剧节目数据，通过 Web 界面展示电视剧名称及相关收视指标，具体效果如图 13-4 所示。

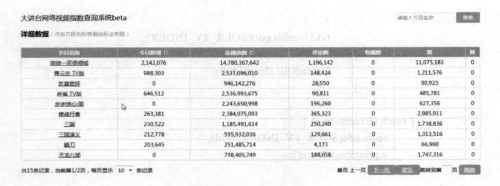

图 13-4　电视剧信息列表

2）从 HBase 数据库中，查询具体电视剧详细信息，通过 JS 插件 Highcharts 展示相关收视指标每天的变化趋势图，具体效果如图 13-5 所示。

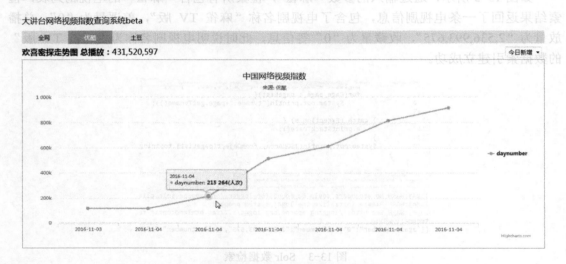

图 13-5　电视剧指标趋势图

本章小结

通过视频网站爬虫系统开发项目案例的学习，希望读者真正掌握多线程和分布式爬虫技术，同时还需要大家掌握爬虫过程中如何应对网站采取的反爬策略、如何应对网站模板定期变动、如何应对网站 URL 抓取失败等问题，最后需要了解爬虫系统常用的优化手段。本项目案例相对比较复杂，需要多方面的知识储备，在此给出完整的视频学习资源（**扩展阅读视频 11**）可供有兴趣的读者参考学习。

扩展阅读视频 11：
爬虫开发

扫描二维码可通过视频学习爬虫开发的相关内容。

参 考 文 献

[1] 华东师范大学数据科学与工程学院. Hadoop 权威指南[M]. 北京：清华大学出版社，2014.
[2] 王道远. Spark 快速大数据分析[M]. 北京：人民邮电出版社，2015.
[3] Sumit Gupta, Shilpi Saxena. 实时大数据分析：基于 Storm、Spark 技术的实时应用[M]. 张广骏，译. 北京：清华大学出版社，2018.

参考文献

[1] 华东师范大学数据科学与工程学院. Hadoop 权威指南[M]. 北京: 清华大学出版社, 2014.
[2] 王道远. Spark 快速大数据分析[M]. 北京: 人民邮电出版社, 2015.
[3] Sumit Gupta, Shilpi Saxena. 实时大数据分析: 基于 Storm、Spark 技术的实时应用[M]. 张广 骏, 译. 北京: 清华大学出版社, 2018.